KB169788

AROMA
THERAPY
아로마테라피 마스터
MASTER

에센셜 오일의 명칭 등 이 책의 전체 표기는 외래어 표기법을 기준으로 했습니다.
그러나 논문 제목의 경우 검색이 가능하도록 논문 원제목으로 표기했습니다.
역사적 인물의 출생이나 활동 시기, 허브나 나무의 이름 유래 등은 네이버 지식백과, 구글을 참조했습니다.

아로마테라피를 실천하기 위한 필독서

AROMA THERAPY

아로마테라피 마스터

MASTER

채병제·채은숙 지음

● 아로마테라피 마스터,
● 개정판을 내며

《아로마테라피 마스터》 초판을 출간한 지 벌써 7년이라는 시간이 흘렀습니다. 가장 먼저 《아로마테라피 마스터》가 많은 사랑을 받은 것에 감사의 말씀을 드리고 싶습니다. 특히 아로마테라피에 관심을 가진 분들이 '입문서로 활용하기에 좋은 책'이라고 평가해 주셨을 때 정말 기뻤습니다. 그리고 대학교 전공 교재로 선택됐을 때는 저희들은 물론 출판사, 에디터 등 작업했던 팀 모두가 함께 축하하기도 했습니다.

개정판 작업을 시작하면서 책장에서 《아로마테라피 마스터》를 꺼내 다시 펼쳐보았습니다. 프롤로그에 '아로마테라피에 대한 신뢰도를 높여 누구나 쉽게 접근할 수 있도록 방향을 제시하고, 실생활에서 활용할 수 있는 방법을 알려주고 싶다는 마음'이라고 쓴 부분이 눈에 띄었습니다. 저희의 바람이 조금이나마 실현된 게 아닐까 하는 뿌듯함과 개정판에 어떤 내용을 보강해야 할지 고민이 됐습니다.

그런데 약 1년 동안 개정판 작업을 하면서 저희가 느낀 것은 '변화'였습니다. 그 누구도 예상하지 못했던 팬데믹이 우리의 삶은 물론 아로마테라피 분야에서도 급격한 변화를 가져왔다는 것을 실감한 것입니다.

전세계를 휩쓸었던 유행병은 우리 삶의 모든 분야를 바꾸었고, 너무나 빠른 변화에 발맞추기 위한 개인의 노력은 정신적인 피로감 증가라는 결과를 가져왔습니다. 이러한 스트레스는 결국 불안장애, 무기력증, 우울감으로 인한 통증이나 불면증을 유발해 일상생활을 더욱 힘들게 만들었습니다. 그런데 많은 전문가들은 앞으로도 비전염성, 전염성 질병이 증가할 것이라고 경고하고 있습니다.

이러한 급격한 변화는 아로마테라피 산업에도 많은 영향을 주고 있습니다. 팬데믹을 겪으면서 사람들은 바이러스성 질환을 예방하기 위해 개인의 위생에 더 많은 관심을 가지게 되었고, 심신안정과 공간케어 등에 투자하게 되었기 때문입니다.

이처럼 스트레스 완화, 마음의 평안을 위한 '천연 아로마 셀프 케어' 시대를 맞아 아로마테라피 분야의 글로벌 마켓은 높은 성장세를 보이고 있고, 앞으로의 시장 확대 가능성도 높을 것으로 예측하고 있습니다.

이번에 펴내는 《아로마테라피 마스터》 개정판은 라이프스타일의 변화와 시장 전망, 성장세 등을 감안해 새로운 내용을 보강하고, 일상생활에서 늘 손닿는 곳에 두고 활용할 수 있도록 책의 판형과 제본도 바꾸었습니다.

이 책을 통해 아로마테라피에 입문하는 대학생들, 교재로 활용하는 강사님들, 가정에서 활용하는 독자분들이 아로마테라피의 효능과 활용법에 대해 함께 고민하면서 무궁무진한 아로마테라피의 세계를 탐험해 나가기를 기대합니다. 저희 역시 꾸준한 노력과 연구로 그 길을 응원하겠습니다. 감사합니다.

채병제·채은숙

① Aromatherapy

아로마테라피의 정의　　　　012
아로마테라피의 역사　　　　013

② Essential Oil

에센셜 오일의 정의　　　　024
에센셜 오일 추출법　　　　025
· 수증기 증류법　　　　025
· 압착법　　　　027
· 냉침법　　　　028
· 온침법　　　　029
· 용매 추출법　　　　029
· 초압계 이산화탄소 추출법　　　　030
에센셜 오일의 화학적 특성　　　　032
· 테르펜　　　　033
· 테르페노이드　　　　036
에센셜 오일의 흡수 경로　　　　043
· 코를 통한 흡수　　　　043
· 피부를 통한 흡수　　　　046
· 림프를 통한 흡수　　　　049
· 점막을 통한 흡수　　　　050
· 입을 통한 흡수　　　　050
에센셜 오일의 위험성과 주의 사항　　　　051
· 에센셜 오일의 위험성　　　　051
· 에센셜 오일의 위험 성분　　　　053
· 에센셜 오일의 안전한 사용 방법　　　　055
· 상황별 사용 금지 에센셜 오일　　　　057

③ Essential Oil 38

Angelika 앤젤리카　　　　060
Basil 바질　　　　066
Bergamot 베르가모트　　　　073
Black Pepper 블랙페퍼　　　　080
Cedarwood 시더우드　　　　086
Chamomile German 캐모마일 저먼　　　　092
Chamomile Roman 캐모마일 로만　　　　097
Cinnamon 시나몬　　　　102
Citronella 시트로넬라　　　　108
Clary Sage 클라리세이지　　　　112
Cypress 사이프러스　　　　119
Everlasting 에버래스팅　　　　125
Eucalyptus 유칼립투스　　　　130
Fennel 펜넬　　　　137
Frankincense 프랑킨센스　　　　144
Geranium 제라늄　　　　151
Grapefruit 그레이프 프루트　　　　157
Jasmine 재스민　　　　162
Lavender 라벤더　　　　168
Lemon 레몬　　　　176
Lemongrass 레몬그라스　　　　183
Mandarin 만다린　　　　188
Marjoram 마저럼　　　　194
Myrrh 미르　　　　201
Neroli 네롤리　　　　208
Oregano 오레가노　　　　214
Palmarosa 팔마로사　　　　219
Patchouli 파촐리　　　　224
Peppermint 페페민트　　　　229

Petitgrain 페티그레인 236
Pine 파인 240
Rose 로즈 246
Rosemary 로즈메리 256
Sandalwood 샌들우드 265
Sweet Orange 스위트오렌지 270
Tea Tree 티트리 276
Wintergreen 윈터그린 282
Ylang Ylang 일랑일랑 287

4 Essential Oil Blending

에센셜 오일 블렌딩 296
성분 및 효능별 블렌딩 297
• 화학 성분에 따른 분류 297
• 추출 부위에 따른 분류 300
노트별 블렌딩 306
• 에센셜 오일의 노트 306
• 향 강도와 증발률 317
계통별 블렌딩 319
• 심혈관계 319
• 호흡기계 320
• 근골격계 322
• 생식기계 324
• 피부계 326
• 신경계 328
• 림프계 330
• 소화기계 331
• 면역계 333

5 Use of Essential Oil

Angelika 앤젤리카 336
• 발마사지 오일
Basil 바질 336
• 탈모 방지 두피 에센스
Bergamot 베르가모트 337
• 남성 청결제
• 대상포진 완화 오일
• 화농성 여드름, 지루성 피부염 완화 오일
• 입술 포진 완화 오일
Black Pepper 블랙페퍼 338
• 변비 완화 마사지 오일
• 인대 손상 및 냉수포 완화 오일
• 동상 완화 솔트
Cedarwood 시더우드 339
• 어깨 결림 마사지 오일
• 해독 마사지 오일
Chamomile German 캐모마일 저먼 340
• 만성 아토피 연고
• 관절염 완화 오일
• 생리통 완화 오일
Chamomile Roman 캐모마일 로만 341
• 숙면을 위한 입욕제
• 베이비 올인원 샤워젤
• 잠투정하는 아이를 위한 아로마 케어
Cinnamon 시나몬 342
• 집먼지 진드기 제거 스프레이

Citronella 시트로넬라   342
- 모기 퇴치 스프레이
- 유아용 모기 퇴치 스프레이
- 관절염 마사지 오일
- 감기 예방 목욕 오일

Clary Sage 클라리세이지   343
- 생리통 완화 마사지 오일
- 여성을 위한 진통 완화 오일

Cypress 사이프러스   343
- 공기 청정 탈취제
- 초간단 공기 청정 탈취제

Everlasting 에버래스팅   344
- 페이셜 오일

Eucalyptus 유칼립투스   345
- 비염 완화 오일
- 유아용 비염 오일
- 모기 퇴치 스프레이
- 근육 통증 마사지 오일
- 코가 막혔을 때

Fennel 펜넬   346
- 변비 완화 오일

Frankincense 프랑킨센스   347
- 안티에이징 페이스 오일
- 호흡계 질환 완화를 위한 솔트
- 명상, 요가

Geranium 제라늄   348
- 피부 재생 오일
- 탈모 방지 두피 에센스
- 여성 청결제

Grapefruit 그레이프프루트   349
- 향수
- 디톡스 마사지 오일
- 살균 스프레이

Jasmine 재스민   350
- 산통 완화
- 향수 블렌딩

Lavender 라벤더 3   351
- 화상, 상처를 입었을 때
- 숙면을 위할 때
- 페이스 오일

Lemon 레몬   352
- 살균 및 소독 스프레이
- 탈취 및 소독 스프레이
- 치질 완화 좌욕
- 프레시 입 퍼퓸
- 림프순환 마사지 오일
- 통풍, 진정 오일

Lemongrass 레몬그라스   353
- 곰팡이 제거
- 방충 스프레이
- 탈취

Mandarin 만다린   354
- 배앓이
- 튼살 방지
- 소화 촉진 디퓨저
- 마사지 오일

Marjoram 마저럼   355
- 생리통 완화 오일
- 불면증 완화
- 동상 완화 오일

Myrrh 미르   356
- 초간단 샴푸
- 자궁 강화 마사지 오일
- 호흡기 강화
- 오일 풀링(치주 질환 완화)

Neroli 네롤리　357
- 스트레스 완화 스프레이
- 슬리핑 팩
- 쉽게 놀라는 아이를 위한 아로마 케어

Oregano 오레가노　358
- 공기정화 디퓨저

Palmarosa 팔마로사　359
- 향수
- 해열 시트

Patchouli 파촐리　360
- 안티에이징 모공 케어 연고
- 벌레 퇴치 스프레이
- 룸 스프레이

Peppermint 페페민트　361
- 집중력 강화, 편두통 완화 롤온
- 속이 더부룩하고 메스꺼울 때, 입덧이 심할 때
- 버물리 연고
- 보디 쿨링 비누

Petitgrain 페티그레인　362
- 샤워 코롱

Pine 파인　362
- 기관지염 완화 마사지 오일
- 항균, 탈취 스프레이
- 근육 통증 완화 연고
- 회복기 환자를 위한 디퓨저
- 통풍 완화 마사지 오일

Rose 로즈　364
- 디스트레스 퍼퓸
- 아이 크림
- 폐경기 여성을 위한 마사지 오일

Rosemary 로즈메리　365
- 헤어 에센스
- 강장 오일
- 두통 완화

Sandalwood 샌들우드　366
- 스트레스 완화 마사지 오일
- 비염, 기관지염 예방 디퓨저
- 지성, 여드름 피부용 스폿

Sweet Orange 스위트오렌지　367
- 멀미 완화
- 스크럽 입욕제
- 셀룰라이트 제거 오일
- 디스트레스 스폭

Tea Tree 티트리　368
- 여드름, 뾰루지가 났을 때
- 모기 물린 데
- 무좀 예방
- 질염 예방
- 항균 스프레이(침구류, 욕실)
- 곰팡이 제거 스프레이
- 탈취 스프레이

Wintergreen 윈터그린　369
- 통증 완화 오일

Ylang Ylang 일랑일랑　370
- 달콤한 밤을 위한 목욕 오일
- 신경통 완화 오일

[부록]

재미로 알아보는 아로마테라피 MBTI　371

참고문헌　384

INDEX　393

chapter 1

Aromatherapy

아로마테라피는 육체와 정신,
영혼을 아우르는 효능을 지니고 있습니다.
아로마테라피의 정의와 함께
고대부터 현대까지의 역사를 살펴보겠습니다.

아로마테라피의 정의

'아로마테라피Aromatherapy'는 향, 향기를 뜻하는 아로마Aroma와 요법이나 치료를 의미하는 테라피Therapy의 합성어입니다. 향을 지닌 약용식물의 꽃, 줄기, 잎, 뿌리, 열매 등에서 추출한 에센셜 오일을 이용해 몸과 마음을 건강하게 하는 것으로 방향 요법, 향기 요법이라고도 합니다.

아로마테라피는 20세기 초 프랑스의 화학자이자 '아로마테라피의 아버지'라 불리는 르네 모리스 가트포세René -Maurice Gattéfosse(1881~1950)가 1930년대에 처음 사용했던 프랑스어 '아로마테라피Aromathérapie'에서 기원합니다. 가트포세는 현대 과학 및 실험에 기초한 아로마테라피 체제를 확립했습니다. 특히 에센셜 오일에 대한 의학적인 근거를 바탕으로 아로마테라피를 발전시켰다는 평가를 받습니다.

아로마테라피란 용어에 대한 의학적 정의는 정립되지 않았지만 프랑스 의사들은 전염성 질병의 임상 치료에 에센셜 오일을 이용했습니다. 프랑스 의학박사인 장 클로드 라프라즈Jean Claude Lapraz는 "에센셜 오일은 신체 각 기관의 활동을 활발하게 돕지만 의학적인 통제 하에 적용해야 한다"고 말했습니다. 이처럼 아로마테라피는 의학적 통제 하에 시행해야 하기 때문에 우리나라에서는 아직 적용하기 이른 단계라고 할 수 있습니다.

아로마테라피는 육체, 정신, 영혼을 아우르는 전인론적인 효능이 있습니다. 이러한 효능이 아로마테라피에서 가장 중점을 두어야 할 부분입니다. 다양한 에센셜 오일의 향은 심신을 안정시키는 데 탁월하며 마사지 오일, 입욕제, 방향제, 천연 화장품 등 일상생활 곳곳에서 활용됩니다.

아로마테라피의 역사

'아로마테라피'라는 용어가 등장한 것은 1930년대 르네 모리스 가트포세가 저술한 책에서부터입니다. 그러나 질병을 치료하기 위해 약용 식물이나 에센셜 오일을 이용한 것은 인류의 기원만큼이나 오래된 것으로 추측합니다.

선사 시대

1950년대 이라크 북부 자그로스^{Zagros} 지역에서 발굴된 네안데르탈인의 동굴은 6만 년 전 유적으로 추정하고 있습니다. 샤니다르^{Shanidar} 유적이라고 불리는 이곳에서 네안데르탈인의 유골과 함께 꽃다발이 발견되었습니다. 꽃가루를 분석한 결과 서양톱풀^{Yarrow}, 그레이프 히아신스$^{Grape\ Hyacinth}$, 아스클레피아스^{Asclepias}, 마황$^{Ephedra\ Sinica}$, 접시꽃, 엉겅퀴, 금불초, 쇠뜨기의 8가지 꽃가루 를 발견했습니다. 이 식물의 공통점은 의학적 효능이 있고 이 지역의 전통 치유자들이 현재도 사용하는 약초라는 것입니다. 그리고 과학자들이 스페인 엘 시드론$^{El\ Sidrón}$ 동굴에서 발견한 네안데르탈인 유골의 치석을 분석한 결과 아줄렌^{Azulen}과 쿠마린^{Coumarin} 성분이 검출되었습니다. 서양톱풀과 캐모마일의 함유 성분인 아줄렌과 쿠마린은 염증 억제 효과가 있어 네안데르탈인들이 치료 목적으로 이 식물을 섭취했을 것으로 추측합니다 .

AROMATHERAPY

약 1만8000년 전 크로마뇽인의 주거지로 추정되는 프랑스 남부 라스코 동굴Lascaux Cave에서는 질병을 치료하기 위해 약용 식물을 사용했음을 알 수 있는 벽화가 발견되었습니다.

고대 이집트·인도·중국

질병을 치유하는 데 약용 식물을 사용했던 고대인들은 약효를 가진 식물이 신비한 힘이 있다고 생각하고 신성하게 여겼습니다. 그들은 섬기는 신에게 향기를 지닌 식물을 바쳤을 뿐 아니라 상처에 바르거나 달여 먹기도 하고 태워서 연기를 흡입하는 방법으로 활용했습니다. 그리고 식물의 오일을 증류해 지금의 에센셜 오일처럼 활용하고 오일이나 식초에 담가 향유를 만드는 등 다양한 방법을 개발했습니다.

5500년 전 메소포타미아의 수메르인들은 식물의 이름, 처방전, 조제 방법 등 치료법이 담긴 점토판을 남겼고, 고대 의서에도 식물의 치료 효능에 대한 기록이 남아 있습니다. 학자들은 수메르인들이 아로마 증류법을 개발했을 것으로 추측합니다.

파키스탄 북부에서 발견된 도자기는 약 5000년 전의 것으로 아로마 오일을 증류하는 도구로 해석하기도 합니다. 추측이 맞다면 그 시대부터 식물에서 추출한 에센셜 오일을 사용했다는 것을 알 수 있습니다.

고대 이집트인들은 화장술, 약초, 연고 제작, 미라 등에서 살펴볼 수 있듯이 식물을 다양한 방법으로 활용했습니다. 특히 죽은 사람의 영혼이 부활한다고 믿었던 이집트인들은 식물의 방부 작용을 활용해 미라를 만들었습니다.

1872년 이집트 테베 근처에서 발견된 파피루스는 기원전 2800년에 기록된 것으로 밝혀졌습니다. 파피루스는 이집트 고왕국 제4왕조의 2대 파라오였던 쿠푸 왕의 통치 기간에 쓰여진 것으로 아로마 사용에 대해 서술했습니다. 그리고 기원전 2000년에 작성된 파피루스는 프랑킨센스, 머틀, 갈바눔이 어떤 질병에 효과가 있는지 알려주고 있습니다. 기원전 1550년경 이집트에서 발견된 파피루스『치병의 서』에는 고수, 마늘, 박하, 회향, 양귀비, 피마자 등의 약용 식물을 약재로 처방한 기록이 있습니다.

고대 중국에서도 약초와 침술이 발전했는데 기원전 2800년에 신농^{神農}이 쓴 〈신농본초경^{神農本草經}〉은 350여 종의 식물에 대해 기록하고 있습니다. 그중에서 마황^{Ephedra Sinica}은 이라크 샤니다르 동굴에서 발견된 것과 동일합니다. 가장 오래된 중국 의학서인 〈황제내경〉은 기원전 2000년에 쓰여진 것으로 생강 등의 향료 식물에 대한 기록이 포함되어 있습니다.

고대 인도는 인더스 문명이 태동한 기원전 3000년경부터 의학이 시작되었고, 최초의 의료 행위에 대한 2000년 전 기록이 남아 있을 정도로 의학이 발달했습니다. 브라만교의 성전인 〈베다^{Veda}〉는 4부로 구성되었는데, 〈리그 베다^{Rig Veda}〉, 〈야주르 베다^{Yajur Veda}〉, 〈사마 베다^{Sama Veda}〉, 〈아타르바 베다^{Atharva Veda}〉가 있습니다. 질병을 치료하기 위한 식물에 관한 자료는 모든 〈베다〉에 수록되어 있지만 특히 〈리그 베다〉에 많이 기록되어 있고, 〈아타르바 베다〉에는 식물을 찬양하는 수많은 찬가가 남아 있습니다.

베다를 기초로 인도의 3대 의학서 가 편찬되었는데, 1세기 카니슈카 왕의 시의였던 카라카^{Charaka}가 쓴 의학 교본 〈카라카 삼히타^{Charaka Samhita}〉에는 500여 종의 약용 식물과 사용 방법 등이 수록되어 있습니다. 그리고 인도의

5 〈카라카 삼히타〉, 〈수스루타 삼히타〉와 함께 3대 의학서로 꼽히는 것은 바그바타(Vagvata)가 쓴 〈아슈탕가 삼히타 Astanga Samhita〉입니다.

명의로 유명한 수스루타 가 쓴 〈수스루타 삼히타Susruta Samhita〉 전집에는 시나몬, 생강(진저), 미르, 코리앤더, 샌들우드 등 760여 종에 달하는 약용 식물에 대한 내용이 있습니다.

〈리그 베다〉와 〈아타르바 베다〉에 포함된 〈아유르베다Ayurveda〉는 산스크리트어로 '생명 의학, 장수 요법, 삶의 지식' 등의 의미로 풀이할 수 있습니다 . 실용적인 의술이자 전통 치료법으로 유명한 아유르베다는 기원전 2500년경부터 시작되어 약 5000년 이상 인도인들의 일상에서 활용된 치유법입니다. 〈아유르베다〉에 기록된 의술은 아시아 여러 곳으로 전해졌을 뿐 아니라 고대 그리스의 대표적인 의학자 히포크라테스도 〈아유르베다〉를 지침으로 환자를 치료했다고 합니다.

그리스 · 로마

고대 이집트인들의 약용 식물에 대한 지식은 고대 그리스와 로마로 전해져 더욱 발전했습니다. 그리스의 역사가로 유명한 헤로도토스 (BC 484?~425?)가 기원전 5세기에 이집트를 방문하고 저술한 〈역사〉에는 향료를 만드는 방법, 치료법 등의 내용이 포함되어 있습니다.

'의학의 아버지'로 유명한 히포크라테스Hippocrates(BC 460~370)는 그리스의 의사로 의학을 과학화하고 의료 지식을 체계화했습니다. 그는 400여 종의 약용 식물 치료법을 기술했는데 전염병이 유행했을 때 예방과 전염 방지를 위해 사람들에게 아로마를 가진 식물을 사용할 것을 권고했습니다. 그리고 "아로마 목욕은 특히 여성의 질병에 도움이 된다"고 기록했습니다.

'식물학의 아버지'라 불리는 그리스의 테오프라스투스^{Theophrastus}(BC 371~287)는 아리스토텔레스의 제자로 아테네에 있는 스승의 정원을 물려받았다고 합니다. 그가 쓴 〈식물의 역사^{De Historia Plantarum}〉에 실린 식물 중 몇 가지는 칼 린네^{Carl Linn} (1707~1778)가 인용했고 현재도 사용됩니다.

기원전 330년경 마케도니아의 알렉산더 대왕이 그리스뿐만 아니라 이집트, 시리아, 터키, 페르시아를 정복해 대제국을 건설했습니다. 알렉산더 대왕은 원정 길에 학자를 대동해 원정지를 탐험하면서 측량하게 했는데, 이중에는 식물학자도 있었기 때문에 수많은 식물을 채집하게 되었습니다. 알렉산더 대왕의 대제국은 그리스 문화와 오리엔트 문화를 융합해 새로운 헬레니즘 문화를 이룩했는데, 그로 인해 그리스에는 동방의 많은 향신료와 식물이 유입되었습니다.

1세기 그리스의 약학자이자 식물학자인 디오스코리데스^{Dioscorides}(40~90)는 579종에 이르는 식물의 4700가지 의학적 사용법을 체계적으로 저술한 〈약물지^{De Materia Medica}〉라는 책을 엮은 최초의 학자입니다. 이 책에는 바질, 버베나, 카다몸, 로즈, 로즈메리, 갈릭 등이 포함되어 있습니다. 약용 식물의 판정, 채집 기술, 저장, 감별법 등의 내용이 담긴 〈약물지〉는 16세기까지 유럽 의학의 중심이 될 만큼 권위를 가진 약초서로 평가받았습니다.

그리스의 의사이자 로마 아우렐리우스 황제의 시의였던 갈렌^{Galen, Claudius Galenus}(131~201)은 수많은 의학 저서를 남겼는데 특히 식물의 처방이나 혼합 방법 등에 대해 자세히 기술했습니다.

이집트나 그리스인들과 마찬가지로 로마인들 역시 방향성 식물을 축제나 의식때 사용했습니다. 특히 목욕 문화가 발달했던 로마에서는 에센셜 오일을 바르고 마사지를 하거나 옷이나 침대에 뿌리는 등 여러 가지로 활용했습니다. 로마 제국이 북유럽까지 영토를 확대하면서 식물을 활용한 의료 지식 역시 전파되었습니다.

그러나 초기 기독교 시대에는 감각적 즐거움을 고조한다는 이유로 아로마를 이단시했고, 529년 교황 그레고리우스는 모든 형태의 물질적 의료 행위를 금지했습니다. 히포크라테스, 디오스코리데스, 갈렌 등 그리스와 로마에서 이루어졌던 연구 업적은 페르시아어, 아랍어 등으로 번역되어 새로운 시대가 열렸습니다.

중세 시대

유럽의 중세 시대는 5세기에 있었던 게르만족의 민족 이동과 서로마제국의 멸망부터 시작되었다고 보는 것이 일반적입니다. 게르만족이 유럽을 지배하면서 그리스와 로마의 예술, 학문, 과학의 전통이 사라졌습니다.

아랍에서는 지식의 가치를 강조했던 압바스 왕조(750~1258)가 세워지면서 황금 시대가 열렸습니다. 이집트의 박해를 피해온 기독교인들이 그리스어로 쓰인 책을 아랍어로 번역하는 등 번역가들을 초청해 전 세계 의학서와 과학 서적을 맡겼습니다. 이와 같은 배경에 힘입어 수많은 학자와 과학자가 배출되었는데 특히 아랍의 의사들은 인도와 스페인에서 가져온 약용 식물을 연구하면서 디오스코리데스와 갈렌이 쓴 의학서를 번역했습니다.

의사이자 연금술사였던 자비르 이븐 하이얀Jabir Ibn Hayyan(721~815) 이 증류 장

치인 알렘빅^{Alembic}을 발명하면서 증류법이 발전하자 '이슬람의 보물'이라 불리던 장미를 증류해 로즈 워터를 만들 수 있게 되었습니다. 그리고 야쿠브 알 킨디$^{Yakub\ al\ Kindi}$(803~870)는 100여 개에 이르는 향수 제조법을 담은 〈향수의 합성과 증류$^{The\ Book\ of\ Perfume\ Chemistry\ and\ Distillation}$〉라는 책을 남겼습니다.

11세기 페르시아 제국의 철학자이자 과학자, 의사였던 이븐 시나$^{Ibn\ Sina}$(980~1037, 아비시나라고도 불림)는 '아랍의 아리스토텔레스'로 일컬을 정도로 유명한 학자였습니다. 그의 수많은 발명품 중에서 냉각 코일은 증류법에 혁신적인 영향을 끼쳐 메소포타미아에서 시작된 오일의 추출 과정을 완성했다는 평가를 받습니다. 그리고 이븐 시나가 쓴 〈의학의 규범$^{Canon\ of\ Medicine}$〉은 760여 종의 식물과 이로부터 추출할 수 있는 약물에 대한 내용을 담고 있어 16세기까지 의학의 표준 교과서로 사용되었습니다.

이븐 시나의 증류법을 활용한 아랍에서는 이후 900년 동안 순수한 에센셜 오일과 아로마 증류수를 생산했습니다. 아랍에서 생산한 로즈 워터, 여러 가지 에센셜 오일, 증류 방법은 십자군 원정을 통해 유럽에 전해졌습니다.

유럽에서는 약 500년경부터 수도원에서 약용 식물 정원을 가꾸고 재배한 식물을 치료에 활용했습니다. 12세기 독일 빙엔의 수녀원장 성 힐데가르트$^{Hildegard\ von\ Bingen}$(1098~1179)는 300여 종의 식물과 의학적 용도를 설명한 〈자연학〉을 남겼습니다. 13세기에는 아랍의 향수가 소개되어 큰 인기를 끌었고, 르네상스(14~16세기) 시대를 통해 약용 식물과 아로마에 관한 많은 서적이 완성되었습니다.

중세 사람들은 페스트, 천연두 등 전염병이 창궐하자 마룻바닥에 라벤더나 로즈메리를 뿌려두거나 작은 꽃다발로 묶어 몸에 지니고 다니면 감염을 막을 수 있다고 생각했습니다. 마녀와 악마를 물리치기 위해 창가에 마저럼을 매달기도 했습니다. 인쇄술이 발달하면서 약용 식물에 관한 지식이 널리 알려졌고, 16세기에는 약국에서 라벤더 워터나 에센셜 오일을 구입할 수 있었습니다.

17세기 영국 식물 학자들의 활발한 연구로 에센셜 오일도 의학계에서 광범위하게 사용되었습니다. 〈컴플리트 허벌The Complete Herbal〉의 저자인 니콜라스 컬페퍼Nicholas Culpeper(1616~1654)는 로즈메리의 흡입과 복용법을 제시했고 라벤더를 감기, 중풍, 두통 등에 사용할 것을 권장했습니다.

근대 · 현대

19세기에 이르러 과학이 비약적인 발전을 이루면서 의약품의 개발로 이어졌습니다. 1500년전 파피루스에도 기록되었을 만큼 뛰어난 소염, 해열, 진통 효과가 있는 버드나무 추출물을 아스피린이 대체하는 등 약용 식물의 효능을 의약품이 대신하게 된 것입니다.

근대에 이르러 프랑스에서 아로마에 대한 연구가 활발하게 이루어졌습니다. 프랑스의 화학자 르네 모리스 가트포세는 아로마의 정신적, 신체적 효과에 관심을 가졌습니다. 그는 1910년 향수 공장에서 조향 실험을 하던 중 손에 화상을 입었는데 옆에 있던 라벤더 오일에 손을 담갔다가 통증이 완화되고 화상이 치유되자 아로마 오일의 치유력에 대한 연구를 시작했습니다. 그는 '아로마테라피Aromathérapie'라는 용어를 처음 사용했고 1937년 〈아로마 요법 : 에센셜 오일, 식물성 호르몬〉이라는 책을 발간했습니다.

제2차 세계대전에 참전했던 군의관 장 발네Jean Valnet는 부상병들의 화상이나 상처를 치유하기 위해 타임, 캐모마일 등의 에센셜 오일을 사용했습니다. 에센셜 오일의 소독, 살균, 진정, 소염 작용 등 효과를 발견한 그는 1964년 〈프랙티스 오브 아로마테라피The Practice of Aromatherapy〉라는 책을 출판했습니다.

1960년대 프랑스의 생화학자 마거릿 모리Marguerit Maury(1895~1968)는 에센셜 오일을 미용, 건강과 연계했고 최초의 아로마 클리닉을 개설했습니다.

◉ 아로마테라피 연대표

BC 3000	고대 이집트에서 키피(Kyphi) 를 만들어 사용.
BC 2500	인더스문명이 발달한 고대 인도에서 아유르베다 태동.
BC 1600	고대 인도에서 샌들우드, 캠퍼, 파인 등의 에센셜 오일을 사용한 기록.
BC 1320	고대 이집트의 파라오 투탕카멘의 피라미드에서 유향과 미르를 사용한 흔적 발견.
BC 500	고대 인도의 아유르베다 체계화. 샌들우드 에센셜 오일이 대표적.
BC 475~BC 221	고대 중국의 전국 시대에 편찬된 〈황제내경〉에 침, 뜸, 약초에 대한 내용 기재.
BC 460	'의학의 아버지' 히포크라테스가 약용 식물을 이용해 치료. 현대 의학의 기원이자 아로마테라피의 시작.
BC 356~BC 323	마케도니아 알렉산더 대왕의 원정을 통해 바질이 인도에서 유럽으로 전파.
BC 27~395	로마 군의관이었던 디오스코리데스가 수술 전 마취(최면)를 위해 만다린 잎 사용.
66~77	제1차 로마 전쟁에서 군인들이 미르로 만든 연고 등 상비약으로 약용 식물 활용.
395~	로마제국 쇠퇴, 기독교리로 인한 향유 산업 쇠퇴.
980~	이븐 시나의 냉각 코일 발명. 수증기 증류법을 이용한 에센셜 오일 생산.
1095~1270	십자군 전쟁으로 향수, 에센셜 오일, 증류법 등이 유럽에 전파.
1348~	중세 시대에 페스트, 천연두 등 전염병 창궐, 전염병을 막기 위해 약용 식물 활용.
1500~16세기	이븐 시나의 영향을 받은 학자들이 증류법에 관련된 저술 활동. 독일의 아로마테라피 르네상스.
1600~	영국에서 활발한 연구 활동, 니콜라스 컬페퍼의 약용 식물 연구.
1700~	인쇄술의 발달로 약용 식물에 관한 지식 확산, 현대 의학의 발전으로 의약품이 약용 식물 대체.
1887	프랑스에서 꽃에서 추출한 에센셜 오일 성분 실험, 항박테리아 효능 입증.
1900~	프랑스 화학자 르네 모리스 가트포세의 본격적인 아로마테라피 연구.
1945	제2차 세계대전에서 장 발네가 부상병을 에센셜 오일로 치료했으며 심리 치료에도 사용.
1950~	프랑스 생화학자인 마거릿 모리가 마사지에 기초한 현대 아로마테라피의 기본 정립.
1970~	우리나라에 아로마테라피가 처음 도입.
1996~	대중이 아로마테라피를 친숙하게 받아들이며 다양하게 활용.

11 키피 Kyphi 클레오파트라가 애용한 향수로 몰약과 유향 등 각종 에센셜 오일을 혼합한 것입니다.
'파라오의 향수'라고 알려있으며 미라를 만들 때도 사용되었습니다.

chapter 2

Essential Oil

여러 가지 약용 식물에서
에센셜 오일을 추출하는 방법과 화학적 특성 등
에센셜 오일이 가지고 있는
고유한 특성에 대해 설명합니다.

에센셜 오일의 정의

에센셜 오일Essential Oil은 생명력과 치유 에너지가 있는 식물의 잎, 줄기, 뿌리, 꽃, 열매, 껍질 등에서 만들어낸 향이 나는 재료를 증류법, 압착법 등 물리적인 방법으로 추출한 휘발성 향유를 말합니다.

아로마테라피의 관점에서 보는 에센셜 오일은 '향으로 심리적 안정 및 피부에 도움을 주는 천연 오일'이라고 정의할 수 있습니다. 일반 의약품과 마찬가지로 에센셜 오일도 어떤 질환에 대해서는 즉각적인 효과를 나타내지만, 에센셜 오일의 가장 일반적인 특징은 통합적 치료 작용입니다. 통합적 치료 작용이란 '신체가 질병을 스스로 치유할 수 있는 힘을 기르고 면역 체계를 강화'하는 것을 의미합니다.

에센셜 오일은 뛰어난 향기로 마음의 안정, 평화, 여유를 줌으로써 건강을 유지하고 신체에 나타난 여러 질환을 치유하는 데 도움을 줄 수 있습니다. 즉 현대인에게 나타날 수 있는 여러 가지 건강 문제의 큰 원인인 이성, 감정, 정신, 신체의 부조화를 균형 있게 조절해 신체와 정신을 통합적으로 다스릴 수 있음을 뜻합니다.

에센셜 오일 추출법

식물 속에 존재하는 에센셜 오일의 함량은 대략 전체의 1~1.5% 정도지만, 0.01~0.02%에 지나지 않는 식물도 있습니다. 식물은 부위에 따라서 방향 성분이나 에센셜 오일 함량이 다르기 때문에 어떤 부위에서 어떤 방법으로 에센셜 오일을 추출할 것인지는 식물에 따라 결정됩니다.

에센셜 오일을 추출하기 위해 다양한 추출법을 사용하는 이유는 추출 부위에 따라 성분과 효능, 품질이 다른 에센셜 오일이 되기 때문입니다. 그리고 추출 부위와 추출법에 따라 에센셜 오일의 향기나 가격도 차이가 납니다. 예를 들어, 비터오렌지 나무는 꽃, 잎, 열매에서 에센셜 오일을 추출하는데 각각 네롤리, 페티그레인, 비터오렌지 에센셜 오일로 구분됩니다.

수증기 증류법
Steam Distillation

증류법은 크게 수증기 증류법^{Steam Distillation}과 물 증류법^{Water Distillation}으로 나뉩니다. 수증기 증류법은 11세기경 이븐 시나^{Ibn Sina}가 최초로 발명한 것으로 가장 일반적으로 이용하는 에센셜 오일 추출법입니다.

수증기의 열로 방향 성분이 변화하지 않으며 가장 간편하고 널리 이용되는 방법입니다. 수증기 증류법의 구조를 보면 커다란 원주형 탱크에 채유 식물의 각 부분(잎, 꽃, 열매, 줄기 등)을 넣은 다음 밑에서부터 증기를 불어넣으면 증기가 원료를 통과하면서 식물의 세포벽을 파괴해 향 성분이 증기 형태로 되어 방출됩니다. 이것이 파이프를 통해 냉각관을 지나면서 증류액과 정유

Essential Oil 상태가 되고, 물보다 가벼운 정유는 위쪽에 모이고 증류액은 아래쪽으로 분리됩니다. 아래쪽에 가라앉은 증류액은 에센션 오일이 약간 녹아 있는 방향 증류수, 즉 플로럴 워터Floral Water 라고 합니다. 플로럴 워터에는 라벤더 워터, 로즈 워터, 티트리 워터 등이 있고 화장수로 이용됩니다.

수증기 증류법은 방향 성분이 변화하지 않는 식물에 한해 사용하고, 고온으로 처리하기 때문에 열에 불안정한 성분이 파괴되는 단점이 있습니다. 그러나 가장 간편하고 저렴한 방법인데다 단시간에 많은 양을 한꺼번에 얻을 수 있다 보니 널리 이용됩니다. 전체 에센셜 오일의 80% 이상이 수증기 증류법으로 추출되는데 주로 라벤더, 페퍼민트, 유칼립투스, 로즈메리, 티트리, 캐모마일 등이 해당됩니다.

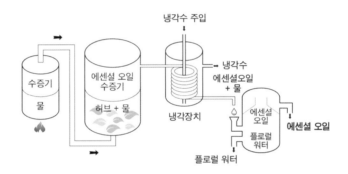

물 증류법은 증류 용기에 물과 원료 식물을 가득 채워 100℃ 이하의 온도에서 천천히 오일을 추출하는 방법입니다. 열에는 민감하지만 추출 시간에는 영향을 받지 않는 오일을 추출할 때 사용하며 네롤리, 로즈 등이 해당됩니다.

압착법
Expression Process

에센셜 오일을 추출하기 위해 사용하는 원료 중 열에 민감해 증류 추출법을 사용할 수 없는 경우 저온 추출법을 이용합니다. 압착만을 이용해 추출하므로 열이나 물에 의해 변화할 수 있는 성분을 그대로 보존할 수 있다는 장점이 있습니다. 감귤류의 한 종류인 레몬, 오렌지, 자몽, 베르가모트 등의 오일만 추출할 수 있다는 것이 단점입니다. 압착법은 저온 추출법 중 하나로 다음과 같이 분류할 수 있습니다.

• 스펀지 압착법(Sponge Expression)

감귤류 과실의 껍질이 뜨거운 물에 닿으면 과실의 알맹이가 물을 흡수하고, 이로 인해 유연성과 탄성을 높여 오일 세포가 파괴되기 쉽습니다. 이때 스펀지를 껍질 아래에 놓으면 스펀지가 휘발성 오일을 흡수합니다. 어느 정도 시간이 흐른 후 스펀지를 짜서 에센셜 오일을 얻는 방법은 지금처럼 기계가 발달하기 전에 주로 사용한 것입니다. 현재 적은 양의 오일을 추출할 때 사용하는 방법이기도 합니다.

• 이큐엘레 아 피큐에(Equella a Piquer)

대못이 있는 용기에 과실을 넣고 회전시키면 에센셜 오일이 흘러나오면서 용기 중앙의 수집 장치에 모입니다. 이와 같은 에센셜 오일 추출법을 '이큐엘레 아 피큐에'라고 합니다.

• 기계 연마(Machine Abrasion)

기계를 이용해 과실의 껍질을 제거한 후 원심분리기^{Centirfugal Separator}에 넣고 작동시키면 에센셜 오일을 얻을 수 있습니다. 이때 추출한 오일은 여러 종류의 다른 세포와 결합된 상태이거나 효소 작용으로 약간 변질^{Alteration}될 수 있습니다.

냉침법
Enfleurage

냉침법은 오래된 추출 방식 중 하나로 질 좋은 오일을 얻을 수 있다는 장점이 있습니다. 그러나 많은 시간과 노동력이 필요해 비용 면에서 비효율적이다 보니 현재는 잘 사용하지 않습니다. 냉침법은 향이 섬세하고 값비싼 꽃 종류에 사용하는데 대표적인 예가 로즈와 재스민 에센셜 오일입니다.

냉침법은 정제된 라드(소, 돼지기름)를 이용해 에센셜 오일을 추출하는 방법입니다. 유리판 위에 라드를 얇게 펴 바른 다음 추출할 오일의 꽃잎을 펴서 올려놓으면 꽃잎 속에 함유된 오일이 지방에 흡수됩니다. 오일이 흡수되고 꽃잎이 시들면 다시 새 꽃잎을 올려놓는 과정을 반복해서 더 이상 오일이 흡수되지 않으면 꽃잎을 제거합니다. 그리고 지방만을 모은 다음 에센셜 오일과 지방이 알코올에 녹는 성질을 이용해 알코올과 섞어 강하게 저으면서 지방과 오일을 분리합니다. 이렇게 해서 얻은 오일을 앱솔루트^{Absolute}라고 합니다. 앱솔루트는 증류법으로 추출된 에센셜 오일에 비해 농축된 오일로 향과 특성이 매우 강하기 때문에 적은 양으로도 큰 효과를 발휘합니다.

온침법
Maceration

가장 간단한 방법인 온침법 역시 오래전부터 사용한 추출법입니다. 커다란 유리병에 허브와 베이스 오일을 가득 넣고 햇빛을 받게 합니다. 1~2주 정도 지나 향기가 빠져나간 약용 식물을 걸러내고 새로운 약용 식물을 넣는 과정을 반복하면 방향성 오일을 만들 수 있습니다.

온침법은 순수한 에센셜 오일을 추출하는 방법은 아니지만 이 과정을 통해 얻은 베이스 오일에 식물의 유효 성분이 녹아 있어 아로마테라피에 다양하게 사용됩니다. 프랑스 프로방스 지방에서는 서양톱풀^{Yarrow}을 올리브 오일에 2주간 침출시켜 에센셜 오일을 얻는데, 화상을 비롯한 여러 가지 증상에 뛰어난 치유 특성이 있는 것으로 알려졌습니다.

용매 추출법
Solvent Extraction

재스민, 로즈, 프랑킨센스 등 꽃이나 나뭇진(수지)의 방향 성분을 헥산, 에테르, 알코올 등의 유기용제를 이용해 추출하는 방법입니다. 큰 용기에 원료 식물과 뜨거운 용매를 넣어 에센셜 오일 성분이 용출되면 용매와 수분이 증발해 용매가 제거된 반고형 물질인 콘크리트^{Concrete}가 남게 됩니다. 식물의 천연 왁스와 나뭇진, 에센셜 오일의 혼합물인 콘크리트를 헥산에 2중 증류하고, 다시 알코올에 섞어 방향 성분만을 추출한 다음 알코올을 제거한 것을 앱솔루트^{Absolute}라고 합니다. 나뭇진이 원료인 경우에는 레지노이드^{Resinoid}라고 구별해 부릅니다. 이 방법을 사용하면 수증기 증류법으로 추출하기 어려운 성분이나 색소, 밀랍 성분 등을 더 얻을 수 있고 생산량도 약간 늘릴 수 있지만, 용매를 완전히 제거하는 것은 불가능해 독성이 남아 있을 수 있습니다. 피부에 사용할 경우 알레르기의 원인이 될 수 있으므로 반드시 패치 테스트를 거친 후 사용합니다.

초임계 이산화탄소 추출법
CO_2 Extraction

인체에 무해한 이산화탄소를 사용해 추출하는 것으로 화학 잔여물이 남지 않고 열에 의한 변질도 적은 방법입니다. 물질은 기체, 액체, 고체 세 가지 상태를 취할 수 있는데 가해지는 온도와 압력 등에 따라 이중 어느 한 상태로 변하게 됩니다.

그런데 어떤 물질은 액체나 기체도 아니며 그 둘을 함께한 것과 같은 상태, 즉 초임계 상태가 됩니다. 적절한 압력이나 온도 조절로 기체가 되어 순식간에 발산되는 이산화탄소의 특성을 이용해 에센셜 오일을 추출하는 방법입니다. 전 과정이 비교적 저온에서 이루어져 에센셜 오일 성분의 변성이 적기 때문에 식물 본래의 에센스와 유사한 향을 지닌 에센셜 오일을 얻을 수 있습니다. 추출하는 소요 시간이 짧고 수확률이 높으며, 이산화탄소를 쉽게 제거할 수 있어 용매에 의한 화학반응이 일어나지 않는 것도 장점입니다. 그러나 고가의 장비를 이용하다 보니 에센셜 오일의 가격이 비싼 편입니다.

🔥 에센셜 오일 추출법 비교

추출 방법	장점	단점
수증기 증류법	추출법이 간단하다. 대규모 생산이 가능해 가장 경제적인 방법	고온 처리로 열이나, 물에 의해 에센셜 오일 성분이 파괴될 수 있다.
물 증류법	열에 민감한 식물에 사용된다.	추출 시간이 오래 걸린다.
압착법	열에 의한 변질, 손상이 거의 없다.	감귤류만 가능한 추출법으로 휘발성이 강하고 산화, 변질되기 쉽다.
냉침법	섬세한 꽃에 손상을 주지 않고 추출할 수 있다.	많은 노동력, 시간, 비용이 필요하다.
온침법	향이 좋은 베이스 오일을 얻을 수 있다.	순수한 에센셜 오일을 얻을 수 없다.
용매 추출법	에센셜 오일 생산력이 높다. 다른 추출법에서 얻기 어려운 성분을 함께 얻을 수 있다.	완전한 용매 제거가 불가능해 알레르기를 유발할 수 있어 민감성 피부에 적합하지 않다.
초임계 이산화탄소 추출법	비교적 저온 추출이 가능해 에센셜 오일 성분의 변성이 적다. 식물의 자연 향과 유사하다. 추출 시간이 짧다.	추출 비용이 높기 때문에 에센셜 오일 가격이 비싼 편이다.

에센셜 오일의 화학적 특성

최근까지도 에센셜 오일은 민간요법으로 인식되면서 대체 의학으로 주목받지 못했기 때문에 화학적 성질을 강조하지 않았습니다. 그러나 전통적으로 내려오는 민간요법의 효과와 아로마테라피의 안정성, 효능을 증명하려면 화학적 성질에 대한 과학적 근거가 뒷받침되어야 합니다.

에센셜 오일은 많은 종류의 화학 성분으로 이루어져 있습니다. 분자 구조에 따라 몇 개의 그룹으로 나눌 수 있는데 대표적인 것이 테르펜^{Terpene}, 테르페노이드^{Terpenoid} 등입니다. 이 구조에서 이루어진 분자의 수에 따라 세부적으로 나뉩니다. 즉 에센셜 오일을 분해하면 종류에 따라 함유 성분이 다르고, 같은 성분이 있다고 해도 성분 비율이 모두 다르다는 것입니다.

따라서 비슷한 종류의 에센셜 오일이라고 해도 각각 다른 향과 효능을 지녔습니다. 에센셜 오일 특유의 성분은 피부에 직접 닿아도 되는 성분부터 독성을 가진 성분까지 다양합니다.

분자에 따른 에센셜 오일 구분(테르펜, 테르페노이드)

에센셜 오일의 분자는 기본적으로 탄소 + 수소로 구성되어 있으며 두 가지 분자만 가지고 있는 성분을 테르펜이라고 합니다. 탄소 + 수소로 구성되어 있는 테르펜 성분에 산소 + 기타 분자가 합성되면 테르페노이드란 성분이 됩니다. 에센셜 오일은 크게 테르펜과 테르페노이드로 나뉩니다.

테르펜	탄소 + 수소로 이루어진 분자 구조
테르페노이드	탄소 + 수소 + 산소 + 기타로 이루어진 분자 구조
기타 성분	테르펜 또는 모노테르펜과 다른 분자 구조

테르펜

탄소 + 수소의 분자 구조로 구성되는 테르펜 구조를 이해하기 위해 가장 먼저 알아야 할 것은 이소프렌Isoprene이며 이소프렌은 탄소 5개, 수소 8개로 이루어진 기본단위입니다. 이소프렌이란 단위를 이해하면 이소프렌이 몇 개로 구성되어 있는가에 따라 모노테르펜Monoterpens, 세스퀴테르펜Sesquiterpens, 디테르펜Diterpens, 트리테르펜Triterpens, 테트라테르펜Tetraterpens으로 구분할 수 있습니다.

🜄 테르펜 구조의 종류

구분	이소프렌 단위	탄소 분자 수
이소프렌(기본단위)	1	5
모노테르펜	2	10
세스퀴테르펜	3	15
디테르펜	4	20
트리테르펜	6	30
테트라테르펜	8	40

• 모노테르펜

주요 특징	1. 시트러스, 수지(특히 침엽수) 계열, 허브 계열 등 다양한 오일에 함유 2. 색깔이 비교적 투명하고 점도(끈적거림)가 약하며 휘발성이 강하다. 3. 대부분 톱 노트로 머리를 맑게 하고 집중력을 높여주는 효과가 있다. 4. 고양 작용과 강장 작용을 하며 방부, 항균, 항바이러스 작용이 　대표적이다. 5. 산화가 빠른 편이다.
캄펜(Camphen)	캠퍼 합성 공정 중 생성되며 무색의 장뇌² 비슷한 향이 난다. 물에 잘 녹지 않고 에탄올, 에테르 등의 유기용매에 녹는다. 항곰팡이, 항염, 해열, 혈액순환 증가, 병원균에 살균 작용, 피부 항산화
카르벤(Carven)	살균, 소독, 항균
키멘(Cymen)	탄화수소 유기화합물 중 하나, 방부
리모넨(Limonen)	탄화수소 유기화합물 중 하나로 레몬과 유사한 향기가 난다. 항바이러스, 항균, 해독, 거담, 발한, 소염, 부작용 반감
미크렌(Mycren)	탄화수소 유기화합물 중 하나 방부, 살균, 소독, 정화
피넨(Pinene)	탄화수소 유기화합물로 무색이며, 꽃향기와 비슷하다. 공기 정화, 살균, 소독, 항바이러스
알파피넨 (α-Pinene)	피톤치드 주성분으로 파인, 주니퍼베리에 많이 함유 살균, 방부, 항균, 항바이러스, 수렴
테르피넨 (Terpinene)	탄화수소 유기화합물 중 하나로 레몬과 유사한 향기 항균, 항바이러스, 살균, 소독, 피부 트러블 진정
대표 오일	앤젤리카, 레몬, 스위트오렌지, 그레이프프루트, 만다린, 베르가모트, 파인, 주니퍼베리, 네롤리
주의 사항	모노테르펜을 다량 함유한 오일은 뜨거운 물과 결합했을 때 피부나 점막을 자극할 수 있다.

2　장뇌 樟腦, Camphor. 휘발성이 있고 공기와 만나 기체가 된다. 방향성 유기화합물.

주요 특징	1. 3개의 이소프렌 단위가 결합한 분자로 총 15개의 탄소를 가진다. 2. 모든 세스퀴테르펜 탄화수소는 '~ene'로 끝난다. 3. 세스퀴테르펜은 여러 종류의 식물에 적은 양으로 존재한다. 4. 항염, 항알레르기 효능이 뛰어나다.
카마줄렌 (Chamazulene)	매트리카린(Matricarin) 성분이 수증기 증류법을 통해 카마줄렌 성분으로 추출되며 항염의 대표적인 성분이다. 항염, 항알레르기, 항히스타민, 트러블 진정, 진통, 진경, 항소양
베타카리오필렌 (β-Caryophyliene)	뇌세포를 보호하는 효과가 있으며 구아바 잎에도 같은 성분이 20% 이상 들어 있다. 항염, 항알레르기, 항암
대표 오일	캐모마일 저먼, 블랙페퍼, 진저, 서양톱풀, 클로브버드, 일랑일랑
주의 사항	국화과 식물(캐모마일 저먼)에 알레르기가 있거나 민감성 피부는 패치 테스트가 필요하다.

테르페노이드

탄소 + 산소로 이루어진 테르펜 구조에 산소 + 기타의 분자가 더해지면 테르페노이드 구조가 됩니다. 다양한 에센셜 오일이 많이 속해 있는 그룹으로 알코올, 페놀, 케톤, 에스테르, 알데하이드, 옥사이드 성분 등이 여기에 포함됩니다.

• 알코올

주요 특징	1. 알코올 분자는 지방족에 붙어 있다. 　종류에 따라 모노테르펜 알코올, 세스퀴테르펜 알코올로 나뉘며 　모노테르펜이나 세스퀴테르펜 분자 구조에 OH(수산기)가 붙은 형태다. 　모노테르펜알코올 : 항진균, 혈관 수축, 강장제, 진정제, 세포 재생 　세스퀴테르펜알코올 : 항염, 항바이러스, 항암, 재생 2. 부드럽게 작용하기 때문에 안전한 성분으로 구분되어 　노약자와 어린이를 위한 아로마테라피에 활용하면 좋다. 3. 피부 수렴과 살균 효능이 좋아 스킨케어 제품에 활용하기 좋다. 4. 신경을 강화하고 기분을 고양한다. 5. 일반적으로 혈압을 낮추는 작용을 한다고 알려져 있다. 6. 대부분 부드럽고 깨끗한 향기가 난다.
리나롤 (Linalool)	간암 세포의 영양 공급원인 ATP와 GSH 수준을 감소시켜 세포 내에서 미토콘드리아의 호흡망을 끊어 암세포가 영양과 산소 부족으로 자멸하게 한다. 신경 안정, 진정, 탈취, 항균, 항염, 유전자 손상 예방
시트로넬롤 (Citronellol)	주로 시트로넬롤로 되어 있으며, 그 밖에 테르핀알코올류를 함유한다. 조향과 음식에 첨가해 착향제로 활용된다. 시트로넬라에 10% 내외 함유 방부, 항균, 항바이러스, 면역력 강화, 탈취, 방충

1. 원본 논문 Linalool decreases HepG2 viability by inhibiting mitochondrial complexes I and II, increasing reactive oxygen species and decreasing ATP and GSH levels.

게라니올 (Geraniol)	팔마로사의 주성분 살균, 세포 생육 촉진(재생), 항바이러스, 신경계 이완, 방충
알파테르피네올 (α-terpineol)	페티그레인에 8% 내외 함유 방부, 항미생물, 항균, 항바이러스, 신경계 진정, 진경, 기분 고양, 면역력 증진
알파비사보롤 (α-bisabolol)	관절염 보조제에 관한 실험에서 효능이 증명된 바 있다. 소염, 항염, 항경련, 진정
테르피넨-4-올 (Terpinene-4-ol)	티트리의 주성분 산화되면 3수산기 멘탄(Trihydroxy Menthane)으로 변하는데 피부에 적용 시 홍반이 생기고 자극이 심하다. 마저럼도 30% 이상 함유, 주로 에스테르계 성분이 활성 항균, 살균, 방부, 항진균, 항바이러스
멘톨 (Menthol)	페퍼민트에 많이 함유된 성분 혈압 강하, 항균, 탈취, 해열, 항경련, 쿨링, 수렴
산타롤 (Santalol)	샌들우드에 많이 함유된 성분 항염, 항균, 소염, 항경련, 방부, 염증 완화, 재생
대표 오일	로즈우드, 팔마로사, 제라늄, 라벤더, 로즈, 샌들우드, 파인, 파촐리, 티트리, 마저럼, 페티그레인, 베티버, 코리앤더, 오레가노, 레몬, 페퍼민트, 네롤리, 캐모마일 저먼
주의 사항	감광성이 있는 오일은 햇빛(자외선)에 주의한다.

• 페놀

주요 특징	1. 알코올의 한 종류로 OH(수산기)가 붙은 구조인데, 방향족 벤젠고리에
	   OH(수산기)가 붙은 것이 특징이다.
	2. 알코올과 같이 '~ol'로 끝나는 이름을 가진다.
	3. 식물성 페놀은 환경 오염과 발암물질로 알려진 광유(鑛油)에서 나온 독성
	   페놀과는 달리 소량을 잘 활용하면 강장제, 자극제, 면역계 자극제로 유용하다.
	4. 페놀이 주성분인 오일은 강한 항바이러스, 항균, 신경계와 면역계 자극,
	   혈액순환 자극, 혈압상승 효과가 있다.
	5. 과량 사용할 경우 피부에 자극을 줄 수 있고 간 독성을 유발할 수 있기
	   때문에 임산부, 노약자, 어린이는 사용을 금한다.

티몰 (Thymol)	멘톨의 합성원료, 방부제, 구충제로 활용, 결정성 고체 강력한 살균과 항균, 항바이러스, 방부, 혈압 상승
카르바크롤 (Carvacrol)	방부, 살균, 순환 촉진, 순환 자극, 면역계 자극
유게놀 (Eugenol)	페놀의 수산기에서 파생되어 페놀의 이름을 따서 에테르라 불림 클로브버드, 시나몬, 블랙페퍼에 함유 방부, 살균, 착향, 과량 사용 시 경련, 마비
미리스티신 (Myristicine)	페놀의 수산기에서 파생 넛맥(육두구)에 함유 흥분, 환각, 마취, 마비, 강력한 항통증, 항염 활성화
엘리미신 (Elimicine)	미리스티신과 엘리미신은 환각 유발 물질인 TMA와 MMDA의 물질대사에 관여하는 것으로 추정된다.
아네톨 (Anethol)	페놀의 수산기에서 파생, 애니시드와 펜넬에 함유 항진통, 항진경, 항균

대표 오일	타임(케모 타입)
	1. 티몰 타입
	2. 카르바크롤 타입
	3. 리나롤 타입
	4. 게라니올 타입
	5. 투얀4올 타입(티몰과 리나롤 케모 타입에 속함)
	6. 알파테르피닐 아세테이트 타입
	   타임(티몰), 타임(카르바크롤) / 타임(리나롤 타입은 소량 함유)
	   클로브버드, 시나몬리프, 넛맥(육두구)

주의 사항	장기간 사용 시 간에 손상을 줄 수 있다. 피부와 점막을 자극할 수 있다. 어린이, 임산부는 절대 사용 금지

5 Tisserand R, Balacs T, Essential oil safety, churchill Livingstone, UK, 1995

• 에스테르

주요 특징	1. 알코올이 산(酸)과 반응하면서 발생하는 화학적 조직체 　예를 들면 리나롤 + 아세트산 〉 리나릴아세테이트 + 물 2. 강한 과일 향이 특징, 식료품에 과일 향을 추가할 때 이용한다. 3. 에스테르가 많이 함유된 오일은 신경을 안정시키고 　긴장을 완화하는 작용을 한다. 4. 에스테르가 함유된 오일은 버섯균을 죽이는 작용을 하기도 한다. 5. 독성이 없어 피부 자극이 거의 없다. 6. 물질을 표기하는 낱말의 중간에 '~yl'이 포함되어 있고 　낱말의 끝이 '~ate'로 끝나는 것이 보통이다.
벤질 아세테이트 (Benzyl Acetate)	알코올이 산과 반응해서 발생하며 과일 향미가 난다. 재스민과 일랑일랑의 모든 등급에 포함되어 있다. 항염, 진정, 근육 이완, 신경계 안정, 좌우 균형
리나릴 아세테이트 (Linaryl Acetate)	라벤더, 페티그레인, 클라리세이지, 베르가모트에 35~50% 정도 함유 마저럼은 8% 내외 성분비를 지녔지만 에스테르계가 주로 작용 네롤리는 성분비가 매우 적으나 작용함 호르몬 조절, 신경계 이완, 항염, 항균, 항진균, 항진경, 항진통
게라닐 아세테이트 (Geranyl Acetate)	안정, 진정
이소부틸 안젤레이트 (Isobutyl Angelate)	캐모마일 로만의 주성분 항염, 심신 안정
대표 오일	재스민, 일랑일랑, 라벤더, 페티그레인, 클라리세이지, 베르가모트, 마저럼, 네롤리, 캐모마일 로만, 에버래스팅, 윈터그린
주의 사항	독성은 거의 없으나, 호르몬을 조절하는 성분이 있어 임산부에게는 사용을 권하지 않는다.

• 알데하이드

주요 특징	1. 레몬 밤처럼 레몬과 비슷한 향기가 나는 것이 특징이며 산화된 알코올에서 생성된다. 2. 알데하이드가 주성분인 에센셜 오일은 신경 안정 작용과 염증 완화 작용을 하는데, 특히 낮은 농도로 희석했을 때 그 효과가 가장 크다. 3. 알데하이드는 항바이러스 작용과 혈압을 낮추는 작용을 하며 벌레를 쫓는 데 이용되기도 한다.
시트랄(Citral)	방충, 항균, 항바이러스, 면역력 증진
시트로넬랄 (Citronellal)	시트로넬라 오일(자바)의 주성분 항균, 항진균, 방충, 탈취, 해열, 살충, 강장
대표 오일	레몬, 멜리사, 레몬그라스, 시트로넬라
주의 사항	소량 사용이 효능 효과가 더 좋기 때문에 과량 사용은 금물 과량 사용할 경우 피부 자극, 두통, 메스꺼움을 느낄 수 있다. 안압을 높이기 때문에 사용 시 주의 필요

• 케톤

주요 특징	1. 케톤은 위험한 성분으로 분류되나 독성이 없고 유익한 성분도 있으니 잘 구분해서 사용하는 것이 좋다. 2. 무독성 케톤은 점액질 용해, 울혈 완화, 상처 치료에 활용한다. 카르본, 펜촌, 이탈리돈, 재스몬, 멘톤 3. 독성 케톤은 신경 독성을 일으킬 수 있다. 캠퍼, 피노캄폰, 풀레곤, 투욘
카르본(Carvone)	살균, 소독, 항균
펜촌 (Fenchone)	펜넬에 함유된 성분 항진통, 살균, 소독
이탈리돈 (Italidone)	에버래스팅에 함유된 성분으로 세포 재생
재스몬 (Jasmone)	재스민에 함유된 성분 세포 재생
멘톤 (Menthone)	페퍼민트에 많이 함유 혈압 강하, 항균, 탈취, 해열, 항경련, 쿨링, 수렴
캠퍼 (Camphor)	강력한 효과가 있지만 독성을 가지고 있어 피부 자극 강력 방부, 항균, 항바이러스, 자극
투욘 (Thujone)	머그워트, 탠지, 투야, 웜우드, 세이지에 함유된 성분으로 독성 있음 강력한 살균, 방부, 자극
피노캄폰 (Pinocamphon)	히솝에 함유된 성분으로 독성이 있음 뇌전증 환자에게 특히 독성이 강함
대표 오일	무독성 : 펜넬, 에버레스팅, 재스민, 로즈메리, 스피아민트, 페퍼민트 독성 : 머그워트, 탠지, 웜우드, 투야, 히솝
주의 사항	신경 독성이 있어 과량으로 장기간 사용할 경우 신경 체계에 문제가 생겨 뇌전증, 유산에 작용할 수 있다. 어린이, 임산부, 노약자, 열병, 뇌전증 환자는 사용을 금한다.

• 옥사이드

주요 특징	1. 넓은 뜻으로 산소와 다른 원소 사이의 화합물을 의미하지만, 일반적으로는 산소를 산화수-2인 상태에서 포함하는 것을 말한다. 2. 시네올은 거담 작용과 항바이러스 작용이 뛰어나다. 3. 거담에 대표적인 성분은 1.8-Cineole이며 1.4-Ciceole, Linalool, Oxide, Rose Oxide 등이 있다. 4. 거담, 항바이러스, 살균, 방충, 항박테리아, 통증 완화
1.8-시네올 (1.8-Cineol)	옥사이드의 대표적인 성분 거담, 항균, 항바이러스, 면역력 증진, 항진통
1.4-시네올 (1.4-Cineol)	항균, 항바이러스
대표 오일	유칼립투스, 로즈메리, 티트리, 니아울리, 페퍼민트
주의 사항	과량 사용

에센셜 오일의 흡수 경로

에센셜 오일은 사용하고자 하는 사람의 상태와 증상에 따라서 다양한 방법으로 사용할 수 있는데 오일을 체내로 흡수하는 1차적인 신체 기관에 따라 크게 네 가지 종류로 나눌 수 있습니다. 이 중 가장 보편적이고 안전한 방법은 코를 통한 흡수, 피부를 통한 흡수입니다.

코를 통한 흡수

가장 일반적이고 오랜 역사를 지닌 에센셜 오일 사용법은 향기를 코로 흡입하는 것입니다. 아로마테라피 중에서 가장 빠르고 직접적인 효과가 있는 방법으로 특히 정서적 장애를 완화하고 호흡기 질환을 치유하는 데 효과가 좋습니다. 코를 통한 에센셜 오일의 흡수는 여러 방법이 있는데 구체적 이용법과 주의 사항 등에 대해 알아보기로 합니다.

후각 흡입(향기) │ 인체의 감각기관 중 가장 발달한 것은 후각 기능입니다. 후각세포의 수는 사람마다 차이가 있지만 약 1000만~3000만 개 정도입니다. 에센셜 오일은 뇌를 자극해 맥박과 혈압을 조절하고, 흥분과 이완 작용에 관여하며 감정을 조절해 행복감과 편안한 안정감을 유지하는 역할을 합니다.

코 ▶ 후각세포 ▶ 후각신경 ▶ 변연계 ▶ 시상하부 ▶ 뇌하수체 ▶ 호르몬 ▶ 자율신경계 호흡 작용(폐를 통한 흡수) ┃ 에센셜 오일은 후각 작용으로 뇌를 자극하지만, 일부는 기도를 통해 폐로 이동하기도 합니다. 폐는 수십만 개의 폐포로 구성되어 있는데 폐포에서 가스 교환이 발생하고 또한 폐포의 모세혈관을 통해 몸 구석구석의 세포에 이르게 됩니다. 휘발성 물질인 에센셜 오일은 호흡기로 혈액을 통하게 하여 순환 약리작용을 일으키고 나서 땀이나 대소변으로 배출됩니다.

코 ▶ 비강 ▶ 인두 ▶ 후두 ▶ 기관지 ▶ 폐포 ▶ 혈관 ▶ 온몸

· 램프 확산법(기화법)

램프 확산법은 에센셜 오일을 이용하는 가장 일반적인 방법으로 치료나 실내 공기를 정화하기 위해서도 자주 이용됩니다. 또한 일정 공간에서 여러 사람이 함께 그 효과를 볼 수 있는 장점이 있습니다.

먼저 램프 윗부분에 맑은 물을 넣고 에센셜 오일을 몇 방울 떨어뜨립니다. 그런 다음 아로마 램프 안에 램프용 초를 켜놓으면 됩니다.

아로마 램프에 사용하는 초 하나에 약 200ml의 물, 5~10방울의 에센셜 오일을 혼합해 사용하는 것이 좋습니다. 주의 사항은 에센셜 오일을 물에 희석하지 않은 채 사용해서는 안 된다는 것입니다. 그리고 어린이가 혼자 있거나 화재의 위험이 있는 곳에서는 램프 확산법을 하지 않는 것이 좋습니다. 램프 확산법을 이용할 경우에는 주변의 인화성 물질을 제거하고 주의를 기울여야 합니다.

- **수증기 흡입법(습식, Inhalation)**

에센셜 오일은 램프에서 서서히 가열되는 미지근한 물과 함께 확산되어야 합니다. 뜨거운 물에 넣어서 빠른 시간에 수증기로 증발하면 두통이나 불쾌한 느낌이 유발될 수 있기 때문입니다. 에센셜 오일의 향기가 은은하게 퍼지면 효과가 없는 것으로 생각될 수 있지만, 밖으로 나갔다가 다시 실내로 들어오면 에센셜 오일의 향기를 진하게 느낄 수 있습니다.

수증기 흡입법은 미용을 위한 부분욕이나 기관지에 문제가 발생할 경우 효과적으로 이용할 수 있습니다. 뜨거운 물에 에센셜 오일의 특성에 따라서 약 3~5방울 정도 넣고, 오일의 향기가 밖으로 새나가지 않도록 큰 수건으로 머리와 대야를 덮은 다음 눈을 감고 약 5분간 오일과 함께 증발하는 수증기를 들이마시면 됩니다. 천식을 앓고 있거나 알레르기가 심한 사람은 수증기 흡입법을 피하고, 타임 에센셜 오일은 1방울 이상 넣지 않도록 합니다.

- **기타 흡입법**

램프 확산법과 수증기 흡입법 외에 코를 통해 에센셜 오일을 흡입하는 간단한 방법이 몇 가지 있습니다.

첫째, 베개에 에센셜 오일 한 방울을 떨어뜨리면 좋은 향기를 맡으면서 숙면을 취할 수 있습니다. 외출할 경우에는 손수건에 선호하는 에센셜 오일을 뿌려서 필요할 때마다 코에 대고 냄새를 맡으면 원하는 효과를 얻을 수 있습니다.

둘째, 가습기에 에센셜 오일을 넣는 것입니다. 가습기 안에 넣는 물이 아니라 얇은 면^{Cotton}에 에센셜 오일을 떨어뜨린 다음 수증기가 나오는 입구에 올려주면 간접적으로 흡입할 수 있습니다.

셋째, 시각적인 효과와 함께 방향 효과도 뛰어난 향초를 이용하는 방법입니다. 향초를 만들 때 흔히 사용하는 프래그런스 오일 대신 에센셜 오일을 넣어 만든 다음 불을 붙여 발향되는 향을 흡입합니다.

한 가지 주의할 점은 발화점을 이해하고 활용해야 하는 것입니다. 특히 페퍼민트 에센셜 오일은 화재의 위험이 있기 때문에 향초에 첨가하는 것은 추천하지 않습니다.

피부를 통한 흡수(직접 도포, 마사지, 목욕, 습포)

피부를 통해 에센셜 오일을 흡수하는 방법은 영국에서 가장 널리 활용되는 이용 방법입니다. 코를 통한 흡수법과 함께 에센셜 오일을 이용하는 가장 보편적인 이용법이라고 할 수 있습니다.

에센셜 오일의 분자는 매우 작고 지방에 의해 잘 분해되기 때문에 인체의 지방조직으로 쉽게 흡수됩니다. 피부를 통해 흡수된 에센셜 오일은 빠른 시간 안에 혈관을 통해 온몸으로 퍼집니다. 흡수된 에센셜 오일 성분으로 피부 재생력을 높여 치료 효과를 얻을 수 있고, 손으로 문질러주면 혈액순환을 돕고 엔도르핀의 분비를 촉진합니다. 피부의 진피층까지 흡수되어 모세혈관과 임파순환을 통해 전신에 전달됩니다. 피부에 흡수된 대부분의 에센셜 오일은 약 20~ 60분이 지나면 혈액과 배출물, 호흡에서도 확인할 수 있습니다.

표피 ▶ 진피 ▶ 체액 ▶ 림프계 ▶ 혈액 ▶ 온몸

에센셜 오일을 피부를 통해서 흡수하는 대표적인 방법으로는 피부에 직접 바르는 방법을 비롯해 마사지, 목욕, 습포, 양치질 등이 있습니다. 에센셜 오일을 피부에 직접 바를 경우 10ml의 캐리어 오일 에 5~6방울의 에센셜 오일을 희석해 사용하는 것이 일반적인 방법입니다. 특정 에센셜 오일은 알레르기 반응을 일으키는 경우가 있어 사용 전 패치 테스트를 하는 것이 좋습니다. 귀 뒤, 팔뚝 안쪽, 턱 밑에 에센셜 오일을 바른 다음 24시간 이내에 트러블이 생기는지 살펴보면 됩니다.

• 직접 도포(캐리어 오일 + 에센셜 오일)

감기 기운이 있을 때 라벤더와 유칼립투스 에센셜 오일을 1 : 1로 섞은 다음 호호바 오일에 1~3%로 희석해 발뒤꿈치에 바르면 효과가 있습니다. 모기나 벌레에 물려서 가려운 곳은 라벤더나 캐모마일 저먼 에센셜 오일을 바르면 됩니다. 이런 경우 호호바 오일보다는 피부 흡수율이 낮은 코코넛 오일을 추천합니다. 모기 퇴치를 위해서는 피부에 오래 남아 잔향을 유지하는 것이 효과적이기 때문입니다.

• 마사지(캐리어 오일 + 에센셜 오일)

에센셜 오일 마사지는 피부, 폐, 후각 흡입이 동시에 이루어지기 때문에 가장 효과적인 방법입니다. 그리고 에센셜 오일의 특성을 고려해 목적에 맞게 선택해 사용할 수 있습니다.

마사지가 신체뿐 아니라 정신 건강에도 좋은 이유는 행복하고 안락한 기분이 들게 하는 옥시토신Oxytocin 호르몬이 분비되고, 교감신경과 부교감신경의 밸런스를 맞춰주기 때문입니다. 마사지할 때 실내 온도는 서늘한 기분이 들지 않도록 따뜻하게 유지하고, 마사지를 받지 않는 부분은 목욕 수건 등으로 덮어서 보온을 해주어야 합니다. 심신 안정을 위한 마사지라면 조용한 음악, 촛불이나 간접조명 등을 이용해 편안한 분위기를 만드는 것도 좋습니다.

6 캐리어(Carrier) 에센셜 오일은 희석해서 사용해야 하는데 이때 사용하는 오일을 베이스 오일 또는 캐리어 오일이라고 합니다. 캐리어라는 이름처럼 에센셜 오일의 성분을 운반해주는 역할을 합니다.

마사지 오일과 혼합할 캐리어 오일로 적합한 것은 스위트아몬드 오일, 헤이즐넛 오일, 호호바 오일, 올리브 오일 등이 있습니다. 캐리어 오일 100ml에 15~25방울의 에센셜 오일을 넣고 흔들어서 잘 섞어주면 됩니다.

마사지할 때 오일의 핸들링이 오래 지속되려면 올리브 오일을 추가하고, 빠른 흡수를 위해서는 호호바 오일을 사용하는 것이 좋습니다. 두 가지 오일의 비율을 조절하면 마사지 오일의 흡수와 핸들링을 조절할 수 있습니다.

· 목욕(전신욕, 반신욕, 좌욕, 족욕)

에센셜 오일 목욕법은 정신적 건강을 위해 가장 효과적으로 이용할 수 있는 방법 중 하나입니다. 에센셜 오일의 종류에 따라 긴장을 완화하고 정서적 안정감을 주며, 기분을 상쾌하게 해서 기분 전환 및 혈액순환, 통증 완화에 도움을 줍니다. 또한 감기 기운이 있을 때 막힌 코와 기관지를 시원하게 해주며 감기 증상을 완화하기도 합니다.

전신욕, 반신욕, 좌욕, 족욕을 하려면 욕조에 물을 채우고 에센셜 오일을 3~5방울 정도 떨어뜨리면 됩니다. 이때 배스 솔트, 배스 붐, 캐리어 오일, 유지방 우유 등을 함께 사용하면 가용화제 역할을 해주기 때문에 좋습니다. 따뜻한 물에는 3~5방울 정도의 에센셜 오일이 무리 없이 희석되지만 민감한 피부의 경우 가용화제 없이 에센셜 오일을 사용하면 자극이 될 수 있습니다.

· 습포(냉습포, 온습포)

감기, 신체와 정신의 긴장, 잠이 잘 오지 않을 때는 효과가 좋은 에센셜 오일로 습포를 만들어 사용할 수 있습니다. 피부에 직접 닿아 작용하기 때문에 빠르게 확산되어 효과가 빠른 장점이 있습니다. 습포는 아주 간단한 방법으로 넓은 솜에 에센셜 오일을 몇 방울 떨어뜨린 다음 필요한 부분에 올려놓

고, 그 위에 핫워터 백Hotwater Bag을 올린 다음 몸이 따뜻해지도록 덮어주면
됩니다. 단, 독성을 포함한 자극적인 에센셜 오일은 원액을 사용하거나 직접
도포하는 것을 피해야 합니다.

습포와 비슷한 원리로 스트레스나 정신적 긴장을 효과적으로 풀어주는 방
법으로 얼굴 마사지를 들 수 있습니다. 뜨거운 물 2L에 4~6방울의 에센셜
오일을 넣고 재빨리 섞고 작은 수건을 적신 다음 꼭 짜서 얼굴에 덮어주면
됩니다. 이때 꿀 1큰술에 에센셜 오일을 떨어뜨려 미리 섞은 다음 물에 넣으
면 더 잘 섞이게 됩니다. 온습포, 냉습포는 근육통이나 멍든 데, 급성이나
만성질환의 치료에 지속적인 효과를 볼 수 있습니다.

온습포 관절염, 류머티즘, 치통, 피부 질환, 멍, 상처, 근육통

냉습포 두통, 삔 데, 염증, 과로로 인한 스트레스(로즈메리, 페퍼민트 등)

림프를 통한 흡수

몸의 순환계로 통과할 수 있는 에센셜 오일의 분자는 림프선으로 흡수되어
전신으로 순환합니다. 림프는 인체의 면역 기능을 담당하고 몸속 노폐물을
제거하는 데 도움을 줍니다.

림프 ▶ 림프관 ▶ 림프절 ▶ 전신

점막을 통한 흡수

항문이나 질에 좌약, 삽입시 생리용품을 넣는 방법으로 치질, 여성 질환 등의 국부적 질환과 어린이의 질환 치료를 위해 사용합니다. 주로 프랑스에서 이용하는 방법으로 에센셜 오일이 점막에 직접적으로 닿으면 매우 따갑거나 발진이 일어날 수 있으므로 가능한 한 권하지 않습니다.

입을 통한 흡수

입을 통한 에센셜 오일의 흡수(내복)는 향기가 첨가된 음료나 기호 식품을 통해 실생활에서 광범위하게 이용됩니다. 치료용으로 에센셜 오일을 내복하는 것은 여러 나라에서 찬반 논란이 분분합니다. 내복하는 경우 에센셜 오일의 선택, 용량의 조절 등은 반드시 전문가의 정확한 지시에 따르는 것이 필요합니다.

현재 호주에서는 내복용으로 사용하지만 대부분 희석한 상태입니다. 따라서 원액을 그대로 복용하는 것은 굉장히 위험합니다. 우리나라에서는 에센셜 오일을 복용하고 나서 부작용으로 병원에 갈 경우 아로마테라피에 대한 정보가 많지 않아 치료가 어렵기 때문에 사용하지 않는 것이 좋습니다 .

* 참고 문헌
Fischer-Rizzi, Susanne (2008) Himmlische Düfte. Aromatherapie. Anwendungswohlriechender Pflanzenessenzen und ihre Wirkung auf Körper und Seele. 11. Aufl. München.

에센셜 오일의 위험성과 주의 사항

◊

에센셜 오일의 위험성

· 피부 반응

에센셜 오일을 사용할 때 종종 발생하는 피부 반응은 자극제의 농도에 따라 심각성이 달라지는데 전형적인 반응은 급성 피부 자극입니다. 사람마다 매우 다양한 피부 반응이 나타나 예측하기가 매우 어렵기 때문에 피부 반응이 염려될 경우 패치 테스트를 시행합니다.

> 알레르기, 두드러기, 뾰루지, 부스럼 발적, 자극이나 약한 물집 동반
> **아요완(Ajowan), 베텔 잎(구장, Betel Leaf), 자작나무(Birch), 카시아(Cassia), 시나몬 나무껍질과 잎(Cinnamon Bark & leaf), 클로브버드(Clove Bud)**
>
> 광과민성[8], 개별 민감 반응[9] **아니스 열매(Aniseed), 캐트닙(Catnip), 시트로넬라(Citronella), 월계수 잎(Laurel Leaf), 라벤더 앱솔루트(Lavender Absolute) 등**

· 신경 독성

신경 독성은 화학 성분에 노출된 후 신경계 구조나 기능에 생기는 부작용을 말합니다. 물질은 분자 수준에서 단백질 합성을 방해할 수 있고, 그 결과 신경전달물질의 생성을 감소시켜 뇌 기능의 이상이 생길 수 있습니다. 일부

8 광과민성 자외선에 노출되는 경우 발생하는 피부 민감 반응.

9 일반 적으로 알레르기가 없다고 알려진 물질에 대한 알레르기 반응.

에센셜 오일은 중추신경계에 대한 잠재 반작용으로 인한 경련, 향정신성 효과를 일으키기도 합니다.

경련 유발	히숍(Hyssop), 캠퍼(Camphor), 머그워트(Mugwart), 세이지(Sage), 웜우드(Wormwood) 등
향정신성	넛맥(육두구, Nutmeg), 투욘 리치 오일(Thujone Rich Oils), 아네톨(Anethole) 등

· 임신 중 위험

임신 중에는 호르몬이 불균형한 상태가 되기 때문에 호르몬 밸런스에 영향을 주는 에센셜 오일은 사용하지 않습니다. 안전 범위 내에 있는 에센셜 오일도 큰 자극을 줄 수 있어 각별한 주의가 필요합니다. 비교적 안전한 것으로 알려진 네롤리, 만다린 에센셜 오일 역시 주의해서 극소량만 사용해야 합니다.

· 독성

중독이라고도 불리며 섭취 독성과 피부 독성으로 분류됩니다. 대부분 구강 섭취로 인한 사고가 많으며, 치사량 이하로 섭취하는 경우 간과 신장에 무리가 따르고, 치사량 이상을 섭취하는 경우 사망에 이르기도 합니다.

· 발암

에센셜 오일은 발암물질이 아닌 화학물질이지만, 초기 소량을 섭취한 다음 반복적으로 노출될 경우 암세포의 형성과 성장을 자극해 암 발병률을 증가시킬 수 있습니다.

· 간 독성

에센셜 오일을 과다하게 사용할 경우 일부 성분이 해독되지 못하고 간에 축
적되어 간 독성을 일으킬 수 있습니다.

에센셜 오일의 위험 성분

모든 에센셜 오일은 모노테르펜, 세스퀴테르펜, 알코올, 에테르, 에스테르,
알데히드, 옥사이드 등 다양한 화학적 성분을 가지고 있습니다. 그중에는
흡수와 배출 속도에 따라 빨리 축적되지 않는 성분도 있는 반면 독성, 발암
을 일으키는 성분도 있습니다. 에센셜 오일의 대표적인 위험 성분은 페놀과
케톤입니다.

· 페놀(Phenol)

아로마테라피에서는 페놀을 함유한 많은 에센셜 오일을 가치 있는 것으로
생각하고 활용하지만 엄중한 주의도 필요합니다. 타임, 오레가노, 세이보
리 등의 에센셜 오일은 항미생물 작용을 하지만 피부와 점막에 자극을 주
는 것으로 알려져 있습니다. 특히 독성, 발암 가능성의 페놀류는 실제로 페
닐프로판 유도체$^{Phenylpropane\ Derivative}$로 분류됩니다. 바질의 메틸 샤비콜^{Methyl}
^{Chavicol}, 사사프라스와 옐로, 브라운 캠퍼의 아소론^{Asorone} 등 몇 가지 에센셜
오일 성분은 더 위험한 것으로 알려져 있습니다.

▽ 매우 강한 항균성

▽ 피부와 점막 자극

▽ 일반적인 강장과 자극

▽ 신경계 자극

▽ 면역 체계 자극

• 케톤(Ketone)

케톤은 모든 에센셜 오일 성분 중 가장 일반적인 독성 성분으로 간주되지만 모든 케톤을 독성으로 추정하는 것은 잘못입니다. 펜넬의 펜촌^{Fenchone}, 재스민의 재스몬^{Jasmone}, 에버래스팅의 이탈리돈^{Italidone}은 무독성으로 분류되기 때문입니다.

케톤은 가장 일반적인 독성인 신경 독성으로 알려져 있는데, 캠퍼, 투욘, 웜우드, 피노캄포, 머그워트, 세이지, 탠지 등이 있습니다. 머그워트, 탠지, 투야^{Thuja}, 웜우드는 아로마테라피에서 쓰이지 않는 반면, 세이지는 활용도가 높기 때문에 세심한 주의가 필요합니다.

세이지$^{Salvia\ Officinalis}$ 에센셜 오일은 투욘 성분이 대략 35~60%이기 때문에 독성이라고 추정하지만, 많은 연구와 경험적 측면에서는 독성이 명확하게 나타나지 않습니다. 따라서 아로마테라피에서 세이지를 사용하는 것이 위험한 것으로 간주하지는 않습니다. 그러나 세이지를 사용할 경우 충분한 주의가 필요하고 어린이, 임신부는 사용하지 않아야 합니다.

☑ 무코다당류 가수분해성 작용물

☑ 상처 치료 효과

☑ 신경 독성

☑ 낙태제(임신이 정상적으로 지속되는 것을 막는 약제)

☑ 진통

☑ 항출혈 특성(에버래스팅의 이탈리돈)

☑ 항바이러스 효과

에센셜 오일의 안전한 사용 방법

• 에센셜 오일의 사용 용량

에센셜 오일은 고농축 오일이다 보니 피부에 직접 사용하지 않고, 반드시 희석해서 사용해야 합니다. 보디 마사지용으로 사용할 경우 2%를, 얼굴에 사용할 때는 1%를 넘기지 않도록 합니다. 라벤더, 티트리의 경우 예외적으로 국소 부위에 직접 사용이 가능합니다.

• 에센셜 오일의 보관 방법

☑ 햇빛이 들지 않는 30℃ 이하의 그늘지고 시원한 곳에 보관한다.

☑ 직사광선 차단을 위해 짙은 갈색의 차광병에 보관한다.

☑ 에센셜 오일은 휘발성이 강하기 때문에 반드시 뚜껑을 꼭 닫아 보관한다.

☑ 큰 병에 들어 있는 적은 양의 오일은 산화 위험성을 낮추기 위해
   작은 병에 옮겨 담아 보관한다.

☑ 애완동물, 어린이의 손에 닿지 않는 곳에 보관한다.

☑ 시트러스 계열의 에센셜 오일의 보관 기간은 1년 6개월 정도이며,
   도금향과의 유칼립투스, 티트리 등은 3년 정도 보관이 가능하다.

☑ 꿀풀과인 바질, 라벤더, 타임, 세이지 등은 최소 3년 이상 보관이 가능하다.

☑ 에센셜 오일은 유효기간 내에 사용한다.

• 에센셜 오일 사용시 주의 사항

☐ 정량 이하로 사용한다.

☐ 내용물이 명확하지 않은 에센셜 오일은 사용하지 않는다.

☐ 희석되지 않은 에센셜 오일 원액은 피부나 안구에 사용하지 않는다.

☐ 에센셜 오일 원액을 섭취했을 경우 우유를 마셔 희석한다.

☐ 에센셜 오일을 섭취했을 경우 의사의 조언 없이 강제로 구토하지 않는다.

☐ 구강 섭취는 절대 금하며, 5ml 이상의 에센셜 오일을 섭취했을 경우 독으로 간주하고
   라벨링이 된 용기를 지참한 뒤 바로 전문의의 도움을 받아야 한다.

☐ 에센셜 오일이 눈에 들어갔을 경우 흐르는 깨끗한 물로 5분간 씻어내고,
   15분 후에도 가라앉지 않으면 전문의의 도움을 받아야 한다.

☐ 에센셜 오일 원액이 피부에 닿았을 경우 우유나 캐리어 오일을 마른 티슈에 묻혀서
   닦아준 다음 향이 없는 비누로 씻어내고 말린다.

상황별 사용 금지 에센셜 오일

상황	사용 금지 에센셜 오일
임신부	넛맥(육두구), 딜, 로즈메리, 마저럼, 바질, 버베나, 세이지, 셀러리, 시더우드, 사이프러스, 아니스, 서양톱풀, 오레가노, 주니퍼베리, 캐러웨이, 코리앤더, 타임, 파슬리, 프렌치 라벤더, 히솝, 클라리세이지, 펜넬, 재스민, 미르, 페퍼민트, 멜리사, 시더우드
어린이	넛맥(육두구), 로즈메리, 바질, 시더우드, 세이지, 시더, 쑥, 웜우드, 유카리, 캐트닙, 파슬리, 펜넬, 프렌치 라벤더
피부 자극 & 알레르기	넛맥(육두구), 레몬그라스, 로즈메리, 바질, 버베나, 세이보리, 스피아민트, 아니스, 아르니카, 오레가노, 타임, 티트리, 페퍼민트, 펜넬, 클로브버드, 시나몬 외 레몬 향을 가진 에센셜 오일
감광성[10]	버베나, 베르가모트, 페티그레인, 세이지, 앤젤리카, 서양톱풀, 파슬리, 펜넬 외 레몬 향을 지닌 에센셜 오일
간질	넛맥(육두구), 로즈메리, 세이지, 시더, 펜넬, 히솝, 페퍼민트
고혈압	레몬, 로즈메리, 세이지, 타임, 히솝
저혈압	일랑일랑
안압	레몬그라스, 레몬밤
유방암	세이지, 사이프러스, 아니스, 앤젤리카, 캐러웨이, 클라리세이지, 펜넬
암 유발	자작나무, 창포
신장 자극	주니퍼베리, 블랙페퍼
천식	로즈메리 캠퍼 타입, 마저럼, 서양톱풀, 오레가노
불면증	스톤파인, 페퍼민트
종양	아니스, 캐러웨이, 펜넬
월경 장애	세이지, 사이프러스, 아니스, 앤젤리카, 캐러웨이
감상선 기능 저하	펜넬
전립선암	사이프러스, 앤젤리카, 타임, 히솝
알코올	클라리세이지

10) 감광성 피부가 자외선에 노출되면서 나타나는 피부 예민 반응. 특히 이성호르몬이 분비되는 임신 여성의 경우 색소가 작용이 뚜렷하기 크기 때문에 사용 후 12시간 정도는 햇빛에 직접 노출되는 것을 피해야 합니다. 외출을 해야 할 경우 자외선 차단제를 넓게 발라야 합니다.

chapter 3

Essential Oil
38

우리에게 친숙하거나 실생활에서 자주 사용하는
에센셜 오일 38가지의
이름의 유래, 신화와 전설, 역사,
효능, 활용법, 특성 등을 알아보겠습니다.

Angelika

앤젤리카

라틴어 '천사Angelus'에서 유래했기 때문에
'천사의 오일'이라고 부르기도 합니다.
고대부터 신성한 식물로 여겨져 교회의 의식에 사용했고,
약용 식물로 널리 활용되었습니다.
아프리카에서 16세기 유럽으로 건너가
그 당시 유행했던 전염병 치료제로 쓰였고
특히 만성질병 치료, 혈액정화에 뛰어난 것으로 알려졌습니다.
씨앗부터 잎, 뿌리 등 식물의 모든 부분을 활용할 수 있기 때문에
중세의 허브 가든에서는 반드시 심어야 하는 식물로 사랑받았습니다.

신화와 전설

천사의 허브, 앤젤리카

앤젤리카는 기독교와 밀접한 관련이 있는데 역병이 유행할 때 한 수도사의 꿈에 천사가 나타나 이 꽃을 계시했다는 전설이 있습니다. 또한 대천사 미카엘의 날에 꽃을 피웠기 때문이라는 설도 있습니다. 옛 사람들은 실제로 앤젤리카의 뿌리를 먹고 역병을 이겨냈다고 전해지며, 앤젤리카가 악령, 마력, 저주, 마녀를 막아내는 강력한 힘을 가지고 있다고 믿었습니다. 이러한 전설로 인해 앤젤리카는 성령의 뿌리, 천사의 허브라는 별명을 가지고 있습니다.

우리나라와 중국에서는 '당귀'라고 부르는데 '당연히 돌아오다當歸'라는 뜻을 가지고 있습니다. 당귀라는 이름의 유래에 관해서는 여러 가지 설이 존재합니다. 중국에서는 전쟁터에 가는 남편에게 이 식물을 주었다고 합니다. 당귀를 먹고 기력을 회복해 꼭 살아 돌아오라는 소망을 담았다는 것입니다. 그리고 몸이 허약해 시댁에서 쫓겨난 여성에 대한 이야기도 있습니다. 친정으로 돌아와 당귀를 먹고 건강을 회복한 여성이 당당하게 시댁으로 되돌아갔다는 것입니다. 또한 몸의 기혈순환이 원활하지 않을 때 복용하면 기혈이 다시 제자리로 돌아간다고 해서 당귀라고 불렀다는 이야기도 있습니다.

역사

수세기 동안 널리 활용된 식물

살바토레의 〈아로마테라피 완벽 가이드〉에 따르면 앤젤리카의 장점은 수 세기 동안 널리 알려져 왔다고 합니다. 전염병의 방어제 역할, 혈액 정화, 모든 만성 질병의 치료에 뛰어나고 독약이나 모든 감염성 질병에 대해 치유력이 높았기 때문입니다.

'한국 당귀Korean Angelica'로 명명된 우리나라 '참당귀Angelica Gigas'의 뿌리는 전통 한약재로 사용했습니다. 오랫동안 중요한 약재로 활용되었던 참당귀에 대한 기록을 살펴보면, 조선왕조실록에 1406년 명나라의 황제가 조선에서 구리로 만든 불상을 받은 답례로 당귀를 포함한 18종의 약재를 왕실에 보냈다고 기록했습니다. 그리고 1434년 세종 때에는 전의감에서 당귀 채취 방법에 대해 상세하게 기록했습니다.

효능

감염성 질병에 뛰어난 효과

앤젤리카Angelica archangelica는 기관지 케어에 유용해 만성기관지염, 천식, 부비강염, 기침 완화와 거담 효과를 가지고 있습니다. 소화기관을 강장해 가스와 소염을 제거하기도 합니다. 신경과민증, 피로 회복, 스트레스 관련 증상을 완화하는 신경계 강화 효능을 가지고 있습니다. 또한 해독과 이뇨 작용이 뛰어나 류머티즘 관절염, 체액 정체, 셀룰라이트 완화와 개선에도 도움을 주는 것으로 알려져 있습니다.

앤젤리카의 뿌리는 기침, 축농증, 류머티즘, 육체 피로에 효과가 있고 여성들의 진정제와 강장제, 그리고 술의 향료로도 사용합니다. 열매는 생리불순, 소화 촉진, 헛배부름, 복부팽만, 진정 등에 효과를 가지고 있으며, 연한 줄기와 잎자루는 샐러드, 오믈렛, 생선 요리에 활용됩니다. 나물 무침으로 먹거나 말려서 차로 마시기도 합니다.

중국 당귀Angelica Sinensis는 약학서 〈본초강목〉에 류머티즘, 통풍 완화 작용, 폐 질환을 치료한다고 되어 있습니다. 또한 두통, 심복통을 치료하고 위, 장, 근골, 피부를 윤택하게 하며 종기를 치료하고 통증을 완화시키며 농을 배출한다고 합니다. 특히 여성의 자궁에 좋은 식물이기 때문에 '여성의 인삼'으로 알려졌습니다.

그러나 앤젤리카 에센셜 오일은 자외선 과민반응인 광독성을 일으키기 때문에 주의해야 합니다. 그리고 임산부와 뇌전증, 당뇨병 환자의 경우 사용을 금지합니다.

연구 결과

피부 질환 예방과 항당뇨 활성

'마이크로웨이브 에너지를 이용한 안젤리카로부터 유효성분의 추출(이승범 외, 한국공업화학회, 2016)'에서는 추출한 앤젤리카의 항산화능, 플라보노이드 성분 함량, 총폴리페놀 성분 함량을 측정해 유효 성분의 기능성을 평가했습니다. 마이크로웨이브 에너지를 이용해 빠르게 추출한 앤젤리카의 항산화능은 DPPH 래디컬 소거활성으로 31.46%이었고, 플라보노이드 성분 함량은 14.20mg QE/mg dw, 그리고 총 폴리페놀 함량은 11.70mg GAE/g으로 나타났습니다.

'궁궁이 꽃 에센셜오일의 각질형성세포 증식/이주 유도 및 멜라닌 생합성 억제 효능분석을 통한 피부 항노화 활성 연구(이수연, 호서대학교 대학원, 2021)'를 살펴보겠습니다. 궁궁이Angelica polymorpha Maxim는 앤젤리카 속에 속하는 식물입니다. 연구자는 궁궁이 꽃에서 추출한 에센셜 오일이 노화로 인한 피부질환 예방 및 치료에 대한 재생 활성, 노화와 자외선으로 발생하는 기미, 주근깨 및 피부암을 치료하는 기능성 화장품이나 제약 소재로써의 가능성을 제시한다고 결론 내렸습니다.

'참당귀Angelica gigas Nakai잎 추출물의 항당뇨 효능 평가(이다해, 강원대학교, 2020)'에서는 실험을 통해 참당귀잎 추출물이 인슐린 신호전달 경로를 조절해 포도당 흡수율을 증가시키는 것을 확인했습니다. 또한 혈당강하 효과, 인슐린 분비능 개선 등의 작용을 통해 항당뇨 활성을 검증했습니다.

식물의 특성

🔥

허브 가든의 왕

앤젤리카는 이년생 또는 다년생의 허브로 주로 벨기에, 네덜란드, 프랑스, 독일, 헝가리, 북인도에서 재배합니다. 2m 높이까지 자라기 때문에 '허브 가든의 왕'이라는 별명을 가지고 있으며, 우산 모양의 흰꽃과 강인하고 큰 뿌리줄기가 특징입니다. 종자에서 잎, 뿌리, 줄기까지 독특한 향을 지니고 있기 때문에 활용도가 높은 식물입니다.

셀러리의 모양과 향이 비슷해 '야생의 셀러리'라고 알려진 앤젤리카는 건조시킨 후에도 향이 뛰어나기 때문에 포프리나 향신료로 활용하고 있습니다.

Angelica

학명	Angelica archangelica, A. officinalis
과	산형과(Umbelliferae, Apiaceae)
분포	벨기에, 네덜란드, 프랑스, 독일, 헝가리, 북인도
추출 부위	건조된 뿌리
추출 방법	수증기 증류법
노트	미들 베이스 노트
화학적 분류	모노테르펜(Monoterpenes)
화학 구성 성분	모노테르펜계 70% 이상, 소량의 에스테르, 알코올, 쿠마린, 락톤 α-pinene(21.12~25.24%), β-phellndrene(14.04~16.03%), α-phellandrene(2.38~9.58%), δ-3-carene(7.94~10.38%), limonene(8.54~11.53%), ρ-cymene(6.25~11.3%), catrol(up to 18.29%)
특성	기관지 케어(거담 효과, 만성기관지염, 천식, 부비강염, 기침 완화) 소화기관 강장(가스 제거, 소염 제거, 건위) 신경계 강화(신경과민증, 피로 회복, 스트레스 관련 증상 완화·해독, 통증 완화) 이뇨작용(류마티즘 관절염, 체액 정체, 셀룰라이트 완화와 개선, 해독) 스파이시하고 진한 풀향과 흙 냄새, 머스크향
Body	해독성, 이뇨성, 셀룰라이트 완화, 류머티스 관절염 완화
Skin	비누, 향수 등 발향 첨가제로 사용
Mental	신경계 강화(신경과민증 완화, 스트레스 완화)
주의 사항	광독성 주의·임산부, 뇌전증이나 당뇨병 환자 사용 금지

Basil

바질

우리에게 친숙한 약용 식물 중 하나인 바질은
잎을 뜯기만 해도 공기 중에 향이 퍼져 나갈 정도로
달콤하고 강한 향기를 지녔습니다.
바질은 스위트 바질 또는 가든 바질,
드물게는 성 요셉의 풀이라고도 합니다.
인도에서는 툴시^{tulsi}라고 불리는데
전통 대체의학인 아유르베다 요법에 중요한 약재로 쓰였습니다.
바질의 학명인 오키뭄^{Ocimum}은
'향을 즐긴다'는 그리스어 오제인^{Ozein}에서 유래되었습니다.

신화와 전설

성스러운 약용 식물, 바질

바질이라는 어원은 고대 그리스와 기원전 4세기경 페르시아의 왕을 뜻하는 단어 '바실레우스^{Basileus}'에서 비롯되었다는 설이 있습니다. 왕궁과 어울리는 훌륭한 향으로 왕실의 약물, 연고 등 여러 가지 용도로 사용되었습니다. 그리고 눈만 마주쳐도 목숨을 빼앗는 상상 속의 괴물 바실리스크^{Basilisk}에서 유래했다는 설도 있습니다. "바질의 가지 하나를 화분 밑에 놔두면 전갈로 변한다"는 옛 미신 때문에 바실리스크의 독을 해독하는 상상의 약초에서 어원을 찾기도 합니다.

바질의 원산지는 인도와 이란입니다. 태양신인 비슈누 신에게 바치는 성스러운 약용 식물로서 비슈누의 아내이자 행운의 여신 락슈미의 현신으로 여겨졌고, 바질의 잔가지를 꺾으면 비슈누가 통증을 느껴 기도를 들어주지 않는다고 믿었습니다. 씨앗을 묵주로 사용하거나 선량한 힌두교도가 잎을 따서 약재로 쓰는 것은 허락되었습니다.

루마니아에서는 처녀가 바질 가지를 총각에게 선물하면 그의 환심을 살 수 있다는 이야기가 있고, 몰도바에서는 바질 가지를 받은 남자가 방황을 멈추고 가지를 준 여성에게만 헌신한다는 이야기가 전해 내려오고 있습니다.

역사

양면성을 가진 허브

고대 그리스에서는 바질을 증오, 가난, 불행의 상징이자 사랑의 표시, 이성을 반하게 하는 약으로 생각하는 등 양면성을 지니고 있었습니다. 인도인들은 시체를 묻기 전에 바질 잎을 죽은 사람의 가슴 위에 놓기도 했는데, 망자亡者가 천국에 들어갈 때 이 잎을 보여주면 입장할 수 있다고 믿었기 때문입니다.

이란과 말레이시아에서는 바질을 무덤 위에 심었고, 이집트에서는 여자들이 이 꽃을 무덤 위에 흩뿌리는 풍습이 있었습니다. 인도에서는 바질의 종류인 홀리 바질Holy Basil의 향기가 공기를 맑게 하고 생기를 주는 것으로 여기고 신에게 바치는 성스러운 향초로 숭배했습니다.

1세기경 고대 로마의 약학자인 플리니우스Gaius Plinius Secundus는 바질을 최음제Aphrodisiac로 생각해 짝짓기 시즌 동안 말에게 주었다고 합니다. 기원전 356~323년경 알렉산더 대왕에 의해 바질이 인도에서 유럽으로 전해졌다고 추측하고 있습니다.

이탈리아에서는 바질의 잎이 심장 모양을 닮았다고 해서 사랑의 징표로 사용했습니다. 멕시코 일부 지역에서는 바질이 주머니에 돈을 불러모으고, 연인의 믿음을 유지해준다고 여겼습니다.

바질은 오랫동안 다양한 식재료로 사랑받은 허브이지만, 기원전 330년경 로마인들에 의해 식탁에서 사라졌던 적이 있다고 합니다. 예수 그리스도의 죽음 이후 콘스탄티누스 황제의 어머니였던 성 헬레나Saint Helena는 예루살렘을 방문했을 때 바질이 풍성한 숲속에서 예수가 못 박혔던 성 십자가를 발견했습니다. 이후 로마인들은 바질을 성스러운 허브로 여겨 식용을 금지했다고 합니다.

16세기 식물학자이자 〈식물의 이야기The Herbal of General History of Plants〉의 저자인 존 제라드John Gerard와 니콜라스 컬페퍼Nicholas Culpeper는 바질의 진통 효과에 주목했습니다. 전갈에 물려도 고통을 느낄 수 없을 만큼 강력한 진통제라고 생각한 것입니다.

효능

고대의 의사들은 바질을 독이라고 주장하거나 치료제라고 하는 등 그 효능에 대해 극단적으로 상반된 입장을 보였습니다. 바질은 예로부터 방부제, 거담제, 위장 내 가스 제거제로 사용되었는데, 이후 1세기에 플리니우스는 바질이 복부 팽만을 완화하는 효과가 있음을 입증했습니다.

존 제라드는 "바질 향은 걱정을 떨쳐버리게 하고 사람을 즐겁고 기쁘게 만든다"라고 기술했습니다. 이처럼 바질은 뇌와 정신을 맑게 하는 가장 훌륭한 치료제 중 하나였습니다. 동아시아에서는 기침약으로, 아프리카에서는 벌레를 쫓는 살충제로 바질을 사용했고, 미국의 식민지 주민들은 두통을 완화해주는 스너프Snuff의 중요한 재료로 여겼습니다.

갓 딴 바질 잎을 양손으로 비벼서 향을 맡으면 코막힘과 두통에 효과적이고, 바질 에센셜 오일은 근육통 완화에도 효과가 있어 마사지 오일로 활용됩니다. 그리고 여드름을 억제하고 피부 개선에 효과가 있다고 알려져 있습니다. 바질 허브 티는 위경련, 만성위염, 소화불량, 변비 등의 증상을 완화해주고, 혈액을 정화하고 산모의 모유 분비를 촉진하기 위해 사용되었습니다.

한편, 바질은 '키친 허브'라고 불릴 정도로 식탁 위를 풍성하게 해줍니다. 토마토를 이용하는 요리에 필수 재료일 뿐 아니라 파스타, 스튜, 수프, 피자, 샐러드, 다양한 육류와 생선 요리 등에 널리 쓰입니다.

연구 결과

'바질 에센셜 오일의 향 흡입이 만성 요통 환자에서 척추 수술 전 통증 및 불안에 미치는 효과(정금미, 고려대학교, 2012)' 논문을 살펴보면 각 환자에게 농도별로 바질 에센셜 오일을 흡입하게 한 다음 통증, 불안, 수축기 혈압, 이완기 혈압, 맥박 수, 호흡 수를 측정했습니다. 실험 결과 0.1%와 1% 바질 에센셜 오일을 흡입했을 때 통증이 감소되었고, 5% 바질 에센셜 오일을 흡입하자 이완기 혈압을 감소시켰습니다.

'바질의 항산화 물질 측정과 항산화성 식품 개발에 관한 연구(박명희, 위덕대학교, 2008)' 논문에서는 8종의 바질에 함유된 폴리페놀 화합물을 분석했습니다. 폴리페놀은 생체 내에서 발생하는 활성산소를 제거하는 능력으로 주목받고 있습니다. 바질에는 생리 활성에 관여하는 6종의 폴리페놀인 프로토카테츄산[Protocatechuic Acid], 카페산[Caffeic Acid], 클로로겐산[Chlorogenic Acid], 쿠마르산[Coumaric Acid], 로즈메린산[Rosmarinic Acid], 케르세틴[Quercetin] 등이 있는데 분석 결과 로즈메린산 함량이 가장 높은 것으로 나타났습니다. 로즈메린산은 꿀풀과 등의 식물에서 생산되는 다기능성 폴리페놀 물질로 항산화, 항염, 관절염 억제, 심장기관 보호 등의 효과가 있습니다. 연구 결과 폴리페놀 화합물이 가장 많이 함유된 식물 중 하나인 바질은 합성 항산화제의 대체 물질로서 기대된다는 결과를 얻었습니다.

'바질 오일의 손상모발 개선효과에 관한 연구(김주섭, 한국응용과학기술학회, 2022)'에서는 바질 오일을 첨가한 모질 개선 제형제를 손상된 모발에 도포했습니다. 이후 모발의 인장 강도, 흡광도, 광택을 측정했을 때 바질 오일이 손상된 모발에 개선 효과가 있다는 연구 결과가 나타났습니다.

흰쥐를 이용한 실험('백서에서 바질 에센셜 오일의 향통각 효과, 민선식 외, 대한통증학회,

2009')에서 바질 에센셜 오일은 염증성 통증 중 2상을 억제하는 작용이 있었습니다. 연구자들은 바질 오일의 항통각 효과에 대한 지속적인 연구를 통해 만성통증으로 장기간 진통제를 복용해야 하는 환자들에게 이상적인 약제를 개발할 수 있을 것으로 결론 내렸습니다.

식물의 특성

◊

세계적으로 널리 재배되는 허브

열대 아시아, 아프리카, 태평양의 여러 섬이 원산지인 바질은 꿀풀과^{Labiatae}의 1년초 허브입니다. 약 20~70cm의 크기로 자라는 바질은 줄기 끝에 흰색의 작은 꽃이 피고, 잎은 상큼한 향기가 나면서 약간 매운맛을 띱니다.

세계적으로 스위트 바질, 레몬 바질, 시나몬 바질, 홀리 바질 등 다양한 품종이 재배되는데 아로마테라피에 사용하는 것은 주로 스위트 바질(유러피언 바질)입니다. 잎과 꽃을 수증기 증류법으로 추출하는데 톱 노트의 상쾌하고 달콤한 향을 지니고 있습니다.

Basil

학명	Ocimum basilicum
과	꿀풀과(Labiatae)
분포	아시아, 아프리카 열대 지역
추출 부위	꽃의 끝부분
추출 방법	수증기 증류법
노트	톱 노트
화학적 분류	에테르(Ethers)
화학 구성 성분	메틸 사비콜(Methyl Chavicol Ether) 20~85% - 항균, 항생, 진정, 진통 / 리나놀(Llinalool) 15~50% - 신경 안정
특성	신경계(불면, 우울, 스트레스 관리) 항경련성(호흡기 관리) 발한성과 해열성(열 관리) 여성 순환계(생리 지연, 생리 주기 불순, 복부 경련 관리) 소화계(소화불량, 내장 경련, 구토, 메스꺼움에 도움)
Body	근육 경련 해소, 신경성 불면증 완화, 위장 기능 강화, 소화 촉진, 초기 탈모에 도움
Skin	막히거나 확장된 모공 관리, 벌에 쏘인 통증 완화에 효과적
Mental	메틸 에테르(Methyl Ether) 성분의 릴랙싱 효과, 신경쇠약, 우유부단, 히스테리와 연관된 모든 신경 장애에 사용. 머리를 맑게 하고 정신적 피로를 없애주며 강화와 정화에 효과. 의기소침하고 우울한 감정, 스트레스로 인한 피로감에 효과적이며, 적극적인 사고와 자신감을 갖게 함
주의 사항	고농도 사용 금지

Bergamot

베르가모트

———

베르가모트는 약용 식물 중에서도 드물게 화려한 꽃을 자랑합니다.
베르가모트의 한 종류인 모나르다 디디마 *Monarda Didyma* 종은
꽃에 꿀이 많기 때문에 꿀벌이 많이 모여들어
비밤 *Bee Balm* 이라는 별칭이 붙기도 했습니다.
베르가모트는 꽃과 잎에서 나는 향기가
감귤의 일종인 베르가모트 오렌지 향과 비슷해서
이름 붙어졌다고 합니다.
또한 과일 모양의 '베르가모트'라는 배와 닮은 모양에서
유래되었다는 설도 있습니다.

신화와 전설

인디언 소녀 릴리노와 화살

베르가모트에는 인디언 소녀의 전설이 전해옵니다. 인디언 소녀 릴리노는 사랑하는 정혼자 '화살'을 전염병으로 잃었습니다. 전염병은 전쟁만을 일삼던 여러 부족에게 내린 저주였고, 이를 풀기 위해서는 고결한 영혼의 피로 희생제를 드리는 것밖에 없었습니다. 릴리노는 '화살 곁에 자신을 묻어달라'는 유언을 남기고 스스로 목숨을 끊었고, 산 정상에서 지켜보던 '위대한 영혼'은 사람들이 릴리노를 영원히 기릴 수 있도록 베르가모트 꽃이 피어나게 했습니다.

역사

베르가모트와 홍차

베르가모트는 15세기 때 탐험가 크리스토퍼 콜럼버스가 카나리아제도에서 스페인의 베르가^{Berga} 지역으로 가져왔다고 알려져 있습니다. 1569년 스페인의 약용 식물학자였던 니콜라스 모나르데스^{Nicholás Monardes}는 미국의 현화식물^{Flowering Plant}에 대해 저술한 〈본초서〉에 베르가모트가 오렌지와 같은 향을 가진 식물이라고 언급했습니다. 〈본초서〉는 이후 라틴어, 이탈리아어, 프랑스어, 영어 등으로 번역되었는데, 이것을 계기로 북미 대륙의 유용한 식물의 존재를 알게 된 영국의 엘리자베스 1세가 스페인과 패권을 다투게 되었다고 합니다.

1 IFA(국제 아로마테라피스트 연맹)의 공식서 중 하나인 페니 리처 데이비스가 저작한 《아로마테라피 A-Z》에서 베르가모트가 이탈리아의 도시인 베르가모(Bergamo)에서 유래되었다고 기록했습니다.

16세기부터 유럽의 여러 약용 식물과 관련한 책에 살균제와 해열제로 기록되기 시작한 베르가모트가 유럽에 전파된 것은 1745년경 원예가 피타 코린손에 의해서였습니다. 특히 나폴레옹 시대에 향수로 인기를 얻었고, 이탈리아의 페미니스 가문에 의해 화장수인 오 데 코롱의 주성분으로 활용되었습니다.

베르가모트는 유명한 보스턴 차 사건과도 관련이 있습니다. 1773년 영국 수상이었던 프레드릭 노스Frederick North는 식민지 상인에 의한 차 밀무역을 금지하고 동인도회사에 독점권을 주는 관세법을 시행했습니다. 식민지 자치에 대한 지나친 간섭에 격분한 보스턴 시민들은 동인도회사의 선박을 습격해 300개가 넘는 차 상자를 바다에 던졌습니다. 이후 시민들은 영국 차인 홍차를 보이콧하고, 원주민들에게 '오스위고 티 '라고 알려졌던 베르가모트 티에 대해 배웠다고 합니다. 홍차를 대표할 만큼 유명한 얼그레이 티가 바로 베르가모트 향을 홍차에 첨가해 가공한 것입니다.

효능

🔥

몸과 마음의 진정 효과

베르가모트에는 몸과 마음의 피로를 부드럽게 풀어주는 최면 효과가 있어 스트레스를 완화해주는 것으로 알려져 있습니다. 소화기관에도 작용해 소화불량, 헛배부름, 식욕 저하 등을 치유하고 호흡기 계통 질환인 편도염, 기

2 미국의 오스위고 강 주변에 살던 아메리카 인디언들이 즐겨 마셨기 때문에 식물도 베르가모트 허브티를 '오스위고 티'라는 이름으로 부르기도 합니다. 인디언들은 베르가모트의 '티몰'이라는 약효 성분을 활용해 감기나 목이 아플 때 마신 것으로 알려져 있습니다. 특히 발레릿 부족은 피부염 치료나 상처의 살균 소독을 위해 베르가모트로 습포제를 만들었습니다.

관지염을 완화하기도 합니다. 비뇨기 계통으로는 방광염의 초기, 비뇨기 감염, 소양증 , 질염 등에 활용됩니다. 인후통이나 두통, 불면증과 생리 통증을 진정시키는 역할도 합니다. 이탈리아에서는 민간요법의 중요한 치료제로 오랫동안 전해졌는데 주로 말라리아 등의 열병이나 벌레를 퇴치하는 데 사용했습니다.

베르가모트 에센셜 오일은 염증 제거에 탁월하며 어드름 피부나 지성 피부가 사용하기에 적당합니다. 습진과 건선의 치료나 동상, 뾰루지, 화상 등에도 유용한 것으로 알려져 있습니다. 베르가모트 잎을 말려 드라이플라워나 포푸리를 만들 수 있습니다. 또한 조리용으로 돼지고기나 송아지 고기 요리 등 다양한 요리에 활용됩니다.

연구 결과

스트레스 감소, 만성 통증 완화 효과

'베르가못 에센셜 오일을 이용한 향기 흡입법이 중년 여성의 스트레스 증상에 미치는 효과(차성환, 중앙대학교, 2002)' 연구 논문을 보면 신체적, 심리적 스트레스 점수에서 유의적인 통계 차이를 나타내 스트레스 감소에 효과가 있다고 밝혔습니다.

'버가못 에센셜 오일 향 흡입이 요추척추관협착증 환자의 수술 후 만성 통증에 미치는 효과(정명희, 고려대학교 간호교육, 2011)' 논문 결과도 있습니다. 요추척추관협착증 수술 후 환자에게 베르가모트 에센셜 오일을 향 흡입하도록 하고 통증 지각 수준, 수축기 혈압, 이완기 혈압, 심박동 수, 호흡 수의 변화를 비교했습니다. 그 결과 베르가모트 에센셜 오일을 향 흡입한 실험군이 대조군보다 통증 지각 수준이 유의적으로 감소해 진통 효과를 임상에서 재입증한 결과를 얻었습니다. 따라서 베르가모트 에센셜 오일이 만성 통증 완화, 심박동 수, 호흡 수 감소에 효과가 있음을 밝혔습니다.

'항스트레스 기능 강화를 위한 버가못 향유 흡입이 뇌파[EEG] 변화에 미치는 영향(전광식, 경기대학교, 2010)' 연구 논문은 백화점 판매직 여성 종사자를 대상으로 실험을 진행했습니다. 대뇌피질의 기능 상태 중 안정 상태에서 알파파(α-wave)가, 정서적으로 각성된 상태이거나 긴장 상태에서는 베타파(β-wave)가 나오기 때문에 알파파의 출현 빈도 증감을 관찰하는 것이 스트레스에 대한 생리 반응과 릴랙싱 효과 정도를 평가할 수 있는 지표가 됩니다. 실험 결과 베르가모트 에센셜 오일을 향 흡입한 실험군은 뇌파 중 알파파가 증가했습니다. 연구자는 스트레스가 많은 현대인들에게 아로마 에센셜 오일을 활용한 건식 흡입법의 활용이 자연 치유적인 방법으로 효과가 높다고 결론 내렸습니다.

평균 연령 18세의 젊은 여성을 대상으로 베르가모트 향의 흡입농도에 따른 냄새강도, 감성반응과 뇌파반응을 평가하고 상관관계를 분석한 연구 결과도 있습니다('버가못 향을 흡입한 젊은 여성들의 감성 및 뇌파 반응, 정소명 외 한국냄새환경학회, 2020'). 젊은 여성들은 베르가모트 향에 대해 유쾌하고 상쾌하며, 청량한 여성적이라는 감성반응을 보였습니다. 또한 뇌를 활성화하는 각성효과가 있고 상쾌하고 여성적인 향이라고 설명합니다.

식물의 특성

운향과[Rutaceae]의 여러해살이 식물인 베르가모트의 정확한 원산지는 알려지지 않았지만, 몇백 년 전부터 이탈리아에서 주로 재배했습니다. 작은 나무인 베르가모트는 약 4.5m까지 자라며 부드러운 타원형 잎과 작고 동그란 열매를 가지고 있습니다. 잘 익은 열매는 노란색의 조그만 오렌지와 모양이 비슷하지만 신맛이 강해서 먹을 수 없어 에센셜 오일을 추출하기 위해 재배합니다. 베르가모트의 껍질을 냉각 압착법으로 에센셜 오일을 추출하는데, 톱 노트의 달콤한 과일 향과 부드러운 꽃향기 때문에 향수 재료로 널리 쓰이고 있습니다.

Bergamot

학명	Citrus bergamia
과	운향과(Rutaceae)
분포	이탈리아, 튀니지, 아프리카
추출 부위	과피(껍질)
추출 방법	냉각 압착법
노트	톱 미들 노트
화학적 분류	모노테르펜(Monoterpenes), 알코올(Alcohols), 에스테르(Esters), 푸로쿠마린(Furocoumarin)
화학 구성 성분	리모넨(Limonene) 30~40% - 항진균, 진정, 항염, 부작용 반감, 피부 자극 억제 리나롤(Llinalool) 10~30% - 신경 안정, 스트레스 완화 리날릴 아세테이트(Linalyl Acetate) 15~40% - 신경 안정, 스트레스 완화
특성	정신 고양, 진정, 항우울, 항경련, 장내 가스 제거, 소화 촉진, 항균, 항바이러스, 항진균, 해열 작용
Body	소화 계통의 기능을 강화하고 식욕을 증진, 조절하는 효능
Skin	지루성 두피염, 여드름, 대상포진, 지성 피부, 데오도란트 효과
Mental	막연한 불안감과 억압된 감정에서 마음을 해방시켜 균형 잡힌 정신 상태를 유지. 임산부, 고령자, 갱년기 여성의 스트레스 관리 효과
주의 사항	푸로쿠마린류의 베르가프텐, 베르가모틴, 베르가프톨은 저농도로 사용해도 광독성을 띠므로 주의

Black Pepper

블랙페퍼

강렬한 태양빛을 받은 마른 나무 향과
후추의 따뜻하면서 매운 향을 지닌 블랙페퍼는
역사상 가장 오래되고 유명한 향신료 중 하나입니다.
블랙페퍼의 학명인 피페르^{Piper}는
고대 산스크리트어 '피팔리^{Pippali}'에서 유래했고,
종명인 니그룸^{Nigrum}은 '검은빛'을 뜻합니다.
후추 열매는 익으면서 붉게 변하는데
잘 익은 열매를 따서 껍질을 벗겨내 말린 것이 화이트페퍼,
열매가 약간 녹색을 띨 때 햇빛에 건조해서
통째로 사용하는 것이 블랙페퍼입니다.
두 가지 모두 동아시아에서 4000년이 넘는 역사 동안
약용이나 요리용으로 사용되었습니다.

역사

세계의 역사를 바꾼 향신료, 블랙페퍼

'식물학의 아버지'로 불리는 고대 그리스의 테오프라스투스Theophrastus가 기원전 4세기경에 블랙페퍼의 특징을 서술했을 정도로 오래된 향료 중 하나입니다. 1세기 로마의 학자 플리니우스Gaius Plinius Secundus는 〈박물지 Naturalis Historia〉에 "블랙페퍼는 로마에서 금은과 동등한 가치를 지니고 있다"고 기술했습니다. 실제로 금 대신 화폐 기능도 했을 정도로 블랙페퍼는 부의 상징이었습니다. 로마의 황제 도미티아누스Domitianus는 92년 로마에 블랙페퍼를 전문적으로 취급하는 향신료 구역을 설치하고 국고의 일부로 비축했다고 합니다.

14세기 이후 유럽에서는 어업이 번성해 어류를 주재료로 한 음식이 발달하면서 향신료가 필요하게 되었습니다. 이집트, 베네치아 등의 상인에게 원가의 수십 배가 넘는 가격을 주고 아시아의 향신료를 수입했고, 이와 같은 상황을 타개하기 위해 16세기 포르투갈인들이 향신료의 원산지인 인도에 도착해 '인도 항로'를 개척했습니다. 이어서 에스파냐, 네덜란드, 영국이 동인도회사를 설립해 향신료 무역을 시작했고, 17세기를 전후해 향신료가 교역의 중심이 되었습니다.

유럽인들이 가장 선호한 향신료는 블랙페퍼였습니다. 특히 몸에 블랙페퍼를 지니고 다니면 콜레라나 페스트를 예방한다는 속설이 있어 귀중품으로 여겼습니다. 중세 시대 프랑스 속담에는 '후추처럼 소중한'이라는 말이 있었고, 영국 서더크에는 페퍼 거리Pepper Street라는 지명이 지금까지 남아 있을 정도입니다.

15세기 때 처음으로 말린 후추 열매를 페퍼 에센셜 오일로 증류하기 시작했는데, 1488년 살라딘 다스콜리Saladin d'Ascoli의 저서인 〈아로마토리움 개론 Compendium Aromatorium〉에 언급됐습니다. 16세기에는 독일의 의사이자 식물학자였던 발레리우스 코르디우스^{Valerius Cordius}와 포르타^{John Baptista Porta}가 시나몬이나 정향^{Clove} 등의 향신료와 함께 페퍼를 증류하는 방법에 관해 정밀한 교육을 실시했습니다.

효능

몸을 따뜻하게 해주는 블랙페퍼 에센셜 오일

블랙페퍼 에센셜 오일은 위를 튼튼하게 보호해주며 항경련, 장내 가스 증상과 소화기계 질환에 효과적이기 때문에 소화불량, 변비, 복부팽만, 식욕부진 등을 완화합니다. 그리고 위통, 구토, 설사, 이질 등의 증상을 개선할 목적으로 사용합니다. 그리고 몸을 따뜻하게 해주고 부드럽게 하는 효과가 있는 블랙페퍼 에센셜 오일은 류머티즘, 관절염, 근육통에 유용하고, 거담 작용으로 콧물, 축농증에 도움을 주기도 합니다. 새로운 혈액세포를 생산하는 역할을 하는 비장 자극제로 빈혈 치료, 타박상 치료에 효능에 있습니다. 블랙페퍼 에센셜 오일은 관절염, 구풍제, 변비 치료, 발적 작용으로 손과 발이 찬 데 사용하고, 피로하거나 추울 때 생기는 두통에 효과가 있으며 신진대사를 촉진해 노화를 방지하고 비만 해소에 도움이 된다고 합니다.

1 블랙페퍼에 해당된 오일은 그 외 소화장애에 효과가 있습니다. 식회 의식 다시먹는 순위이 급체했을 때 페퍼와 오향에 마다리, 블랙페퍼가 포르딩해서 멸적 주변을 마적 식한 적이 있습니다. 식전이 아마다 소화가 식원식 속이 한해졌고 이후 회사에서는 마찬약과 함께 다양한 예걸된 오일을 구비하고 있습니다.

2 구풍제 驅風劑, Carminative 위장 내 가스를 배출해주는 것.

3 발적 급성 염증 시나다나다 증후 중 하나로, 국소의 소홍점, 모 대라라의 운동에 의해 피부 및 화머의 뺄간 빛을 띠는 것.

조선 중기의 의관인 구암 허준이 쓴 〈동의보감〉에서는 블랙페퍼, 즉 후추를 "기를 내리고 속을 따뜻하게 하며 담을 삭이고 장부의 풍, 냉을 없애며 곽란과 명치 밑의 냉으로 아픈 것과 냉리¹를 낫게 한다"고 했습니다. 또한 모든 생선, 고기, 버섯의 독을 풀어주는 것으로 설명하고 있습니다.

연구 결과

따뜻하고 부드러운 순환 작용

'세포독성과 형태학적 변화 관찰을 통한 5종 에센셜 오일의 안정성 검색(윤영한 외, 한국미용학회, 2008)'에서는 미용 분야에서 흡입, 확산, 마사지 등의 다양한 방법으로 광범위하게 사용되는 5가지 에센셜 오일의 독성을 연구했습니다. 그 결과 진저, 로즈메리와 함께 블랙페퍼는 간세포에 대한 독성이 매우 낮은 것으로 나타났습니다.

'아로마 에센셜 오일이 첨가된 반신욕의 순환자극 효과(정정임 외, 한국인체미용예술학회, 2013)'를 연구한 논문에서는 순환 자극에 효과가 있는 주니퍼베리, 블랙페퍼, 진저, 시나몬 오일을 첨가한 온탕에서 반신욕을 하는 실험을 했습니다. 실험 결과 체중, 체지방율, 체지방량, 총콜레스테롤 수치가 유의하게 낮아졌다고 밝혔습니다.

1 냉리 습에 몸을 차고 습하게 함으로써 생기는 병.

식물의 특성

따뜻하고 스파이시한 향기

남부 인도 말라바르 해안의 습지 정글 지대가 원산지인 블랙페퍼는 현재 인도, 인도네시아, 말레이시아 등 열대지방에서 재배됩니다. 여러해살이의 덩굴나무로 5m까지 자라며 심장 모양의 잎, 작고 하얀색의 꽃을 가지고 있습니다. 블랙페퍼가 화이트페퍼보다 매운 맛이 강한 것은 건조 방법의 차이 때문입니다. 매운 맛을 내는 성분인 피페린Piperine은 겉껍질에 많이 들어 있는데, 화이트페퍼는 껍질을 벗겨내 말리고 블랙페퍼는 통째로 건조합니다. 이처럼 블랙페퍼는 껍질째 말려 건조한 다음 수증기 증류법으로 추출하기 때문에 따뜻하고 달콤하면서 매운 듯한 향기를 지니고 있습니다.

Black Pepper

학명	Piper nigrum
과	후추과(Piperaceae)
분포	인도, 인도네시아
추출 부위	건조한 열매
추출 방법	수증기 증류법
노트	톱 미들 노트
화학적 분류	세스퀴테르펜(Sesquiterpenes)
화학 구성 성분	베타카리오필렌(β-caryophyllene) 20~27%, d-3-카렌(d-3-carene) 15~20%
특성	항염, 항진통, 항경련(근육통, 소화불량으로 인한 위통, 두통, 오한 감기) 소화 촉진, 소화기계 강장(구풍, 건위, 식욕 부진) 혈액순환 촉진(워밍, 이뇨, 비장 자극, 빈혈 개선, 체액 정체)
Body	감기 몸살, 심한 피로로 인해 온몸이 뻣뻣하고 힘들 때 마사지 오일로 사용
Skin	경직된 근육에 연고나 마사지 오일로 사용
Mental	소화기계 문제가 있을 경우 강장 효과
주의 사항	워밍 효과로 발열감이 나타날 수 있어 얼굴에는 사용하지 않음

Cedarwood

시더우드

———

그윽하고 상쾌한 나무 향기가 나는 시더우드는
'히말라야 삼나무'로 알려져 있습니다.
시더우드는 아틀라스 시더우드*Cedrus Atlantica*,
버지니아 시더우드*Juniperus Virginiana* 두 종류로 나뉘는데
화학적, 후각적으로 서로 다른 에센셜 오일입니다.
아틀라스 시더우드는 소나무, 버지니아 시더우드는 사이프러스에
속하며 특성은 다르지만 효능은 유사합니다.
아틀라스 시더우드의 학명 중에서 시드러스*Cedrus*는
힘을 뜻하는 아랍어 '케드론*kedron*'에서 유래했습니다.
버지니아 시더우드는 '붉은 삼나무'라고도 불립니다.

역사

영적인 강한 힘을 상징

시더우드는 성서에서 가장 많이 언급된 나무로 풍부함과 비옥함의 상징이었습니다. 고대 이집트에서는 시더우드 오일을 미라를 방부 처리할 때, 제례용 향, 화장품, 향수 등에 사용했습니다. 그리고 수 세기 동안 항독성으로 알려진 미스리다트[Mithridat]의 성분 중 하나로 알려졌습니다. 동양에서는 기관지염, 비뇨기 감염 치료제와 방향제로 사용되었습니다.

성서에 나오는 레바논 시더우드[Cedrus Libani]는 아틀라스 시더우드와 비슷한데, 여러 세기 동안 중동에서 성전, 배를 건축하는 재료였습니다. 솔로몬의 궁전을 짓는 데에도 사용되었고 풍요, 다산, 영적인 강함을 상징했습니다. 1세기 그리스의 약학자 디오스코리데스[Dioscorides]와 의사 갈렌[Galen, Claudius Galenus]은 레바논 시더우드가 시체의 부패를 막아 보존하는 작용이 있다고 언급했습니다.

1698년 프랑스의 약제사이자 화학자였던 니콜라스 레머리[Nicholas Lemery]는 아틀라스 시더우드의 치유적 본성이 비뇨기, 폐 질환을 소독하는 역할이라고 말했습니다. 기록에 따르면 아메리카 인디언들은 기관지염, 신경통, 관절염, 신장염, 방광염, 벌레 물렸을 때 등 민간요법으로 다양하게 사용했습니다. 1925년 프랑스의 의사 미카엘[Michel]과 길버트[Gilbert]는 시더우드 오일을 만성 기관지염 치료에 사용해 좋은 결과를 얻어냈고, 강장제와 흥분제로 작용한다는 것을 확인했습니다. 버지니아 시더우드의 잎, 나무의 껍질, 잔가지, 열매를 달인 물은 기침, 기관지염, 류머티즘, 콘딜로마[Condyloma], 피부 발진 증상을 치료하는 데 사용했습니다.

---

1 콘딜로마 Condyloma 성기 부위에 생기는 사마귀 질환으로 곤지름이라고도 함.

효능

신체와 정신을 강장하는 에센셜 오일

힘을 뜻하는 아랍어에서 유래한 것처럼 시더우드 에센셜 오일은 몸의 기운을 북돋우는 것으로 알려져 있습니다. 특히 신장, 비장을 강장해주기 때문에 무기력, 신경쇠약, 요통, 집중력 저하에 사용했습니다. 신체와 정신의 균형을 유지하고 긴장 완화, 불안 해소로 심리적인 안정을 찾는 데 도움을 줍니다.

방부 작용과 살균 작용이 뛰어나 방광염, 요도염 등의 생식기 질환이나 호흡기 질환 치료에 도움을 주는데, 특히 북아메리카 인디언들이 기관지염, 신장염, 방광염에 사용한 것처럼 시더우드 에센셜 오일은 염증을 가라앉히는 데 탁월합니다. 혈액순환을 원활하게 하고 바이러스, 세균 감염을 예방하며 자궁 조직을 강하게 해서 생리통이나 생리 중 두통에 효과가 있습니다.

피부 케어에 많이 사용되는 오일 중 하나인 시더우드 에센셜 오일은 방부, 수렴, 살균 작용으로 지성 피부나 여드름 피부에 효과가 있습니다. 주름이 잘 생기는 건성 피부나 탄력과 윤기가 없고 거친 피부에 사용하고 습진, 피부염에도 유용합니다. 비듬과 탈모 예방에도 도움이 됩니다.

시더우드 에센셜 오일은 림프순환과 배출을 돕기 때문에 축적된 지방이나 셀룰라이트 분해에 도움을 주고, 수렴 작용으로 잦은 설사나 복부 팽만감 증세를 완화해줍니다. 남성용 화장품이나 향수의 원료로 인기가 높고, 벌레를 쫓는 방충제로도 많이 사용합니다.

연구 결과

신체 기능을 활성화 하는 시더우드

'향기요법에 사용하는 캐리어 오일과 에센셜 오일의 세포에 대한 독성(유병수 외, 한국생활과학회, 2008)' 논문에서는 우리나라에서 많이 사용하는 호호바 캐리어 오일, 펜넬, 티트리, 만다린, 시더우드 에센셜 오일의 독성을 실험했습니다. 간세포, 신장세포, 뇌세포에서 50% 생존율 측정과 형태학적 변화를 관찰한 결과 시더우드 오일이 4가지 에센셜 오일 중 독성이 가장 높았습니다. 따라서 피부 접촉, 흡입, 장기간 사용시에 주의가 필요하고 민감성 피부 사용은 가급적 피할 것을 권합니다.

아로마테라피가 뇌파에 미치는 영향을 규명한 논문('아로마 블렌딩 오일 흡입이 B.Q에 미치는 효과, 김도현, 한국산학기술학회, 2020')에서 B.Q는 뇌기능지수[Brain Quotient]을 뜻합니다. 라벤더, 베르가모트, 만다린, 레몬, 시더우드, 로만 캐모마일 등 6가지의 에센셜 오일을 블렌딩하고, 흡입한 실험군과 대조군의 B.Q를 테스트한 결과 유의미한 효과가 있음을 입증했습니다. 아로마 흡입법은 뇌 활동의 적절한 이완과 맑은 각성 효과가 있으며, 정신적 활동과 사고능력 및 행동 성향에 대해 양호하게 균형을 이루게 합니다. 또한 뇌의 반응과 조절능력을 좋게 해주는 등 뇌기능의 종합적인 부분을 개선할 수 있는 긍정적인 방법이라는 결론입니다.

'족욕이 수험생의 스트레스 및 피로에 미치는 효과- 아로마 오일과 발효추출물의 비교연구(오희선 외, 한국산학기술학회, 2010)'에서는 입욕제를 넣은 족욕이 입시로 인한 스트레스, 피로도 감소에 매우 효과적인 것으로 밝혀졌습니다. 고등학교 3학년 수험생을 대상으로 그레이프프루트, 사이프러스, 시더우드를 블렌딩한 오일을 넣어 족욕을 한 결과 신체적, 심리적 스트레스와 피로도가 감소했습니다.

식물의 특성

🔥

따뜻한 나무 향의 에센셜 오일

아틀라스 시더우드는 알제리, 모로코의 아틀라스산맥이 원산지인 사철 푸른 침엽수입니다. 높은 고도에서 자라 약 4~50m 크기의 피라미드 형태로 성장합니다. 줄기나 가지 주위에 여러 겹의 뾰족한 회녹색 나뭇잎을 가지고 있습니다.

북아메리카가 원산지인 버지니아 시더우드는 생장이 느린 상록수입니다. 약 33m까지 자라는 붉은색 나무로 1.5m 이상의 지름을 가진 웅장한 크기로 성장합니다. 나무 심재를 증기 증류하면 따뜻하고 강한 나무 향의 에센셜 오일을 추출할 수 있습니다.

Cedarwood

학명	Cedrus atlantica(White), Juniperus virginiana(Red)
과	소나무과(Pinaceae), 측백나무과(Cupressaceae)
분포	북아메리카, 모로코
추출 부위	심재
추출 방법	수증기 증류법
노트	베이스 노트
화학적 분류	세스퀴테르펜(Sesquiterpenes), 알코올(Alcohols), 케톤(Ketones)
화학 구성 성분	히마칼렌(Himachalene) 25~80% - 진정, 신경 강화, 항균, 항바이러스, 항진균, 방충 세드롤(Cedrol) - 순환 강화, 진정 아틀란톤(Atlantone) - 배출, 연소
특성	항우울, 신경 강화, 정신 고무, 신체 기능 활성화, 체액의 울체 제거, 이뇨, 정맥 순환, 혈액순환 촉진, 항균, 항바이러스, 항진균, 방충
Body	정맥이나 림프액의 흐름을 원활하게 해 불필요한 체액 배출 지방 연소 작용(다이어트, 셀룰라이트 제거), 치질, 정맥류, 냉증, 어깨 결림, 다리 피로, 기관지염, 기침, 가래, 방광염에 효과
Skin	몸에 쌓인 독소 제거에 효과적이나 얼굴에 사용하는 것은 자극이 될 수 있으며 모세혈관 확장증에 국소적으로 사용
Mental	지치고 무기력할 때, 마음이 어지럽고 산만할 때 사용하면 뇌가 활성화되어 집중력을 높이고 강한 인내력과 지구력을 잃지 않도록 도움
주의 사항	임신이나 수유 중, 유아기에는 사용을 금함

Chamomile German

캐모마일 저먼

캐모마일은 유럽과 지중해 연안에서
약 2000년 이상 의학적으로 사용되었는데,
에센셜 오일을 증류하는 것은 캐모마일 저먼과
캐모마일 로만^{Chamomile Roman}이 대표적입니다.
캐모마일 저먼의 학명인 마트리카리아^{Matricaria}는
'자궁'을 뜻하는 라틴어 '마트릭스^{Matrix}'에서 파생되었는데,
고대에는 캐모마일 저먼을 생리 관련 장애를 치료하는 데
사용했기 때문이라고 합니다.
와일드 캐모마일, 블루 캐모마일, 헝가리 캐모마일이라고도 부릅니다.

역사

태양의 신을 위한 캐모마일

약 4000여 년 전 이집트에서는 캐모마일을 태양의 신 라^{Ra}에게 바쳤고, 파라오 투탕카멘의 미라를 장식했습니다. 기원전 1550년경 고대 이집트의 의학서인 〈코덱스 에버스$^{Codex Ebers}$〉에는 캐모마일의 의학적인 사용법이 기록되어 있습니다. 아랍과 유럽에서도 아주 오래전부터 캐모마일을 의학적으로 사용했습니다. 빅토리아 시대에는 히스테리를 치유했고, 캐모마일 달인 물은 전 유럽에서 다양한 질병을 완화하는 데 사용했습니다. 캐모마일 저먼 꽃을 티로 만들어 취침 전에 마시면 편안한 숙면을 도와 불면증을 예방해주고 감기 초기에 마시면 발한 작용을 촉진해 몸을 따뜻하게 해줘 면역력을 높여줍니다.

19세기 식물학자는 로마의 콜로세움에서 캐모마일이 자라는 것을 발견했고, 중세 시대에는 축제에서 공중에 뿌리는 허브나 맥주의 쓴맛을 더해주는 재료이기도 했습니다. 17세기 영국의 식물학자이자 〈컴플리트 허벌$^{The Complete Herbal}$〉의 저자인 니콜라스 컬페퍼$^{Nicholas Culpeper}$는 캐모마일이 정신과 신경계에 미치는 뛰어난 효과에 대해 잘 알고 있었기 때문에 머리와 뇌를 편안하게 하는 데 권했습니다.

효능

가장 온화한 에센셜 오일

캐모마일은 신경을 이완하고 경련을 줄이며 통증을 완화합니다. 그래서 만성적인 긴장, 불면, 신경성 소화불량, 메스꺼움, 변비, 과민성 대장증후군,

두통, 천식에 유용합니다. 고대에서 사용한 것처럼 생리 전 긴장과 생리통을 완화하는 데 효과가 있습니다. 캐모마일 저먼이 '자궁'이라는 이름에서 파생된 것처럼 히스테리를 진정시키는 데 탁월한 효능이 있고 생리 촉진과 경련성 월경불순, 생리전증후군PMS에도 유용합니다.

가장 순한 오일 중 하나로 특히 어린이 치료에 탁월해 통증을 완화하고, 열을 제거해 염증을 줄여주는 효과가 뛰어납니다. 특히 캐모마일 저먼 에센셜 오일의 효과가 더 강하다고 합니다. 위염, 신경염, 방광염, 류머티즘성 관절염, 중이염 등을 완화합니다.

캐모마일 저먼 에센셜 오일은 피부 문제를 해결해주는 오일 중 하나입니다. 라벤더, 제라늄과 함께 블렌딩해 피부염, 습진, 가려움증(소양증)에 사용합니다. 민감성 피부 트러블에 효과가 있고 국소 혈관 수축제이며 모세혈관 확장으로 생기는 볼의 홍조를 줄여주기도 합니다. 또한 카마줄렌 성분을 함유해 항염증, 항알레르기 효능이 뛰어난 것으로 알려져 있습니다.

연구 결과

아토피 피부염 개선

'카모마일 저먼, 라벤더, 샌달우드 혼합 오일의 아토피 동물 모델 NC/Nga mice에 대한 피부염 치료 효과(신길란, 대전대학교, 2009)' 논문의 연구 결과가 있습니다. 위 세 가지 에센셜 오일을 혼합한 다음 아토피 동물 모델 NC/Nga mice에 대한 피부염 치료 효과를 연구하기 위해 육안 평가, 혈청, 백혈구, 면역세포 수, 조직 변화를 실험했습니다. 실험 결과 피부 임상 지수 감소, 혈청 내 IgE 감소, 면역세포 수 감소 등을 나타내 아토피 피부염 완화가 두드러졌습니다. 특히 만성 아토피 피부염 피부에 장기적으로 도포할 때 개선에 도움을 줄 수 있다는 결론을 내렸습니다.

'저먼캐모마일 추출물이 Xanthine Oxidase/ Hypoxanthine으로 손상된 배양 인체피부 흑색종세포의 세포부착율 및 멜라닌 합성에 미치는 영향(진은영 외, 인간식물환경학회, 2011)'을 연구한 논문은 미백 효과에 주목했습니다. 연구 결과 캐모마일 저먼 추출물은 XO/HX의 세포독성에 대한 방어효과 및 항멜라닌화를 나타냈습니다.

천연 항산화제 개발에 적합한 식물 소재를 탐색하기 위한 연구('국화과 식물 16종 지상부 추출물의 항산화효과 탐색, 우정향 외, 한국화훼학회, 2009')도 있습니다. 연구 결과 폴리페놀, 플라보노이드 함량이 캐모마일 저먼의 지상부에서 가장 우수한 것으로 나타났습니다.

'오렌지, 라벤더와 카모마일 로만 아로마 향기흡입법이 교대근무 간호사의 수면의 질과 피로에 미치는 효과(민경민, 중앙대학교 대학원, 2015)'에서는 3가지 에센셜 오일을 혼합해 흡입하게 한 다음 수면에 어떤 영향을 미치는지 연구했습니다. 그 결과 수면 증진과 피로를 완화해 삶의 질과 효율적인 업무 수행에 좋은 영향을 줄 수 있다는 결론을 내렸습니다.

강한 허브 향의 에센셜 오일

쭉 뻗은 매끄러운 줄기를 가진 캐모마일 저먼은 높이 1~40cm까지 자라는 1년생 허브입니다. 깃털 모양의 잎은 여러 조각으로 갈라져 있고 작은 데이지와 비슷한 흰꽃이 피어납니다. 남유럽, 서아시아가 원산지로 현재는 유럽 전역에서 재배하고 있으며, 잎을 제외하고 꽃만 말려 수증기 증류법으로 에센셜 오일을 추출합니다.

Chamomile German

학명	Matricaria recutita, Matricaria chamomilla
과	국화과(Asteraceae)
분포	영국, 헝가리가 대표적이지만 거의 전 세계적으로 분포
추출 부위	꽃봉오리
추출 방법	수증기 증류법
노트	미들 노트
화학적 분류	세스퀴테르펜(Sesquiterpenes)
화학 구성 성분	카마줄렌(Chamazulene) 2~35% - 항염, 항박테리아, 진정 알파-비사보롤(α-Bisabolol) 1~68% - 항염, 진정 비사보롤 옥사이드 A(Bisabolol Oxide A) 0~50% - 항염, 진정
특성	항염, 진통, 진경 , 생리전증후군, 구풍, 항알레르기, 건위, 상처, 두통, 면역 증진
Body	소화불량이나 근골격계, 생리전증후군 케어
Skin	아토피성, 민감성, 궤양, 종기, 외상, 갱년기 홍조 관리
Mental	우울증, 스트레스에 도움

Chamomile Roman
캐모마일 로만

—

약 2000년 전부터 유럽과 지중해 연안에서
전통 약재로 쓰일 만큼 유익한 캐모마일은
병충해를 입은 식물 근처에 심으면 병든 꽃이 생기를 되찾는다 하여
'식물의 의사Plant's Physician'라고 불렸습니다.
캐모마일이라는 이름은 잎과 꽃이 마치 사과 향과 비슷해
'땅Kamai', '사과Melon'에서 파생되었습니다.
캐모마일을 뜻하는 스페인어 만사니야Manzanilla도
'작은 사과'를 뜻합니다.
작은 국화와 비슷한 캐모마일 로만의 학명
안테미스 노빌리스Anthemis Nobilis는
'치료의 미덕Healing Virtue'이라는 뜻입니다.
캐모마일 저먼과 효능이 비슷하지만 항알레르기, 항염 효과를 지닌
아줄렌Azulen, 비사보롤Bisabolol 등의 성분이 들어 있습니다.

CHAMOMILE ROMAN

역사

고대 이집트에서 중요한 식물로 여겨졌던 캐모마일 로만은 태양의 신 라^{Ra}에게 봉헌되었고, 파라오 람세스 2세의 미라에 방부제로 사용했다는 역사적 기록이 있습니다. 기원전 4세기 고대 그리스의 의사이자 의학의 아버지로 알려진 히포크라테스^{Hippocrates}가 열을 내리기 위해 사용했습니다.

유럽에서는 수 세기 동안 치료약, 소독과 살충을 위한 훈증제, 장식용 꽃으로 사용되었고, 가정상비약으로 쓰일 만큼 그 용도가 다양했습니다. 감기에 걸리거나 두통, 피로를 느낄 때는 캐모마일 티를 즐겨 마셨고, 영국 튜더 왕조 시대에는 집 안 곳곳에 흩뿌려서 은은한 향이 배도록 했습니다. 〈영국 허브 약전$^{British Herbal Pharmacopoeia}$〉에는 소화불량, 메스꺼움, 임신 중 구토, 월경불순, 정신적 스트레스로 인한 복부팽만 등의 치료제로 기록되어 있습니다.

캐모마일 로만은 강한 생명력을 상징해 잔디 대용으로 심기도 했습니다. 중세 시대 영국에서는 돌로 된 벤치에 캐모마일 로만을 심어 앉을 때마다 특유의 향이 나서 기분이 좋아지도록 만들었다고 합니다.

효능

캐모마일은 신경을 이완하고 경련을 줄이며 통증을 완화합니다. 그래서 만성적인 긴장, 불면, 신경성 소화불량, 메스꺼움, 변비, 과민성 대장증후군, 두통, 천식에 유용합니다. 생리 전 긴장과 생리통을 완화하는 데 효과가 있습니다.

캐모마일 저먼 에센셜 오일과 같이 캐모마일 로만 역시 순하고 자극이 없어 어린이도 안심하고 사용할 수 있습니다. 달콤한 향은 진정 효과가 뛰어나 우울증, 불안, 스트레스를 해소하고 복통, 설사, 식욕부진 등의 증상을 완화해줍니다.

위장 경련과 진통을 진정시키고 가스 배출 효과가 있는 캐모마일 로만 에센셜 오일은 특히 여성에게 좋은 오일로 알려져 있습니다. 생리 주기를 규칙적으로 해주며 생리통을 완화하는 등 생리 장애, 생리전증후군[PMS], 갱년기의 과민 상태를 해소하는 데 큰 도움이 됩니다. 또한 백혈구 생산 촉진 작용을 하고 면역 기능을 강화합니다. 피부에도 탁월한 효과가 있습니다. 항염 작용, 피부 진정, 보습 효과로 파괴된 모세혈관을 호전하고 피부 탄력을 높여주기 때문입니다. 그리고 건조하고 가려움증이 있는 피부, 상처 치유, 염증성 여드름, 화상, 수포, 아토피 피부염, 알레르기 등을 개선하는 데 도움이 됩니다. 이밖에도 화장품, 비누, 세제, 향수, 목욕제로 광범위하게 사용하고 있습니다.

연구 결과

◊

소염, 진통 효과

라벤더, 캐모마일 로만 에센셜 오일이 급성 염좌나 좌상 등의 외상 후 나타나는 통증, 종창 억제에 어떤 효과가 있는지 연구한 결과가 있습니다. '아로마 에센셜 오일이 근골격계의 급성 염좌 및 좌상의 동통 및 종창에 미치는

---

1. 캐모마일 로만 에센셜 오일은 향 속도 대체에도 불안한 상태가 되어나기 때문에 소량해야해 한 용할 수 있습니다. 캐모마일 로만과 라벤더를 2 : 8 비율로 블렌딩하면 좋아 가 가 좋습니다.

효과(이향애, 차의과대학교, 2003)' 논문을 보면 캐모마일 로만 에센셜 오일의 아줄렌Azulene 성분이 소염, 진통, 진정, 이완 작용을 통해 관절염, 근육통, 류머티즘, 염좌 등의 증상을 완화하는 것으로 결론 내렸습니다. 따라서 냉수포에 아로마 오일을 첨가한 실험군의 경우 동통의 평균값이 3.8점, 종창의 크기는 2mm 정도 감소한 것으로 나타났습니다.

식물의 특성

사과 향기가 나는 흰 꽃, 캐모마일 로만

1년생 캐모마일 저먼과 달리 캐모마일 로만은 작고 단단한 여러해살이 약용 식물입니다. 유럽이 원산지로 높이 약 30cm까지 자라고, 캐모마일 저먼보다 조금 더 큰 꽃이 핀다는 것이 특징입니다. 잔가지가 많은 줄기와 뾰족한 잎을 가지고 있으며, 데이지와 비슷한 하얀 꽃과 잎에서 사과 같은 향이 납니다. 꽃봉오리를 증기 증류해 에센셜 오일을 추출하며 달콤한 허브 향을 지니고 있습니다.

Chamomile Roman

학명	Chamaemelum nobile, Anthemis nobilis
과	국화과(Asteraceae)
분포	서부 유럽, 영국, 벨기에, 프랑스, 헝가리
추출 부위	꽃봉오리
추출 방법	수증기 증류법
노트	미들 노트
화학적 분류	에스테르(Esters)
화학 구성 성분	이소부틸 안젤레이트(Isobutyl Angelate) 35~50% - 항염, 진정 2-메틸부틸 안젤레이트(2- Methylbutyl Angelate) 15% - 항염, 진정 메틸 안젤레이트(Metyl Angelate) 8% 카마줄렌(Chamazulene) 3% - 항염, 항박테리아, 진정
특성	항염, 항박테리아, 진정, 진통, 구풍, 담즙 배출, 건위, 통경 , 생리전증후군, 두통, 신경 강화, 항우울, 백혈구 활성화, 재생, 편두통
Body	경련과 통증 완화에 효과적이며 편두통 완화
Skin	심하게 건조하고 민감한 피부의 진정, 재생 효과. 건성, 화상, 여드름, 염증 피부, 기름진 모발에 도움
Mental	신경성 긴장, 불안감을 완화해 안정감을 주고 진정하는 데 도움, 우울증, 불안증, 신경과민에 효과
주의 사항	과용하면 혈압 저하의 위험

Cinnamon

시나몬

———

후추, 정향^{Clove}과 함께 3대 향신료로 불리는 시나몬은
계피, 카시아^{Cassia} 등 원산지별로 조금씩 특성이 다르기 때문에
약 4000년 전부터 혼란을 가져왔다고 합니다1.
학명인 친나모뭄^{Cinnamomum}은 그리스어로
'말려든다'는 뜻의 '시네인^{Cinein}'과
'비난 없이'란 뜻의 '아모모스^{Amomos}'라는 단어의 합성어로
'동그랗게 말려 있는 좋은 향기가 나는 껍질'을 뜻합니다.
스리랑카가 원산지어서 실론 시나몬^{Ceylon Cinnamon}이라고도 부르는데,
나무의 어린 가지를 잘라 껍질을 벗긴 다음 건조한 것입니다.
상쾌한 청량감과 감미로운 향기, 달콤한 맛을 지녔지만
매운 맛은 거의 없는 것이 특징입니다.

역사

🔥

금보다 더 값진 향료, 시나몬

고대 이집트에서는 시나몬을 의약, 음료에 넣는 향료, 미라의 방부 처리를 위해 사용했습니다. 성서에도 여러 군데 언급되었는데, '출애굽기'에서 제사장 아론에게 신성한 기름을 붓는 재료였고 성소의 분향에도 쓰이는 귀중한 향료 중 하나였습니다.

시나몬을 의학적인 용도로 처음 사용한 것은 기원전 약 2700년경 중국이었습니다. 감기, 유행성 독감, 소화, 생리통, 류머티즘, 결석 통증 등 다양한 질병을 치료하는 데 쓰였습니다. 인도 아유르베다 의사들은 주로 소화불량, 월경불순에 시나몬을 사용했습니다.

1세기 로마에서는 시나몬이 은보다 15배 이상 비쌀 정도로 귀중한 향료다 보니 아랍 상인들은 원산지를 숨기면서 그리스와 로마에 시나몬을 공급했습니다. 이에 대해 기원전 500년 그리스의 역사가이자 '역사의 아버지'로 일컫는 헤로도토스Herodotos는 상인들이 시나몬의 값을 올리기 위해 허무맹랑한 이야기를 지어냈다고 기록했습니다.

시나몬이 생강Ginger과 함께 중요한 요리 재료로 중세 유럽에 알려진 것은 11세기부터 13세기까지 이어졌던 십자군 전쟁 때문이었습니다. 아라비아에서 이국적인 향신료가 유입되었는데 그중 하나가 시나몬이었습니다. 다양

1 시나몬과 카식아는 약사 전으로 오랫동안 혼동을 불러일으킨데, 약용 효능이 있는 시나몬은 시나모뭄 제일라니쿰(Cinnamomumum Zeylanicum)이며, 현재 가장 널리 사용되고 있는 시나몬은 중국 계피라고 불리는 카식아 시나몬(Cassia Cinnamon)으로 스리랑카, 중국, 인도네시아에서 재배됩니다. 카식아 시나몬은 히브리어 '결칭을 뜻하는' 단어 '카스타(Qasta)'에서 유래되었습니다. 매운 계피 맛이 특징이며 시나몬의 대용으로 캐이크, 쿠키 등 다양한 요리의 재료로 사용됩니다.
기원전 2700년 전 고대 중국의 신농 황제(Emperor Shen Nung)가 약초에 대해 저술한 《펜차오Pen T'Sao》에는 '인도의 시나몬이라는 의미인 'Ten-chu-kwei'리는 이름으로 기재되었고 또 다른 저적에는 'Kwei'리는 이름으로 인급되었습니다.

한 음식의 향미를 더한 시나몬은 향수, 사랑의 묘약으로 알려졌고 기침, 인후염, 최음제 등 여러 가지로 활용되었습니다. 이후 유럽에서는 중요한 동서 교역 품목이자 조공품이 되었습니다.

사치와 부를 상징하는 향신료에 관한 일화로 1530년 유럽의 한 상인이 자신의 부를 과시하기 위해 샤를 5세 앞에서 불 붙인 시나몬 가지로 왕의 서약서를 불태웠다고 합니다. 시나몬 수요가 급증하자 1536년에는 포르투갈이 실론(스리랑카) 섬을 점령해 유럽으로 가져갔고 이후 네덜란드, 영국이 차례로 점령해 시나몬에 아주 비싼 가격을 매겼습니다.

효능

천연 소화제이자 치료제인 시나몬

시나몬은 오랜 역사를 지닌 향료이자 치료제로 만성 설사, 류머티즘, 몸살, 복통, 위통, 심장 통증, 신장 질환, 고혈압 등에 사용되었습니다. 특히 몸과 마음을 따뜻하게 하고 활력을 더하는데, 추위로 인한 혈액순환 정체, 감기, 기관지 질환(카타르) 등의 증세를 완화합니다. 신경계에 원기를 불어넣어 스트레스 저항성을 길러주고 피로, 무기력, 의기소침함을 없애 긴장과 근심을 해소합니다.

시나몬 에센셜 오일은 강력한 방부, 항균, 항바이러스, 항곰팡이 효과를 내급성이나 만성 감염 질환의 예방과 치료에 효과가 있는 것으로 알려져 있습니다. 또한 위장 촉진제로 소화기관의 경련을 진정시키고 소화불량, 대장염, 복부팽만, 설사, 메스꺼움, 구역질 등에 도움을 줄 뿐만 아니라 소화액 분비를 촉진해 식욕을 자극합니다. 시나몬 에센셜 오일에 함유된 유게놀 Eugenol이라는 마취 성분은 류머티즘, 관절염, 근육통, 두통 등에 진통 효과가 있습니다. 또한 월경불순, 불감증, 백대하, 자궁 출혈, 생리통 등 다양한 여성 질환의 치료제로 사용되었습니다.

뛰어난 향기와 달콤한 맛을 지닌 시나몬 티는 혈액순환을 원활하게 하고 땀의 발산을 촉진해 열병, 독감, 기타 감염성 질환을 완화해주기 때문에 오랫동안 사랑받았습니다. 영국에서는 오래전부터 설사, 이질 등의 질병을 치료하기 위한 민간요법으로 우유에 시나몬 가루를 넣었다고 합니다.

조선 중기의 의관 허준이 쓴 〈동의보감〉에는 계피를 "성질이 달고 매우며 열이 많이 나고 독이 조금 있다"고 표현합니다. "속을 따뜻하게 해주고 혈맥을 잘 통하게 하며 위와 장을 튼튼히 하는 약재"로 기록되어 있습니다. 또한 살충 작용을 언급해 예전부터 방충제로 사용했음을 알 수 있습니다.

연구 결과

탁월한 항균, 살균력

'시나몬 에센셜오일의 구강 바이오필름 성숙 억제효과(정여진, 가천대학교, 2020)'에서는 시나몬 에센셜 오일의 항균 효과에 대해 연구했습니다. 구강 바이오필름에 존재하는 수백여 종의 미생물들이 상호작용해서 유발되는 구강 질환을 예방하는데 있어 시나몬 에센셜 오일이 효과가 있음을 증명했습니다.

동의보감에 나온 것처럼 시나몬의 진충 효과을 활용해 진드기 스프레이을 만들 수 있습니다. 0.1%소독용의 소량을 라벤더 에센셜 오일과 휘 에 블렌딩한 다음 침구에 분사하고, 10분 뒤에 이불을 털어주세요. 아이들의 경우에 스프레이한 실우 취침 시간 전에 뿌린 다음 이불을 털어야 피부 자극을 최소화할 수 있습니다.

연구자는 화학 합성 항균제의 대용으로 천연 유래 추출물인 시나몬 에센셜 오일을 이용한 구강관리용품의 개발을 기대할 수 있다고 밝혔습니다.

시나몬 바크, 레몬그라스, 로즈우드, 티트리 에센셜 오일을 활용해 제작한 손 소독제의 효능을 입증한 실험 결과도 있습니다. '4종 에센셜오일의 항균성 및 살균력(민혜진, 대전대학교 일반대학원, 2021)'에서는 기존 제품의 에탄올 함량을 낮추고 에센셜 오일을 소량 첨가할 경우 손의 탈수 증상을 완화하고 알코올 특유의 향을 낮춰 더 좋은 제품을 개발할 수 있다는 결론을 내렸습니다.

식물의 특성

따뜻하고 매혹적인 시나몬 향기

시나몬 나무는 열대에서 자라는 키가 작은 상록수로 높이 10m까지 자라며 향이 강한 껍질을 가지고 있습니다. 녹색의 매끄러운 잎은 얇고 질긴데 가늘고 긴 타원형으로 자라납니다. 스리랑카가 원산지로 이 지역에서 가장 많이 자생하지만 세이셸, 인도 남부, 마다가스카르에서도 자생하고 있습니다. 시나몬 나무의 껍질을 벗긴 다음 돌돌 말아 건조하면 시나몬 스틱을 만들 수 있습니다.

시나몬은 나무껍질, 잎에서 두 가지 종류의 에센셜 오일을 얻을 수 있습니다. 시나몬 나무껍질에서 수증기 증류로 추출한 오일은 짙은 노란색에 향이 매우 강하고, 잎에서 추출한 오일은 스파이시한 향이 납니다.

Cinnamon

학명	Cinnamomum verum, Cinnamomum zeylanieum
과	녹나무과(Lauraceae)
분포	인도, 동남아시아
추출 부위	잎, 나무껍질
추출 방법	수증기 증류법
노트	베이스 노트
화학적 분류	페놀(Phenols), 알데히드(Aldehydes)
화학 구성 성분	잎 - 유게놀(Eugenol) 80~95%(페놀계) 나무껍질 - 신남 알데히드(Cinnamic Aldehyde)(알데히드계)
특성	강력한 살균, 소독, 항균, 항진균, 소화계 강장(소화 촉진, 과민성 대장증후군, 구풍, 메스꺼움과 구역질 완화) 순환계 활성(워밍 효과) 호흡계 질환 완화(호흡기관 진균에 대한 항진균 효과) 통경과 진경(약간의 마취 효과로 통증 완화, 소화기관의 경련 완화) 자극과 흥분을 유발하는 유게놀(Eugenol), 신남 알데히드(Cinnamic Aldehyde) 성분을 다량 함유해 과량, 넓은 부위 사용은 삼가고 피부에 소량 사용하거나 발향으로 활용
Body	몸을 따뜻하게 하고 순환을 돕기 위해 소량을 희석해서 마사지 오일로 사용
Skin	통증, 동상, 습진, 소양증 완화를 위해 연고, 롤온 등으로 국소부위 극소량 사용
Mental	마음을 진정시키고 우울함을 완화하기 위해 발향법으로 활용
주의 사항	피부 점막에 자극이 될 수 있는 페놀 성분을 함유해 1~2방울 정도를 반드시 물에 희석해서 사용 임산부, 영유아, 뇌전증 환자, 신장 질환 환자는 사용 금지

Citronella

시트로넬라

—

상쾌한 레몬 향기가 나는 시트로넬라는 아열대 기후인
스리랑카, 인도네시아, 중국, 인도, 베트남 등에서
자라는 약용 식물입니다.
향수와 화장품의 원료로 다양하게 사용되며,
모기나 해충을 퇴치하는 대표적인 에센셜 오일로 알려져 있습니다.
스리랑카어로는 '판기리Pangiri'라고 부르며
억새를 닮아 '향수 억새'라는 별명이 있습니다.

역사

스리랑카에서 기원한 시트로넬라

인도와 스리랑카에서는 시트로넬라 잎으로 고약을 만들어서 베인 상처나 찰과상, 해열, 장 기생충, 소화 장애, 월경통, 발한제, 이뇨제, 자극제, 벌레 퇴치제 등 다양한 용도로 사용했습니다. 한의학에서는 류머티즘의 통증을 가라앉혀주는 약용 식물로 활용했습니다.

효능

◊

대표적인 해충 퇴치 에센셜 오일

시트로넬라 에센셜 오일은 마음을 고양시키는 작용으로 기분을 상쾌하게 하고 활력을 증진해 우울함을 완화하는 것으로 알려져 있습니다. 신경 안정 작용을 통해 신경통, 피로, 두통, 편두통을 완화하고 소화기계와 생식기계 질환 치료에도 효과가 있습니다. 특히 항균 효과가 뛰어나 몸살, 감기, 가벼운 감염증에 유용합니다.

또한 시트로넬라 에센셜 오일은 관절염, 류머티즘, 근육통, 신경통을 완화하고 면역력을 강화해 감기, 독감, 약한 전염성 질환에도 효과가 있습니다. 피부의 불순물을 제거하기 때문에 지성 피부에 알맞고, 지나치게 땀이 많은 다한증에도 효과가 있습니다. 뛰어난 방충제로 곤충, 모기, 벌레 퇴치용으로 사용합니다.

시트로넬라 잎으로 만든 티는 강장제, 해열제, 장 기생충 제거제, 자극제로 사용되었습니다.

연구 결과

탁월한 방충 효과

'천연 아로마 모기 기피제 시트로넬라와 시트로넬롤의 기피력 효과 측정(정은숙, 윤화경, 한국기술학회, 2005)' 논문 연구 결과에 따르면 15%와 30% 시트로넬라 에센셜 오일을 주입한 실험군의 모기가 대조군에 비해 감소하는 결과를 얻었습니다.

'3종의 에센셜오일의 안정성, 유효성 비교 및 화장품 응용에 관한 연구(이주회, 목원대학교 대학원, 2020)'에서는 로즈메리, 시트로넬라, 레몬그라스 에센셜 오일의 독성, 항산화, 항균, 화장품 안정성에 관한 실험을 진행했습니다. 그 결과 3종의 에센셜 오일은 농도를 조절해 사용할 경우 항산화력과 항균력이 뛰어나 화장품 소재로 활용될 수 있음을 입증했습니다.

식물의 특성

신선한 나무와 풀의 향기

시트로넬라는 레몬그라스, 팔마로사 등과 함께 향기를 가지고 있는 방향성 식물입니다. 열대형 목초 계열 식물군에 속하는 여러해살이 식물로 스리랑카가 원산지입니다. 한때 시트로넬라의 속명은 안도포곤Andopogon이었으나, 현재는 사임보포곤Cymbopogon류에 속한다고 알려져 있습니다. 높이 1.5~2m로 비교적 크게 자라는데 특히 야생에서 더 높게 자랄 수 있고 바다 근처에서 넓게 경작되기도 합니다.

잎은 길고 폭이 좁은 모양인데, 줄기와 잎을 자르면 레몬 향기가 나기 때문에 레몬그라스와 같은 무리임을 알 수 있습니다. 포엽(꽃을 싸고 있는 잎 구조)의

뒷면이 납작한 것이 레몬그라스와 다른 점입니다.

시트로넬라 잎을 수증기 증류법으로 추출한 에센셜 오일은 프레시하고 달콤한 향을 지녔습니다. 연한 노란색에서 갈색빛을 띤 에센셜 오일은 멘톨 Menthol의 향료 합성원료로 사용합니다.

Citronella

학명	Cymbopogon nardus
과	볏과(Granmineae, Poaceae)
분포	스리랑카, 인도 남부 열대 지역, 태국
추출 부위	식물의 잎, 줄기
추출 방법	수증기 증류법
노트	톱 노트
화학적 분류	알코올(Alcohols)
화학 구성 성분	시트로넬랄(Citronellal) 25~40% - 면역력 강화, 항염, 항바이러스, 살균 게라니올(Geraniol) 15~30% - 방충, 항바이러스, 신경계 이완 이외 다수 화학 성분
특성	방충 효과(곤충, 모기, 벼룩 퇴치용) 리프레시(편두통, 신경통 완화 및 개선) 피부 연화 작용(여드름, 지성 피부)
Body	벌레나 모기 퇴치에 사용, 맥박이 약하거나 근육 경련에 효과
Skin	소독과 방부 작용으로 피부 불순물 제거, 피지 조절에 효과가 있기 때문에 지성이나 트러블 피부에 도움이 됨
Mental	정신을 맑게 하고 상쾌한 기분을 느끼게 함
주의 사항	과량 사용할 경우 두통 유발

Clary Sage

클라리세이지

세이지의 학명인 샐비아^{Salvia}는
'건강하다'라는 뜻의 라틴어 '소주^{Sauge}' 또는
'치료, 구원'이라는 뜻의 '살베레^{Salvere}'에서 유래되었다고 합니다.
클라리는 '명료한'을 뜻하는 라틴어 '클라루스^{Clarus}'에서
비롯되었습니다.
세이지의 대표 품종은 '가든 세이지'로
고대 시대 악귀를 막아주고 다산을 상징하는 약용 식물로 사용했고
뱀에게 물린 상처에 처방되었습니다.
그러나 가든 세이지는 독성이 강하기 때문에
아로마테라피에는 클라리세이지 에센셜 오일을 사용합니다

신호와 전설

왕을 사랑한 요정

세이지는 속이 빈 참나무 속에 사는 요정이었는데, 숲으로 사냥을 왔던 왕이 이 요정에게 마음을 빼앗겼습니다. 세이지 역시 왕과 사랑에 빠졌지만, 영원히 살 수 없는 인간을 사랑한다는 것은 요정에게 죽음을 의미했습니다. 사랑을 확인한 왕과 세이지는 서로 포옹했지만 세이지는 곧 숨을 거두고 말았습니다. 그래서 사람들은 이 전설이 태양을 사랑해서 한없이 바라보다가 뜨거운 열기 속에 지는 세이지 꽃을 상징한다고 믿었습니다.

역사

로마군의 여정과 세이지

세이지는 고대 로마부터 장수의 영약이자 뇌, 근육을 강화하는 것으로 알려져 있었습니다. 로마 병사들이 점령지를 이동할 때마다 세이지 씨를 뿌리고 다녔기 때문에 세이지가 군락을 이루는 곳은 옛날 로마군이 지나갔던 길이라고 추측합니다. 로마인들은 이 약용 식물을 영국에 알리기도 했습니다.

고대 그리스인들은 세이지를 소중히 여겼는데 히포크라테스는 400여 가지의 약 중 하나로 이것을 꼽았고, 고대 그리스의 약학자인 디오스코리데스 Dioscorides는 세이지의 간 질환 치료 효능에 찬사를 보냈습니다. 또한 감각이 감퇴되거나 기억상실증에도 세이지가 도움을 준다고 여겼는데, 오늘날에도 그리스에서는 세이지 잎으로 만든 티를 즐겨 마시고 있습니다. 고대 그리스의 식물학자 테오프라스투스 Theophrastus는 기원전 300년에 세이지에 대해 저술했고, 고대 로마의 과학자이자 역사학자인 플리니우스 Gaius Plinius Secundus는 세이지를 '샐비아Salvia'라고 불렀으며 이뇨제, 국부 마취제, 수렴제 등으로 사용했다는 기록을 남겼습니다.

중세 초기에는 수도원에서 약용 식물로 많이 재배되었고, 프랑스인들은 세이지를 만병통치약이라는 뜻의 '투트 본Toute bonne'이라고 불렀습니다. 1639년 사이먼 파울리Simon Pauli가 약 400페이지 가량의 책을 썼는데, 대부분이 놀라운 효능을 가진 세이지에 대한 내용이었습니다. 성 시몬Saint. Simon은 태양왕 루이 14세가 세이지를 만병통치약으로 사용했다고 전했습니다. 1772년 〈영국 허브의 장점Virtues of British Herbs〉에서는 세이지를 규칙적으로 복용하면 수명 연장에 효과가 있다고 기록했습니다.

이탈리아 서남부에 있는 항구도시 살레르노Salerno 학교에는 다음과 같은 경구가 있습니다. "Cur morietur homo, cui salvia crescit in horto?(자신의 정원에 세이지를 키우고 있는 사람이 어떻게 사망하겠는가?)."

1938년 폴란드의 생물학자인 크로슈친스키Kroszcinski와 바이호프스카Bychowska는 세이지의 효능에 대한 연구를 진행했습니다. 그들은 세이지를 불감증, 난소 내 울혈, 통증, 월경이나 폐경으로 인한 땀 흘림에 사용할 것을 권장했습니다.

앙리 르클레르Henri Leclerc를 비롯한 프랑스의 많은 의사들은 세이지가 특히 여성의 건강을 돕는 데 여러 가지 효능이 있다고 주장했습니다. 월경 촉진제, 흥분제, 강장제, 땀 억제제, 진경제, 구풍제, 소독제 및 피를 맑게 해주는 역할까지도 한다고 칭송한 것입니다.

클라리세이지는 파인애플세이지, 퍼플세이지, 트리컬러세이지 등 다양한 품종 중 하나로 상큼한 향기를 지닌 약용 식물입니다. 17세기 영국의 식물학자인 니콜라스 컬페퍼Nicholas Culpeper는 클라리세이지의 씨앗에서 나오는 점액물을 습포로 사용하면 종양, 부기가 완화된다고 말했습니다.

효능

뛰어난 산부인과 치료제

고대 이집트인들은 세이지가 임신 가능성을 높여준다고 믿었고, 그리스인들은 기침과 호흡기 감염에 세이지로 만든 약을 복용했습니다. 인도의 약용 식물 치료사들은 구강, 인후 통증과 소화불량 완화를 위해 세이지를 처방했습니다. 프랑스에는 "세이지는 신경계통에 좋으며 중풍을 낫게 한다"는 말이 전해 내려옵니다.

〈살바토레의 아로마테라피 완벽 가이드〉의 저자인 살바토레 바탈리아 Salvatore Battaglia는 클라리세이지가 여성 질환 치료제로서 가장 중요한 오일이라고 했습니다. 여성으로서 생리 주기부터 출산, 폐경기까지 모두 클라리세이지의 도움을 받을 수 있기 때문입니다.

이처럼 클라리세이지는 사이프러스와 함께 산부인과 치료제이자 자궁 강화제, 통경제로 알려져 있습니다. 생리 전 긴장과 생리통을 완화해주고, 두근거림이나 얼굴이 붉어지는 등 갱년기 증상에도 효과적입니다. 출산할 때도 분만을 촉진할 뿐 아니라 산후 우울증에도 도움이 됩니다.

세이지 씨앗을 우려낸 물은 피로한 눈에 안정을 더하고 피지 분비를 조절해 지성 피부나 여드름이 난 피부, 기름진 모발과 비듬 등 두피 트러블에도 효과적입니다. 또한 여드름, 종기, 주름 개선에 도움이 되는 것으로 알려져 있습니다.

클라리세이지 에센셜 오일은 긴장을 이완하고 진정시키는 작용을 하기 때문에 스트레스로 인한 근육의 긴장, 결림, 뭉침을 풀어주는 역할을 합니다. 몸을 따뜻하게 하고 호르몬의 균형을 잡아주는 효과가 있고, 호흡기계에도 좋은 영향을 미쳐 천식 치료에 권장됩니다. 진정과 신경 강화 효과로 두통, 편두통 증상을 완화해 줍니다.

연구 결과

🔥

스트레스 완화 효과

'클라리세이지 및 라벤더 에센셜 오일 향 흡입이 여성 요실금 환자의 요역동학검사 시 스트레스에 미치는 효과(이윤희, 고려대학교, 2012)' 연구 논문 결과가 있습니다. 클라리세이지 에센셜 오일의 주성분은 에스테르계(Linalyl Acetate), 알코올계(Linabol, Sclareol), 탄화수소계(Pinene, Sesquit Erpenes) 등으로 구성됩니다. 클라리세이지의 강력한 이완 작용은 신경 안정, 정서적 균형 상태를 유지하며 스트레스 감소에 효과적이라고 알려져 있습니다. 연구 결과 5% 클라리세이지 에센셜 오일 향 흡입은 요역동학검사를 받는 여성들의 혈압, 호흡 수를 조절해 스트레스 완화에 긍정적인 효과가 있는 것으로 확인되었습니다.

'로즈와 클라리세이지 에센셜 오일을 이용한 전신 마사지가 중년 여성의 스트레스, 우울 척도 및 갱년기 증상 완화에 미치는 영향을 연구(김성자, 한채정, 대한피부미용학회 2010)' 논문을 보면 40~50대 중년 여성 30명을 선정해 실험을 실시했습니다. 그 결과 클라리세이지 에센셜 오일로 전신 마사지를 시행했을 때 스트레스, 우울 척도, 갱년기 증상 점수가 모두 유의적으로 감소했다는 결론을 내렸습니다.

'수면유도를 위한 라벤더와 클라리세이지 에센셜오일 흡입이 중년여성의 뇌파변화에 미치는 영향(이채영 외, 한국웰니스학회, 2021)'에서는 수면유도의 도구로써 에센셜 오일의 임상적 활용성을 연구했습니다. 실험 결과 클라리세이지 오일이 뇌파의 느린 리듬을 유도하여 수면을 유도하는데 가장 큰 영향력이 있었고 그 다음이 라벤더였습니다.

'클라리세이지 및 리나릴 아세테이트 향흡입이 항암치료 전 환자의 불안 및 스트레스 수준에 미치는 영향(김문숙, 고려대학교 교육대학원, 2021)'에서는 클라리세이지 에센셜 오일의 주요 성분인 리나릴 아세테이트의 항불안 및 항스트레스 효과에 주목했습니다.

실험 결과 5% 클라리세이지와 5% 리나릴 아세테이트를 향흡입한 경우 항암치료 전 환자의 불안과 스트레스 수준이 효과적으로 감소되었습니다.

'자발성 뇌출혈 환자에서 클라리 세이지 오일 향흡입이 인지기능 및 혈압에 미치는 효과(김미란, 고려대학교 교육대학원, 2018)'는 클라리세이지의 항고혈압, 항스트레스 효과 등 다양한 약리학적 특성을 연구했습니다. 그 결과 클라리세이지 에센셜 오일의 향흡입이 인지기능 장애와 고혈압을 조절해 삶의 질을 개선하고, 재출혈 예방에 기여한다는 결론을 내렸습니다.

식물의 특성

강한 향기를 지닌 허브

세이지는 꿀풀과에 속하는 여러해살이 초본으로 줄기는 높이 1~1.5m까지 자라고 포기 전체가 강한 향이 납니다. 유럽 남부가 원산지로 현재는 정원용 허브로 광범위하게 재배되고 있습니다. 여름부터 가을까지 옅은 푸른색, 보라색, 핑크색의 아름다운 큰 꽃을 피우고, 점액질의 씨는 눈의 이물질을 제거하는 데 사용했습니다. 꽃과 잎을 수증기 증류 방법을 통해 에센셜 오일을 추출하는데 달콤한 견과류의 허브 향을 지녔습니다[1].

---

1 에센셜 오일을 블렌딩해서 향수를 만들 때 클라리세이지는 구원투수 역할을 합니다. 좋아하는 에센셜 오일을 블렌딩했는데 이 향도 저 향도 아닌 것 같은 애매한 향이 되었다면 클라리세이지를 활용해보세요. 산뜻하고 생생한 느낌의 향기를 느낄 수 있습니다.

Clary Sage

학명	Salvia sclarea
과	꿀풀과(Labiatae)
분포	중앙 유럽, 러시아, 영국, 모로코, 미국
추출 부위	꽃, 잎
추출 방법	수증기 증류법
노트	톱 미들 노트
화학적 분류	에스테르(Esters), 알코올(Alcohols), 모노테르펜(Monoterpenes)
화학 구성 성분	에스테르(Esters) 50~78% - 항진균, 항염, 진경, 호르몬 조절 리나롤(Llinalool) 6~25% - 신경 안정, 살균, 항염, 항바이러스 외 게르마크론(Germacrone), 스클라레올(Sclareol), 미르센(Myrcene), 피넨(Pinene)
특성	살균, 소독(지성 피부와 모발, 여드름) 진정과 진경(생리통, 근육 경련, 경련) 항바이러스와 항염(천식) 항우울(스트레스, 우울증, 산후 관리) 소화(과민성 대장증후군, 설사, 복통, 소화불량, 배앓이) 호르몬 균형(월경 촉진, 무월경, 불규칙적인 주기, 생리전증후군, 폐경기)
Body	살균, 소독, 진정, 진경에 도움, 여성호르몬 조절에 관여
Skin	피지 조절로 지성 피부와 모발, 트러블 피부에 효과적
Mental	불안, 스트레스 완화에 도움
주의 사항	음주 전후, 임산부 사용 금지

Cypress

사이프러스

사이프러스는 530만~180만 년 전까지 거슬러 올라가는
오래된 나무종입니다.
이탈리아 북부 롬바르디아에 있는 사이프러스는
유럽에서 가장 나이가 많은 나무로 알려져 있습니다.
높이 37m에 달하는 이 나무는
기원전 1세기 로마의 카이사르 시대부터 있었는데,
나폴레옹은 도로를 건설하면서 이 나무를 베지 못하게 했다고 합니다.
사이프러스의 학명은 그리스어로 '영생'을 의미하는 단어
'셈페르비렌스^{Sempervirens}'에서 유래했고,
속명의 '쿠프레수스^{Cupressus}'는
원산지인 키프로스 섬의 지명에서 비롯된 것입니다.

신화와 전설

그리스 로마 신화에서 사이프러스는 죽음, 슬픔을 상징합니다. 태양의 신 아폴론은 키파리소스라는 소년을 총애했는데, 소년은 케오스 섬에 사는 수사슴과 친구였다고 합니다. 어느 날 창을 잘못 던져 수사슴을 죽이고만 키파리소스는 슬픔을 견디지 못해 죽으려고 했지만 아폴론이 허락하지 않았습니다. 키파리소스는 아폴론에게 자신을 영원히 애통해하는 존재로 만들어주기를 간청했고, 아폴론은 그를 사이프러스로 만들었습니다.

그리스인들은 사이프러스를 지하 세계의 신인 하데스에게 봉헌해 죽음, 영원이라는 의미를 부여했습니다. 이러한 이유로 지중해 연안에서는 무덤에 사이프러스를 심었고 이 관습은 수 세기 동안 지속되었습니다.

비너스는 사랑하는 아도니스를 잃었을 때 사이프러스 잔가지로 만든 화환을 머리에 쓰고 애도했고, 비극의 여신 멜포메네도 사이프러스 왕관을 썼습니다. 이집트에서는 사이프러스 나무로 만든 관에 미라를 넣었고, 그리스와 로마에서는 사이프러스를 주로 묘지에, 페르시아에서는 불의 신전 주위에 심었습니다. 성서에 나오는 십자가와 노아의 방주 역시 사이프러스 나무로 만들었다고 합니다.

역사

고대 이집트의 파피루스에는 사이프러스가 처음 의약품으로 사용된 기록이 남아 있습니다. 고대 그리스에서는 결핵 증상을 완화하기 위해 사이프러스를 사용했다고 합니다.

1세기 그리스의 약학자인 디오스코리데스^{Dioscorides}와 의사이자 로마 아우렐리우스 황제의 시의였던 갈렌^{Galen, Claudius Galenus}은 방광염과 내부 출혈에 몰약, 사이프러스 잎 우린 것을 권했다는 기록이 있습니다.

17세기 영국의 식물학자인 니콜라스 컬페퍼^{Nicholas Culpeper}는 "대부분 사이프러스의 솔방울을 사용하고 잎은 드물게 사용한다. 이것을 말려 섞으면 계속적인 출혈, 설사, 이질, 과다한 생리 출혈, 요실금 등을 멎게 하는 데 유용하다. 잇몸의 출혈을 막고 느슨한 치아를 단단하게 고정하며 지혈성 수렴제, 습포제로 쓰인다"고 기록했습니다.

의사인 앙리 르클레르^{Henry Leclerc}는 혈관 수축제로서의 효능을 확인했고, 정맥류나 치질 같은 혈액순환 계통의 질환에 처방해야 한다고 말했습니다. 제2차 세계대전에 참전했던 군의관 장 발네^{Jean Valnet}는 기침과 기관지염에 사이프러스를 사용했습니다.

효능

🔥

수렴과 신체 리듬 조절

사이프러스의 잎과 솔방울은 수렴^{收斂} 효과가 있어 오래전부터 귀중한 약재로 사용되었습니다. 부종, 비만, 정맥류 등에 효과가 있고 감기, 기관지염, 천식 등으로 인한 기침에 도움을 줍니다. 사이프러스 열매는 여성의 난소와 비슷한 모양인데 예로부터 여성 신체 리듬을 조절하는 데 사용되었습니다. 그래서 생리 불순, 월경 과다, 폐경기 증상을 완화해준다고 합니다.

수렴성과 수분 밸런스 작용이 뛰어나 여드름, 지성 피부에 적합하며 사이프러스 에센셜 오일로 마사지를 하면 혈액순환을 촉진하고, 혈관 수축 작용을 하기 때문에 하지 정맥류와 치질 에도 도움이 됩니다.

연구 결과

♦

아토피 피부염과 알러지성 천식 억제에 유효한 사이프러스

'DNCB로 아토피피부염을 유발한 NC/Nga mice에서 사이프러스 에센셜 오일의 효능에 관한 연구(박찬익, 대한본초학회, 2017)'는 아토피 피부염에 관한 실험을 실시했습니다. 그 결과 사이프러스 에센셜 오일을 직접 도포하는 것뿐만 아니라 코로 흡입하는 방법도 아토피 피부염으로 인한 여러 가지 증상을 효과적으로 완화할 수 있다고 밝혔습니다.

'사이프러스 정유 흡입이 취업준비 대학생의 스트레스 지수에 미치는 영향에 관한 연구(이선미, 한국니트디자인학회, 2018)'를 살펴보겠습니다. 이 논문에서는 사이프러스 에센셜 오일이 심장의 활동성을 증가시켜 신체가 스트레스 환경 변화에 원활하게 대처해 스트레스 지수를 감소시킨다고 합니다. 또한 천식의 증상 완화, 항균작용뿐 아니라 스트레스에 대한 뇌의 반응에도 긍정적인 영향을 미친다는 것을 실험을 통해 증명했습니다.

'마우스 모델을 이용한 사이프러스 오일의 알러지성 천식 억제 효과(승윤철 외, 한국디지털정책학회, 2015)'에서는 항알러지 효과에 주목했습니다. 연구 결과 사이프러스 에센셜 오일은 천식 억제에 유효하며 알러지성 천식의 치료 보조제가 될 수 있을 것이라는 결론을 내렸습니다.

식물의 특성

상쾌한 나무 향의 사이프러스

높이 25~45m까지 자라는 사이프러스는 지중해 동부 지역이 원산지이며 가느다란 가지를 가진 원추형의 큰 침엽수입니다. 작고 둥근 꽃을 피우며 회갈색 솔방울 모양의 열매를 맺는데 에센셜 오일은 짙푸른 잎과 잔가지에서 수증기 증류법으로 추출됩니다. 에센셜 오일은 신선하고 달콤한 발삼 향과 약간의 시트러스 향이 어우러진 것이 특징입니다.

Cypress

학명	Cupressus sempervirens
과	측백나무과(Cupressaceae)
분포	지중해 동부 지역, 프랑스 남부, 북아프리카, 스페인, 포르투갈, 발칸반도
추출 부위	잔가지, 잎, 열매
추출 방법	수증기 증류법
노트	미들 노트
화학적 분류	모노테르펜(Monoterpenes)
화학 구성 성분	알파피넨(α-pinene) 20.4% - 피톤치드의 주성분으로 살균, 방부, 수렴, 항균, 항바이러스 캄펜(Camphene) 3.6% - 항곰팡이, 항염, 살균, 항산화, 해열, 혈액 순환 사비넨(Sabinene) 2.8% - 항염, 항균, 항알레르기, 이뇨
특성	항균, 살균, 항염, 항바이러스(급성 및 만성 기관지염, 백일해) 혈액 활성화(울혈 제거로 정맥류 관리) 통경과 진경(경련성 생리통, 복통 완화) 방부와 수렴(여드름, 지성 피부 관리, 땀 분비 조절, 치질, 모세혈관 관리)
Body	정맥을 강화하고 혈관 수축에 효과적, 지방질을 분해하고 과다한 땀 분비 조절. 원활한 혈액순환
Skin	수렴 작용, 피지 조절, 노화 관리
Mental	신경계의 균형, 집중력 향상
주의 사항	임산부 사용 금지

Everlasting
에버래스팅

태양을 닮은 황금빛 꽃,
오랫동안 색과 모양을 유지하는 특성 때문에
많은 별명을 가지고 있는 식물입니다.
수천년 전부터 많은 나라에서 널리 사용해온
약용 식물이자 향신료입니다.
프랑스, 이탈리아, 터키 등의 지중해와
포르투갈, 스페인에서 자생하는 식물로
'항상 기억하라', '슬픔은 없다'라는 독특한 꽃말을 가지고 있습니다.
달콤한 벌꿀과 풀, 흙의 냄새를 함께 가지고 있어
마음을 편안하게 해주는 진정 작용을 합니다.
특히 피부 트러블에 관련된 효능을 가지고 있어
여성들에게 친숙한 에센셜 오일입니다.

역사

강한 향기를 지닌 태양을 닮은 꽃

에버래스팅은 헬리크리섬Helichrysum, 이모텔Immortelle, 강한 향기가 커리와 비슷하다고 해서 커리 플랜트Curry Plant 등 다양한 이름을 가지고 있습니다. 헬리크리섬은 'Helios(태양), Chrysos(황금)'이라는 그리스어에서 유래되었는데, '작은 태양을 닮은 꽃'이라는 뜻입니다.

에버래스팅을 건조시키면 꽃의 형태와 색상이 그대로 유지되기 때문에 '영원한, 변치 않는(Everlasting)', 혹은 '불멸의, 불사의(Immortelle)'를 뜻하는 이모텔이라고 합니다. 식물 전체에 수분이 적기 때문에 만지면 바스락거리는 종이 같은 질감을 느낄 수 있다고 해서 '종이꽃, 밀짚꽃'으로도 알려져 있습니다. 지중해 연안이 원산지이며 북아프리카, 이탈리아, 옛 유고슬라비아, 스페인, 프랑스 등에서 경작됩니다.

에버래스팅은 고대 그리스 때부터 의학적 목적으로 다양한 증상 치료에 사용되었습니다. 중세 유럽에서는 집안 바닥에 라벤더, 민트, 로즈메리, 캐모마일, 타임 등 여러 종류의 허브를 갈대, 덤불, 짚과 함께 섞어서 깔았는데 그 위를 걸을 때마다 기분 좋은 향기가 날 뿐만 아니라 해충을 막는 데도 도움이 되었습니다. 이러한 스트루잉 허브Strewing Herb에 에버래스팅도 활용되었습니다.

유럽에서는 천식, 관절염, 두통의 치료약으로 사용되었고 지금도 두통이나 편두통일 생길때면 달여서 마신다고 합니다. 고대 인도의 전통의학인 아유르베다에서는 기관지염증, 염좌, 소화기, 흉터, 피부병 등의 다양한 증상의 치유에 에버래스팅을 사용했습니다.

효능

🔥

항균, 항염과 피부 트러블에 유용한 에버래스팅

에버래스팅은 특히 항균, 항염 효과가 뛰어난 것으로 알려져 있는 오일입니다. 항염 작용으로 기관지염, 류머티스 관절염, 근육통의 완화를 돕고, 항균성과 항염증 성분은 알레르기 등 피부와 관련된 다양한 증상에 유용합니다. 이처럼 피부 관리에 탁월한 효과를 가지고 있는 에버래스팅은 특히 노화, 재생, 민감 피부 진정, 피부 발진, 가려움증 완화 등에 효과가 있습니다. 기관지 케어 면에서는 거담, 점액 용해, 박테리아 바이러스 예방에 도움이 되며 또한 에버래스팅에 함유된 베타다이온이라는 케톤 성분은 혈종을 완화하기 때문에 타박상이나 독소 배출에 효과적입니다.

심리적 진정 효과도 뛰어나 분노, 우울증, 트라우마 등의 증상을 완화하는 것으로 알려져 있습니다.

연구 결과

🔥

피부 개선, 세포 독성 방어 효과

'햄프씨드 오일과 햄프씨드-헬리크리섬 혼합오일이 mice의 유발된 아토피 피부염에 미치는 영향(박신희, 조선대학교 대학원 보완대체의학과, 2019)'에서는 식물성 오일인 햄프시드 오일만을 사용했을 때보다 에버래스팅 오일을 함께 블렌딩했을 때 피부 개선 효과가 큰 것으로 밝혀졌습니다.

'치매유발물질인 알루미늄에 대한 배양 대뇌신경교세포의 손상에 대한 에버래스팅오일의 보호효과에 관한 연구(유영월, 원광대학교 동서보완의학대학원, 2011)'를 살펴보겠습니다.

치매 유발제인 염화알루미늄(AlCl₃)의 세포독성에 대한 에버래스팅 오일의 영향을 연구한 결과 세포 독성을 방어하는데 효과적인 것으로 나타났습니다. '실버여성의 피부건조증에 특정 에센셜 오일이 미치는 영향(정유경, 중앙대학교 의약식품대학원, 2007)'에서는 라벤더, 에버래스팅, 샌들우드 등 3가지 에센셜 오일을 블랜딩해서 실험했습니다. 그 결과 캐리어 오일만 사용한 그룹에 비해 수분 보유도와 피부 유분량이 크게 증가했습니다.

식물의 특성

에버래스팅은 강한 향기를 가지고 있는 식물로 주로 햇빛이 풍부하고 건조한 곳에서 재배합니다. 전 세계에 약 600여 종이 분포하고 있지만, 에센셜 오일을 생산하는 주요 종은 소수입니다.

주로 개화한 꽃과 꽃대를 증류해 에센셜 오일을 추출하는데 연노란색의 강하고 확산성이 있는 독특한 향기를 지니고 있습니다. 달콤한 벌꿀이나 과일을 연상케 하는 향은 풀과 흙의 냄새를 함께 가지고 있어 편안한 느낌을 주는 것이 특징입니다.

Everlasting

학명	Helichrysum italicum / Helichrysum angustifolium
과	국화과(Astracea/ Compositae)
분포	코르시카(지중해성 기후)
추출 부위	개화한 꽃, 꽃대
추출 방법	수증기 증류법
노트	미들 베이스 노트
화학적 분류	에스테르(Ester)
화학 구성 성분	에스테르계 Neryl acetate 27% 이상으로 주성분은 염증 완화, 상처 치유에 도움 / 모노테르펜 하이드로카본계 15% / 알데하이드계 10% / β-selinene(6%), β-caryophyllene(5%), α-curcumene(4%), α-selinene(3.6%), 4,7-dimethyl-6-octen-3-one, italidone(8%), 6-dione, bisabolane hydroxy-ketone(2%)
특성	순환계 촉진(타박상), 해독 작용(림프 마사지), 항염증성(알레르기 피부, 습진, 류머티스성 관절염)
Body	혈액정화 능력, 림프 독소 배출 도움, 담즙 촉진
Skin	피부 알레르기, 습진, 발진, 건선 치료, 재생이 필요한 염증 피부
Mental	면역증진 도움
주의 사항	무독성

Eucalyptus

유칼립투스

호주와 태즈메이니아가 원산지인 유칼립투스 나무는
높이 약 100m까지 자라기 때문에
지구상에서 가장 큰 나무로 꼽히고 있습니다.
시원하고 상쾌한 향이 나는 유칼립투스는 옅은 청녹색의 두꺼운 잎과
모자처럼 생긴 얇은 막에 싸인 꽃봉오리를 가지고 있습니다.
속명인 유칼립투스는 '뚜껑이 잘 덮여 있다'는 뜻으로
꽃봉오리가 꽃받침으로 덮여 있는 모습에서 유래했습니다.
그리스어로 '좋다'는 뜻의 '유eu'와
'덮인'이라는 뜻의 '칼립토kallyptos'가 합쳐진 것입니다.
영어 이름은 '검 트리Gum Tree'인데
유칼립투스 나무에서 점액질의 수액이 나오기 때문입니다.

신화와 전설

에덴 동산의 유칼립투스

유칼립투스는 '아담의 나무'로 알려져 있습니다. 구약성서의 창세기에서 아담이 하나님을 경배하기 위해 에덴 동산에 유칼립투스를 심었다는 것입니다. 에덴 동산이라고 추정되는 이라크의 쿠르나에 조성한 아담 동산에는 아담이 심은 유칼립투스의 씨앗이 퍼져 자란 나무가 있다고 합니다.

역사

❖

열병과 전염병 치유

키가 큰 유칼립투스 나무는 뿌리에 많은 물을 저장하고 있습니다. 그 뿌리는 가뭄에 유용한 식수 공급원이었습니다. 호주 원주민들은 유칼립투스 잎을 으깬 오일로 연고와 크림을 만들었고, 가벼운 상처와 진균 감염을 치료했습니다. 상처가 심한 경우에는 잎을 동여맸고, 불린 생잎에서 추출한 증기를 들이마시면 부비동 과 비강이 시원해지는 효과가 있었습니다.

프랑스의 자연학자인 드 라빌라디에르$^{De Labilardiere}$가 유칼립투스를 발견한 후 '열병 나무'로 알려졌습니다. 감염 예방에도 큰 역할을 할 뿐 아니라 말라리아 감염 시 열을 내리는 데 도움이 됩니다. 또한 천식 치유를 위해 건조한 잎을 담배피에 말아서 피우기도 했습니다.

1852년 약사인 조셉 보시스토$^{Joseph Bosisto}$가 호주에서 유칼립투스 에센셜 오일의 상업적 증류를 시작하자 여러 나라로 수출되면서 서양 전통 의학과

1 부비동 코 주변 뼈 속에 형성된 공간.

허브 의학에 빠르게 자리 잡게 됩니다. 1870년에는 화학자 프랑수아 스타니슬라 클로에즈Françoise Stanislas Cloez가 주성분인 유칼립톨Eucalyptol을 발견했고, 1880년대에는 의사들이 유칼립투스 에센셜 오일을 살균제로 사용하기 시작했습니다. 또한 제1차 세계대전 중 수막염을 예방하기 위해, 1919년에는 인플루엔자 치료를 위해 유용하게 사용되었습니다.

효능

◊

살균 효과가 뛰어난 유칼립투스 에센셜 오일

700개가 넘는 변종이 있는 유칼립투스는 여러 가지 에센셜 오일을 생산합니다. 바이러스 감염에 효과가 좋은 좁은 잎 유칼립투스, 점액성 대장염에 효과가 있는 페퍼민트 향 유칼립투스, 류머티즘 통증을 완화하는 레몬 향 유칼립투스 등이 있습니다.

정신을 맑고 상쾌하게 해주는 유칼립투스 에센셜 오일은 활력을 불어넣고 집중력 향상에도 도움이 됩니다. 또한 두통, 신경통, 신경쇠약 등 신경계 치료에 효과가 있고 류머티즘 통증, 근육통, 신경통을 완화합니다.

유칼립투스 에센셜 오일은 항박테리아와 항바이러스 작용으로 감기, 부비강염, 후두염, 만성 기관지염에 도움이 되는 것으로 알려져 있습니다. 또한 폐의 기능을 강화시키는 유칼립투스는 전반적으로 호흡 기능을 높이고 적혈구의 산소 운반 능력을 높이는 데 효과가 있습니다.

가래를 제거하고 항염 효능을 가진 대표적 오일로 기침, 기관지염, 인후염,

천식, 폐렴 등 주로 호흡기계의 문제에 사용합니다 . 소화기계 질병에도 효과가 탁월해 '시드니 페퍼민트'라고 불릴 정도입니다. 그리고 살균력이 뛰어나 생식기, 요도에 좋은 영향을 주어 방광염, 여성 대하의 치료에도 유용합니다.

살균과 정화 효과로 피부를 맑게 해주는 유칼립투스 에센셜 오일은 화상, 벌레 물린 곳, 수포가 생겼을 때 사용할 수 있고 햇빛에 그을린 피부를 진정하는 효과도 있습니다. 두피의 가려움증과 비듬을 완화하고 유·수분막을 형성해 건강하게 유지해주기도 합니다. 코막힘이나 알레르기 비염 증상을 가라앉히고 구강 내 염증, 잇몸 출혈을 완화합니다. 특히 벼룩이나 모기 등 해충을 쫓고 살충 효과가 뛰어나며, 공기를 정화하고 탈취 효과가 탁월한 것이 특징입니다.

연구 결과

항산화, 폐 기능 활성화, 통증 치료 효과

'유칼립투스 오일의 항산화 작용이 혈액순환에 미치는 영향(김유정, 대전대학교, 2009)' 논문에서는 유칼립투스의 호흡 요법이 가장 대중적이며 축농증, 비염, 호흡기 질환, 심신 안정, 스트레스 해소에 대표적인 효능이 있다는 것에 주목했습니다. 흰 쥐에게 독성 물질을 투여하고 유칼립투스 아로마 요법을 실시한 결과 ROS(혈중 활성산소량), SOD(항산화 효소)가 감소했고, 간 조직의 복구 효과가 있다는 결론을 내렸습니다.

※ 환절기 아이들의 감기를 예방하기 위해 유칼립투스 에센셜 오일 홈 케어을 추천합니다. 종이컵에 따뜻한 물을 반 정도 채운 다음 유칼립투스 1방울을 떨어뜨리세요. 눈을 감은 채 종이컵에 코를 가까이 대어 호흡하면 됩니다. 간단한 방법이지만 아침저녁으로 해주면 효과가 아주 좋아요.

'유칼립투스 아로마요법이 폐활량 증진에 미치는 효과(이정순, 영산대학교, 2010)' 연구 논문도 있습니다. 향 흡입, 복부 마사지를 통해 유칼립투스 아로마 요법을 실시한 연구에서 대조군과 실험군 사이에 폐활량의 차이가 있다는 결론을 내렸습니다.

VDT 증후군으로 인한 근골격계의 동통에 유칼립투스, 로즈메리 에센셜 요법이 효과가 있는지 대해 연구한 결과도 있습니다. 유칼립투스 에센셜 오일의 주성분은 1, 8-시네올, 글로불루스, 에피글로부롤 등입니다. 이와 같은 성분은 진통, 소염, 항류머티즘 작용을 통해 근육통, 신경통, 관절염, 류머티즘으로 인한 통증을 치료하는 데 효과가 있다고 알려져 있습니다. 연구 결과 견관절의 통증은 아로마 에센셜 오일을 사용한 실험군이 대조군에 비해 현저한 경감 효과를 보였습니다.

'라벤더, 레몬, 유칼립투스 혼합 에센셜 오일이 아토피피부염 동물 모델의 Th2 관련 인자에 미치는 영향(김현아 외, 대한약침학회지, 2010)' 논문 결과 Th2 관련 인자의 조절을 통해 아토피 피부염 유발 동물 모형에 대해 효과가 있을 것이라고 추정했습니다.

'유칼립투스 향이 알코올중독 회복환자의 스트레스 완화에 미치는 영향(김외숙, 충남대학교 대학원, 2020)'을 살펴보겠습니다. 실험 결과 유칼립투스의 원에 치료 후 스트레스 개선 효과가 나타났고, 대조군과의 비교에서 신체 지수와 총 스트레스 지수가 개선되었습니다.

'유칼립투스 향이 스트레스 완화와 구취 및 비취에 미치는 영향(김진영, 단국대학교 대학원, 2017)'에서는 직장인을 대상으로 실험했습니다. 그 결과 유칼립투스 향흡입이 스트레스 완화와 구취, 비취, 세균 감소에 효과가 있으며, 스스로 쉽게 적용할 수 있기 때문에 가정요법으로 보편화할 수 있다는 결론을 얻었습니다.

식물의 특성

❦

지구상에서 가장 크고 빨리 자라는 나무

유칼립투스속은 680종이 넘는데 대부분 호주가 원산지이며 스페인, 포르투갈, 중국에서 주로 재배됩니다. 유칼립투스는 매끄러운 껍질에 얼룩덜룩한 무늬가 있는 것이 특징으로 흰색으로 무리지어 피는 꽃은 수술이 많고, 단추 모양의 둥근 열매가 열립니다.

유칼립투스 잎은 길이 30cm까지 자라는데, 잎에는 곤충의 접근을 방지하는 에센셜 오일이 풍부해 향기가 강한 편입니다. 질긴 회녹색 잎을 수증기 증류해 에센셜 오일을 추출하는데 시트로넬라와 비슷한 신선한 향기를 가지고 있습니다.

Eucalyptus

학명	Eucalyptus Globulus
과	도금양과(Myrtaceae)
분포	호주, 중국, 포르투갈, 브라질
추출 부위	잎, 잔가지
추출 방법	수증기 증류법
노트	톱 노트
화학적 분류	옥사이드(Oxides)
화학 구성 성분	유칼립투스 블루말레(Eucalyptus Polybractea(Blue Mallee)) - 1, 8-cineole 91.9% / 유칼립투스 글로불루스(Eucalyptus Globulus) - 1, 8-cineole 69.1% / 유칼립투스 라디아타 (Eucalyptus Radiate)- 1, 8-cineole 57~75% / 유칼립투스 레몬(Eucalyptus Citriodora) - 1, 8-cineole 2% / 시트로넬랄(Citronellal) 56.3% / 시트로넬롤(Citronellol) 7.8% / 유칼립투스 다이브(Eucalyptus Dives) - 1, 8-cineole 0.45% / 피페리톤(Piperitone) 40~50%
특성	발적제(관절염, 순환장애, 류머티즘), 진통제(류머티즘, 근육통, 두통), 항바이러스, 항균(감기, 상처, 종기, 피부염, 기관지염, 헤르페스, 여드름), 방충제, 살충제, 해열제
Body	감기 예방 효과. 기침, 가래 완화
Skin	일반적으로 사용하지 않지만 소량을 적절하게 사용할 경우 혈액순환 촉진, 피부 탄력 증가, 산소 공급
Mental	정신과 신체의 균형을 이루고 마음을 강하게 함
주의 사항	임산부 사용 금지

Fennel

펜넬

———

'회향'이라고 알려져 있는 펜넬은 오랜 역사를 자랑하는
약용 식물이자 향신료입니다.
펜넬이라는 이름은 '작은 건초'를 의미하는
라틴어 페니쿨룸^{Foeniculum}에서 유래되었습니다.
갓 말린 펜넬 잎의 향이 건초 냄새와 비슷해서 붙여진 것입니다.
펜넬은 예배의 씨앗^{Meeting House Seed}이라고도 불립니다.
그 이유는 미국에 이주한 청교도들이 펜넬을 손수건에 싸서
예배당에 가지고 가 설교가 길어지면
달콤한 박하 향이 나는 펜넬 씨를 씹으면서
시장기를 면하고 지루함을 달랬기 때문이라고 합니다.

신화와 전설

프로메테우스의 불

그리스 신화에 등장하는 펜넬은 제우스가 감췄던 불을 훔쳐서 인간에게 준 프로메테우스와 관련이 있습니다. 프로메테우스가 태양의 불을 훔쳐서 펜넬 줄기에 옮겨 붙인 다음 몰래 숨겨서 지상으로 내려왔기 때문입니다.

역사

🔥

젊음의 비결, 펜넬

펜넬은 고대 이집트, 그리스, 로마, 인도의 의술과 식재료에 쓰였을 정도로 오랜 역사를 지녔습니다. 고대 이집트의 무덤에서 발견된 파피루스 의서에도 펜넬 재배에 대한 내용이 있다고 합니다.

펜넬의 이뇨 작용이 체중을 조절하는 효과가 있다는 것을 안 것은 고대 그리스인들이었습니다. 그리스인들은 펜넬을 '마라트론Marathuron'이라 불렀는데 '여위다'라는 뜻의 '마라이노Maraino'라는 말에서 비롯되었습니다. 건강과 장수를 돕는 것으로 유명해 올림픽 경기를 준비하는 선수들이 펜넬 씨를 복용했다고 전해집니다.

그리스의 약학자인 디오스코리데스Dioscorides와 히포크라테스Hippocrates는 펜넬이 모유 촉진에 도움을 준다고 했는데, 현재에도 모유 촉진에 도움을 주는 약용 식물로 알려져 있습니다. 1세기경 로마의 학자 플리니우스Gaius Plinius Secundus는 22가지 치료제에 펜넬을 넣었고, 뱀이 탈피를 끝낸 뒤에 시력을 회복하기 위해 펜넬을 먹는다고 기록했습니다. 이후 눈의 피로와 자극을 완화하기 위해 사용했습니다. 중국인과 인도인들은 뱀에 물렸을 때 치료약으로 활용했습니다.

고대 로마 시대에 펜넬은 강장, 장수와 함께 시력을 높이는 효과가 있다고 여겨져 많이 재배되었고, 특히 펜넬 끓인 물로 갓난아이의 눈을 씻어주는 풍습이 있었다고 합니다. 로마인들은 소화를 돕기 위해 식후에 펜넬 씨로 만든 케이크를 먹었는데, 달콤하면서도 마른 건초와 비슷한 향 때문에 '페니쿨룸Foeniculum'이라고 이름 지었습니다. 이처럼 고대부터 다양하게 활용된 펜넬은 가스 배출, 이뇨, 강장 효능이 주목받았고 시력과 청력을 향상하는 것으로 알려졌습니다.

8세기 프랑크 왕국의 샤를마뉴Charlemagne 대제는 자신의 정원에서 키울 식물 중 하나로 펜넬을 골랐고, 12세기 독일 빙엔의 수녀원장 성 힐데가르트Hildegard von Bingen는 펜넬에 수많은 약효 성분이 있다고 말했습니다.

르네상스 시대 유럽에서는 이뇨 작용이 뛰어난 펜넬을 비만 방지와 체중 감량제로 사용했고, 통증과 고통을 완화해주고 정력과 건강을 회복시키는 젊음의 비결이라고 해서 목욕제로 사용했습니다. 중세 시대에는 세인트 존스 워트 허브와 함께 악마의 힘에 대항하기 위해 집이나 교회의 문 위에 매달아 놓았다고 합니다. 제롬 브런츠윅Jerome Brunschwig이 1500년에 쓴 〈증류의 예술the Art of Distillation〉이라는 책에서는 에센셜 오일 중 펜넬이 처음으로 언급되었습니다.

19세기에는 펜넬을 강장제, 건위제, 산모의 젖을 돌게 하고 월경을 촉진하며, 구풍제 역할을 하는 것으로 분류했습니다. 프랑스의 의사 앙리 르클레르Henry Leclerc와 모리Maury가 펜넬을 이용해 통풍, 류머티즘, 신장 질환 중에서도 특히 결석을 성공적으로 치료했다는 기록이 있습니다.

효능

다이어트와 소화 기능 향상

17세기 영국의 허벌리스트인 윌리엄 콜^{William Cole}은 펜넬의 특성에 대해 "살이 찐 사람들이 몸의 불편함을 없애거나 월경을 줄이려고 할 경우, 좀 더 살이 빠지도록 하기 위해 펜넬을 음료나 고기 국물에 많이 사용한다"고 언급했습니다. 또한 〈영국 허브 약전^{British Herbal Pharmacopoeia}〉에는 국소적으로 결막염, 안검염, 인두염에 사용된다고 기록되었습니다.

펜넬은 과식했을 때 소화 촉진, 어린이의 복통약, 장내 가스 제거, 위장관의 경련성 장애 등 소화기계에 효능이 있습니다. 또한 기관지염 또는 백일해의 거담제로 사용되며 딸꾹질, 기침, 기관지염, 콧물, 감기에도 효과가 있습니다. 생리통, 월경불순, 생리전증후군이나 갱년기 증상을 완화해주고 모유 촉진에 도움을 주며 생기 없는 피부, 지성 피부, 노화 피부를 위한 스킨케어 제품으로 활용됩니다. 벌레 물린 곳의 염증이나 통증 완화에도 효과가 있고 신장 기능 활성화, 숙면, 다이어트에도 유용하게 사용됩니다.

펜넬은 항박테리아, 항진균 작용이 있고, 해독 작용으로 몸의 독소를 배출하고 숙취에 유용하며 변비 증상을 완화해주는 것으로 알려져 있습니다. 또한 요통, 구토증, 야뇨증 등 광범위한 효능이 있습니다.

수 세기 동안 '생선의 허브'라고 알려졌던 펜넬은 생선 요리와 잘 어울리는 허브입니다. 펜넬 잎을 잘게 다져 신선한 생선에 넣으면 약간 자극적이면서도 상쾌한 맛을 내고, 특히 이탈리아 요리에서는 빼놓을 수 없는 재료입니다.

1 임진을 제외하고 있다가 순전 후 복부 혹 굽장이 자극되거나 펜넬 예깨진 오일 1~2방울로 줄, 배꼽 아래 지하세요, 한 주일에 1~2회 정도 미지 식히면 순환 추전에 어느 작용으로 건강 관리에도 좋이 됩니다. 1회 식용량을 정확히 적서야 하는 때 르마음는 빠른 있을 식용하면 오히려 요가가 반감되게 때문입니다.

조선 중기의 의관인 허준이 저술한 〈동의보감〉에는 펜넬, 즉 회향을 "성질이 평*하고 맛이 매우며 독이 없다"고 기록되었습니다. 또 "식욕을 돋우며 소화를 잘 시키고 곽란, 메스껍고 배 속이 편안치 못한 것을 낫게 한다"고 했습니다.

연구 결과

신장 기능 개선, 월경통 완화

'음성신호 분석을 적용한 펜넬 아로마테라피 요법과 신장 기능과의 상관성 분석(김봉현, 황현주, 가민경, 조동욱, 한국통신학회, 2013)' 논문을 살펴보면 펜넬 에센셜 오일을 수증기로 흡입하게 한 다음 한의학적 청진 이론을 기반으로 음성학적으로 분석했습니다. 실험 결과 펜넬 아로마테라피 요법을 시행한 후 전체 피실험자의 80%가 신장 기능 개선 효과가 있었다고 밝혔습니다.

'너트메그, 펜넬 및 마조람을 이용한 향기 요법이 월경통 및 월경곤란증에 미치는 영향(천지아, 임미혜, 한국미용학회지 제19권 제6호, 2013)' 논문 연구에서는 넛맥, 펜넬, 마저럼 에센셜 오일을 혼합해 복부를 마사지했습니다. 20~30대 직장 여성들을 대상으로 실험한 결과 혼합 에센셜 오일의 따뜻한 성분과 진통, 진정, 항경련, 호르몬 조절 및 혈액순환 효과로 월경통, 월경곤란증 감소, 복부 체온을 높이는 데 연관성이 있다는 결론을 내렸습니다.

'혈액투석을 받는 만성신부전 환자에서 펜넬이 혈청 아질산염 농도 및 혈당에 미치는 효과(이수연, 고려대학교 대학원, 2018)'는 펜넬의 씨앗이 질산염과 아질산염을 풍부하게 함유하고 있다는 것에 주목했습니다. 연구 결과 펜넬을 향 흡입했을 때 만성신부전 환자의 혈청 아질산염 농도를 높이고, 수축기 혈압 및 혈당이 효과적으로 낮아진 것을 확인했습니다.

식물의 특성

길이 약 2m까지 자라는 약용 식물로 지중해가 원산지인 펜넬은 현재 유럽, 인도, 일본, 북미 대륙에서 자랍니다. 작고 황금빛을 띤 꽃이 피고 타원형 열매가 열리는데, 이 열매(씨앗)를 으깨서 수증기 증류로 에센셜 오일을 추출합니다. 열매에 함유된 성분의 맛, 향에 따라 스위트 펜넬과 비터 펜넬로 구분합니다. 감초와 비슷한 부드러운 맛이 나는 펜넬은 모든 부분을 먹을 수 있기 때문에 요리용과 약용 식물로 오랫동안 사랑받았습니다.

Fennel

학명	Foeniculum vulgare
과	산형과(Umbelliferrae, Apiaceae)
분포	유럽, 지중해
추출 부위	열매(씨앗)
추출 방법	수증기 증류법
노트	미들 노트
화학적 분류	페놀릭 에테르(Phenolic-Ether) - 페놀에서 유래 물질에 따라 성분 변화
화학 구성 성분	트렌스 - 아네톨(Trans-Anethole) 55~75% - 항균, 항생, 진정, 진통 / 펜촌(Fenchone) 12~25% - 진통 메틸 사비콜(Methyl Chavicol) 3.9~6.5% - 항균, 항생, 진정, 진통 리모넨(Limonene) & 1, 8-시네올(1, 8-cieole) - 진통, 항진균, 항바이러스, 진정, 항염, 부작용 반감, 피부자극 억제
특성	이뇨 촉진, 순환, 배출(비만, 셀룰라이트, 부종, 식욕 자극, 젖산 배출, 소화 촉진, 노폐물 제거, 가스 제거, 독소 배출, 울혈 제거) 에스트로겐 분비 촉진(모유 생성, 여성호르몬 활성으로 월경불순, 폐경기, 불규칙한 주기 완화) 항균, 항바이러스(천식성 호흡, 백일해, 이뇨관 소독, 피지 관리) 진통, 진경(두통, 딸꾹질, 요통, 근육통, 생리전증후군, 생리통, 배앓이, 복통), 건위제, 구풍제
Body	여성호르몬을 활성화해 에스트로겐 분비 촉진
Skin	생기 없고 기름진 노화 피부에 효과
Mental	신경성 스트레스에 효과가 있어 몸을 따뜻하게 하고 편안함을 줌
주의 사항	사용량 주의(1회 5방울 이하 사용)

Frankincense

프랑킨센스

역사가 시작된 이래 가장 중요한 향료로서
'오일의 왕'이라고 불리는 프랑킨센스.
그 이름은 '순수, 자유'를 의미하는 프랑스어 '프랑^{Franc}'과
'피우는 것'이라는 뜻의 라틴어 '인센시움^{Incensium}'이 합쳐진 것입니다.
프랑킨센스는 '유향^{Olibanum}'이라는 이름으로도 불리는데,
레바논 오일을 의미하는 '올레움 리바눔^{Oleum Libanum}'에서
유래되었습니다.
프랑킨센스 나무줄기에 상처를 내면 우윳빛의 액체가 흘러나와
곧 적갈색의 결정체인 나뭇진이 됩니다.
이 나뭇진을 수증기로 증류해서 프랑킨센스 에센셜 오일을 추출합니다.

신화와 전설

프랑킨센스의 또 다른 이름인 유향은 신약성서에서 아기 예수의 탄생을 경배했던 동방박사들이 드린 세 가지 예물(황금, 유향, 몰약) 중 하나입니다. 이 외에도 구약성서의 '민수기', '출애굽기'에도 하나님께 드리는 귀한 향으로 언급됩니다. 유향은 황금과 같은 무게로 거래되었다는 고대의 기록이 남아 있을 만큼 귀한 것으로 유대인들의 안식일 봉헌물에 반드시 필요한 향료였습니다.

프랑킨센스는 그리스 로마 신화에도 등장합니다. 물의 님프인 클리티아는 태양신 헬리오스의 사랑을 받았지만 레우코테아와 사랑에 빠진 헬리오스에 의해 버림받았습니다. 질투에 사로잡힌 클리티아가 레우코테아의 아버지인 오르카모스에게 이 사실을 알리자 그는 딸을 산 채로 땅에 묻었습니다. 연인의 죽음을 막지 못한 헬리오스는 레우코테아가 묻힌 곳에 신들이 마시는 음료인 넥타르를 뿌렸고, 이곳에서 유향 나무가 자라났다는 것입니다.

역사

약 5000년 전부터 역사에 등장한 프랑킨센스는 고대 이집트, 바빌로니아, 페르시아, 그리스, 로마인들의 종교와 가정 생활에 없어서는 안 될 향료였습니다. 고대 이집트에서는 프랑킨센스를 훈증제, 제례용 향을 비롯해 화장품, 마스크, 향수 등 미용을 위해 사용했습니다. 특히 프랑킨센스 나뭇진을 태운 콜^{Kohl}이라는 검은 가루로 눈가를 까맣고 진하게 칠했는데, 강한 햇빛으로부터 눈을 보호하려는 목적과 숭배했던 신과 가까워지기 위한 종교적 의미를 가지고 있습니다.

1세기경 로마의 학자 플리니우스Gaius Plinius Secundus는 독미나리에 대한 해독제로 프랑킨센스를 추천했고, 그리스의 약학자인 디오스코리데스Dioscorides는 프랑킨센스가 피부 질환, 안과 계통, 인체 내부의 출혈, 폐렴의 치료 효과가 있다고 말했습니다. 페르시아 제국의 과학자이자 의사였던 이븐 시나Ibn Sina, 아비시나의 아라비아 이름는 악성종양, 궤양, 구토, 이질, 열병 완화에 권했습니다.

프랑킨센스는 귀중한 향료였기 때문에 부와 권력의 상징이기도 했습니다. 로마에서는 네로 황제의 두 번째 부인이었던 사비나 포파이아 왕비의 장례식에 어마어마한 양의 프랑킨센스를 태웠다는 이야기가 전해집니다. 중동의 여러 국가에서는 손님을 초대했을 때 주인이 프랑킨센스 향을 피워 환영하고, 손님은 그 향을 몸에 가득 배게 해 감사의 마음을 표하는 것이 풍습이었다고 합니다.

16세기의 외과 의사였던 앙브루아즈 파레Ambroise Pare는 프랑킨센스가 상처 지혈을 돕고 반흔 조직을 빨리 생기게 하며 수유기 농양 에도 좋다고 말했습니다. 프랑스 의사인 카바세Cabasse는 피부암 치료에 프랑킨센스의 효능이 뛰어나다고 기록했습니다.

효능

스트레스 완화와 호흡의 안정

역사적으로 프랑킨센스는 동서양을 통틀어 매독, 류머티즘, 비뇨기 질환, 피부 질환뿐만 아니라 소화, 신경통에 사용되었습니다. 강하고 시원하며 오래 지속되는 향을 가진 프랑킨센스는 감정을 평온하게 해주고 호흡을 안정시키며 수면에 도움을 주는 것으로 알려져 있습니다. 따라서 스트레스 완화, 강박증, 우울증 등 정신적 질환 치료에 효과적이며, 최근에는 아로마테라피 전문가들이 스트레스와 긴장 완화에 사용하고 있습니다.

프랑킨센스는 강력한 방부 작용, 항박테리아 효과가 있지만 독성이 없다는 것이 특징입니다. 또한 세포의 재생을 촉진하기 때문에 주름이 많거나 건조한 노화 피부에 탄력을 더하고, 항염 작용으로 흉터, 상처 치료에 효과가 있기 때문에 역사적으로 여성들에게 많은 사랑을 받았습니다.

기관지염, 천식 등 호흡기 질환에 유용한 프랑킨센스는 폐 기능을 강화하고 이완 작용을 통해 심한 기침이나 발작을 하는 환자를 편안하게 해주는 효과가 있습니다. 또한 자궁 강장제의 효능이 있어 자궁 출혈, 월경 과다 증상을 완화해주기도 합니다.

조선 중기의 의관 허준이 저술한 〈동의보감〉에는 프랑킨센스, 즉 유향을 "남해와 파사국波斯國에서 나는 소나무의 진액"이라고 소개했습니다. "성질이 따뜻하고 맛이 매우며 약간의 독이 있으며 귀가 안 들리는 것, 중풍으로 이를 악무는 것, 여성의 혈기증을 낫게 하며 여러 가지 헌 데를 속으로 삭게 하고 설사, 이질을 멎게 한다"고 기록했습니다.

연구 결과

🔥

피부 노화 억제, 염증 억제 효과

'프랑킨센스 에센셜 오일의 피부 노화 억제 효과(최의숙, 권미화, 김영철, 계명대학교, 2008)'에 대한 연구는 레티노산Retinoic Acid과 프랑킨센스 에센셜 오일을 비교한 실험을 진행했습니다. 레티노산은 표피의 각질 세포를 자극해 손상된 피부를 복원하고, 탄력섬유에도 영향을 끼쳐 피부 노화 현상 중 하나인 주름을 완화합니다. 연구 결과 프랑킨센스 에센셜 오일은 깊은 주름을 완화하는 데 효능이 입증된 레티노산과 비슷한 피부 노화 억제 효과가 있음을 확인했습니다. 또한 안전성 면에서는 레티노산보다 안전한 것으로 나타나 피부 노화 개선과 억제제로서의 실용 가능성이 높다고 결론 내렸습니다.

'알레르기성 천식 모델 생쥐에서 프랑킨센스 에센셜 오일의 염증 억제 효과(이혜연, 윤미영, 강상모, 한국미생물·생명공학회지 vol.36 no.4 2008)'를 연구한 논문은 부분적으로 도포하는 방법 대신 에센셜 오일을 분무해서 흡입하게 했습니다. 그 결과 알레르기성 천식의 기도 염증 반응이 억제되었다는 결론을 이끌어냈습니다. 따라서 프랑킨센스 에센셜 오일을 간단하게 흡입하는 방법으로 알레르기성 염증 치료 예방에 큰 효과를 기대할 수 있다고 밝혔습니다.

'유향frankincense의 결핵균 저해 및 대식세포를 통한 면역반응 연구(손은순, 경남대학교, 2020)'에서는 프랑킨센스의 항결핵 효과를 연구했습니다. 그 결과 결핵균에 직접적으로 작용할뿐 아니라 인체 면역세포의 면역반응에 영향을 주는 방식으로 결핵균의 성장을 저해하는 효과를 가지고 있음을 입증했습니다.

'향기요법에 적용되는 Frankincense, Fennel, Thyme, Sandalwood Essential oil의 세포 독성에 관한 연구(이선미, 한국니트디자인학회, 2019)'는 향기요법에 널리 활용되는 4가지 에센셜 오일의 독성에 대해 연구했습니다. 실험 결과 각 오일은 동일 농도에서 다른 세포 독성을 가지고 있었는데, 가장 독성이 낮은 오일은 프랑킨센스였습니다.

식물의 특성

방향성 나뭇진에서 추출

높이 약 3~7m의 작은 나무인 프랑킨센스는 중동과 북아프리카가 원산지로 소말리아, 에티오피아, 아라비아, 중국 등에서 자랍니다. 폭이 좁은 잎이 많이 달려 있고 흰색 또는 옅은 핑크빛의 꽃이 피어납니다.

나무껍질은 광택이 나는데 봄부터 여름까지 나무줄기에 상처를 내서 굳어진 방향성 나뭇진에서 에센셜 오일을 추출합니다. 프랑킨센스의 향은 강하고 시원하며 오래 지속되는 것이 특징입니다.

Frankincense

학명	Boswellia carteri, Boswellia sacra
과	감람과(Burseraceae)
분포	중국, 인도, 소말리아, 에티오피아
추출 부위	나뭇진(송진)
추출 방법	수증기 증류법
노트	베이스 노트
화학적 분류	모노테르펜(Monoterpenes)
화학 구성 성분	옥틸 아세테이트(Octyl Acetate) 52% - 신경계 안정, 항염, 항진균 옥탄올(Octanol) 8% - 살균 알파피넨(α-pinene) 4.6% - 방부, 살균
특성	신경계 안정, 항우울, 항바이러스(우울, 스트레스, 의기소침) 항염, 항진균(바이러스성 질환, 피부염, 천식, 기관지염) 피지 조절(지성 피부의 피지 분비 조절) 재생(상처, 흉터, 주름, 노화 피부)
Body	천식과 기관지 염증에 효과
Skin	건조하고 주름이 많은 노화 피부에 효과가 있어 피부에 생기를 더하고 재생 작용, 오래된 흉터에 꾸준히 사용하면 옅게 변화
Mental	불안, 긴장, 스트레스 완화에 도움
주의 사항	특별한 주의사항은 없지만 임산부는 모든 에센셜 오일 사용에 주의

Geranium

제라늄

——

제라늄의 학명 펠라르고늄^{Pelargonium}은
황새를 의미하는 그리스어 '팔라그로스^{Palagros}'에서 유래했는데,
제라늄 꽃이 황새의 부리를 닮았기 때문에 붙여진 것입니다.
그리고 종명인 그라베올렌스^{Graveolens}는 강하다는 뜻의
'그라비스^{Gravis}'와 향기롭다는 '올렌스^{Olens}'가 합쳐진 것으로
강한 향기를 뜻한다고 합니다.
제라늄은 '향기로운'이라는 뜻의 '센티드^{Scented}'라는 단어를 붙여
센티드 제라늄이라고 부르는데,
가장 많이 알려진 품종은 로즈 제라늄입니다.
모기를 쫓는 풀이란 뜻으로 '구문초'라고도 부르는 로즈 제라늄은
이름처럼 로즈 향을 지녀 로즈를 대체하는 허브로 재배되었습니다.

역사

🔥

영국 귀부인들과 로즈 제라늄

제라늄에 대해 최초로 기술한 것은 1세기 그리스의 약학자 디오스코리데스Dioscorides가 쓴 〈약물지De Materia Medica〉였습니다. 제라늄이 유럽에 알려진 것은 17세기 후반이었는데, 그 후 다양한 꽃 색깔과 잎의 향기 때문에 정원 식물로 높은 인기를 얻었다고 합니다. 19세기 빅토리아 여왕 시대 영국에서는 실내에 로즈 제라늄 화분을 두는 것이 유행했다고 합니다. 상류사회 귀부인들의 긴 치맛자락에 로즈 제라늄의 잎이 스칠 때마다 향기로운 로즈 향이 가득 퍼졌기 때문이라고 합니다.

제라늄 잎을 처음 증류한 것은 1819년 프랑스의 화학자 콘스탄트 레클루즈Constant A. Récluz였고, 이후 제라늄은 중요한 향수 재료로 각광받았습니다.

효능

🔥

감정의 균형, 방충 효과

제라늄 에센셜 오일은 신경계를 강장하는 효과가 있어 분노, 좌절, 우울증, 스트레스 완화에 도움을 줍니다. 특히 감정의 균형을 유지하게 해주는 것으로 알려져 있습니다. 그리고 이뇨 작용과 림프계 촉진 효과로 셀룰라이트, 체액 정체, 발목 부종 등에 유용하고, 항염 작용이 뛰어나 위염, 대장염, 건선, 습진, 여드름에도 처방되었습니다.

진통과 진경 성분을 함유해 눈의 염증, 신경통, 관절 통증, 류머티즘을 완화해주고, 독소를 배출하는 작용으로 간장, 신장의 강장 작용과 황달, 신장결석, 당뇨, 요도염 등의 감염증에 효과가 있다고 합니다. 호르몬 조절 작용으로 생리전증후군이나 갱년기 장애, 과도한 생리량을 조절해주고 산후 우울증에도 사용합니다.

피지 생성을 조절하는 제라늄 에센셜 오일은 모든 타입의 피부에 적합하고, 특히 탄력 있는 피부를 유지해줘 노화나 주름살 완화에 좋은 것으로 알려져 있습니다. 혈액순환을 원활하게 해 피부에 생기를 더하고 노폐물 제거에 효과가 있습니다. 또한 수렴성과 지혈성이 뛰어나 상처, 멍든 곳을 치유하고 세포 재생 효과로 화상 및 상처 치료에 효능이 있습니다. 두피의 피지를 조절하고 혈액순환을 촉진해 탈모 예방에도 도움을 주는 것으로 알려져 있습니다.

제라늄은 살충과 소독 효과가 있어 창가에 제라늄 화분을 두거나 말린 꽃을 걸어두기도 합니다. 그리고 목욕제, 포푸리, 베개 속에 채워넣기도 하고 티, 샐러드, 각종 디저트 등 요리에도 다양하게 사용됩니다.

연구 결과

제라늄 에센셜 오일의 항산화 효과

'제라늄 및 팔마로사 에센셜 오일의 항산화 및 항균 효과 연구(이은진, 건국대학교, 2010)' 논문을 살펴보면 제라늄의 주성분인 게라니올[Geraniol], 초산게라닐[Geranyl Acetate], 베타시트로넬롤[β-Citronellol]을 분석했습니다. 연구 결과 제라늄과 팔마로사 에센셜 오일은 여드름 유발균인 프로피오니박테리움 아크네

---

1 피부가 갑자기 푸석해졌거나 생기가 없어 고민이라면 제라늄 에센셜 오일을 넣은 페이스 오일을 권합니다. 호호바 오일, 살구씨 오일을 1 : 1로 섞어 30㎖의 유리병에 담고, 비타민E 1g, 제라늄 에센셜 오일 3방울을 첨가하는 아주 간단한 방법이지만 뛰어난 효과가 있습니다.

Propionibacterium Acnes에 대한 항균력이 있음을 밝혔습니다. 특히 항산화 효과가 우수한 제라늄 에센셜 오일을 천연 항산화제로서 문제성 피부를 개선할 수 있는 화장품 원료로 유용하게 사용할 수 있다는 의견을 제시했습니다.

'두피모발화장품에 함유된 라벤더, 제라늄 향이 뇌파에 미치는 영향(표연수 외, 국제차세대융합기술학회, 2022)'은 화장품에 함유된 천연향이 뇌파에 어떤 영향을 미치는지 연구한 논문입니다. 연구 결과 라벤더 향은 전반적인 뇌 영역에서 알파파의 활성화를 가져왔고, 심신 안정과 향의 단기기억 효과가 도출되었습니다. 제라늄 향은 후두엽을 중심으로 강한 뇌파 활성화가 나타났고, 심화된 각성과 각인효과가 도출되었습니다.

'제라늄Geranium Essential oil이 B16F10 Melanoma cell에서 melanin 합성에 미치는 영향(이선미, 한국화장품미용학회, 2018)'을 살펴보겠습니다. 연구 결과 제라늄 에센셜 오일의 유효 성분들이 멜라닌의 생성을 조절하는 산화 효소인 티로시나아제의 활성을 직접적으로 감소시킨다는 것을 확인했습니다.

'제라늄 에센셜 오일이 후각자극을 통해 식이섭취의 조절에 미치는 효과(최승재 외, 대한이비인후과학회, 2011)'의 연구자들은 에센셜 오일의 후각자극을 통한 시상하부 조절기전이 명확히 밝혀지면, 비만 환자의 식욕을 억제하거나 질환으로 식욕이 억제된 환자의 식욕을 증가시키는데 에센셜 오일을 이용할 수 있을 것으로 기대했습니다. 실험 결과 제라늄 에센셜 오일에 의한 식이섭취의 억제는 후각자극을 통해 시상하부의 POMC 신경군의 활성화를 거쳐 이루어진다는 것을 밝혔습니다.

식물의 특성

강렬한 장미 향을 가진 제라늄

남아프리카가 원산지인 제라늄은 수천 가지의 종이 있을 정도로 많이 재배되는 식물입니다. 크기가 약 1m까지 자라는 여러해살이 수목으로 잎이 뾰족하고 꽃은 작고 핑크빛인데 꽃을 따서 건조시켜도 빛이 바래지 않습니다. 잎과 줄기 등 식물 전체에서 향기가 나는 것이 특징입니다. 에센셜 오일은 잎, 줄기, 꽃을 따서 수증기 증류법으로 추출하는데 장미보다 더 강한 장미 향이 납니다.

Geranium

학명	Pelargonium graveolens
과	쥐손이풀과(Geraniaceae)
분포	러시아, 이집트, 콩고, 중앙아메리카, 일본, 유럽 등
추출 부위	잎, 줄기, 꽃
추출 방법	수증기 증류법
노트	미들 노트
화학적 분류	알코올(Alcohols)
화학 구성 성분	시트로넬롤(Citronellol) 22~40% - 면역력 강화, 항염, 항바이러스, 살균 / 리나롤(Linalool) 13% - 신경 안정 게라니올(Geraniol) 10~30% - 방충, 항바이러스, 신경계 이완
특성	항균, 항염, 살균(악취, 벌레 물린 데, 편도염증, 여드름, 방광염, 부스럼) 림프순환과 이뇨(셀룰라이트, 부종) 지혈(혈관 강화, 상처, 궤양, 치질, 어혈 관리) 호르몬 조절(생리전증후군, 폐경기, 월경불순) 피지 조절(건성, 지성 피부 조절)
Body	화상이나 대상포진에 효과적이며 통증 완화, 생리통에 효과
Skin	피부 청결제 역할로 염증을 해소하고 극도의 건성이나 지성 피부의 밸런스를 조절, 부스럼이나 마른버짐에 효과
Mental	인간관계의 감정적 대립을 완화하고 우호적인 분위기
주의 사항	임신 초기나 호르몬 관련 질환자는 주의 필요, 호르몬 관련 암환자는 사용 금지 과민성 피부일 경우 극소량 사용 또는 제한

Grapefruit

그레이프프루트

상쾌하고 달콤한 향을 내뿜는 그레이프프루트는
운향과^{Rutaceae}에 속하며
오렌지, 탄제린, 만다린 등이 속한 감귤류^{Citrus Fruits}에 포함됩니다.
스위트오렌지와 포멜로의 이종으로 추측하는데,
그레이프프루트라는 이름은 향기가 포도 같다는 뜻도 있지만
포도송이 모양으로 열매를 맺는 것에서 유래되었습니다.

역사

♦

전 세계에서 사랑받는 달콤한 향기

아시아에서 자생하던 감귤류가 처음 유럽에 들어온 것은 기원전 300년경 알렉산더 대왕의 원정 시기였다고 합니다. 당시 페르시아에서 재배되고 있던 것을 들여온 것인데, 그리스에서 팔레스타인 지역으로 퍼진 감귤류는 유대교에서 신성한 과일로 여겨졌습니다. 유대인들이 지중해로 진출하면서 감귤류가 퍼져나갔고 곧 세계 곳곳에서 다양한 품종이 재배되었습니다.

비교적 긴 역사를 자랑하지만 20세기 중반이 될 때까지도 감귤류는 크리스마스 등의 축일에나 맛보는 귀한 과일이었습니다. 겨울에 열매를 맺는 탓에 서리 피해를 보는 경우가 많아 생산량이 적었기 때문입니다.

감귤류 중에서 그레이프프루트는 18세기 서인도제도의 바베이도스에서 발견된 왕귤나무, 즉 포멜로Citrus Maximus의 잡종입니다. 포멜로는 12세기경 아랍의 무역상들이 아시아에서 유럽으로 전했다고 합니다. 그 후 섀독Shaddock 선장에 의해 서인도제도에 전해졌기 때문에 포멜로를 섀독이라고 부르기도 합니다. 스위트오렌지와 이종교배를 통해 미국 캘리포니아, 플로리다에서 그레이프프루트가 재배되기 시작했습니다. 미국, 브라질, 이스라엘에서 재배되며 오일은 주로 캘리포니아에서 생산됩니다.

효능

♦

기분을 밝고 상쾌하게 해주는 에센셜 오일

그레이프프루트 에센셜 오일은 긴장하거나 화가 날 때, 좌절하거나 변덕스러운 기분이 들 때 뇌와 감정에 좋은 영향을 주어 스트레스를 해소하고 우울증을 예방해줍니다. 진정 작용으로 중추신경을 안정시키고 기분을 밝고 상쾌하게 해주기도 합니다.

특히 비타민 C를 다량으로 함유해 노화를 막고 건강한 피부를 유지하게 해주며, 각종 스트레스로부터 몸과 마음을 보호해주는 것으로 알려져 있습니다. 기관지염, 감기, 편두통에도 효과가 있고 특히 수렴성, 혈액 정화 효과로 지성 피부와 여드름 치료에 좋은 것으로 알려져 있습니다.

그레이프프루트 에센셜 오일은 열을 식히고 정화하는 작용, 울혈을 제거하는 효능이 있어 간이나 정체된 림프계에 도움이 됩니다. 전통 중국 한의학에서는 간에 열이 많으면 복부 팽만, 변비, 메스꺼움 등의 증상이 나타나는데 그때 그레이프프루트 에센셜 오일이 효과가 있다고 합니다.

부드러운 이뇨 작용과 비장, 림프를 자극하는 그레이프프루트 에센셜 오일은 과도한 체액을 없애고 지방을 분해하는 효능이 있습니다. 따라서 몸의 수분을 줄이고 셀룰라이트 분해, 몸무게 증가를 억제해 비만에 처방됩니다. 혈액을 정화하기 때문에 관절의 열감, 붓고 타는 느낌과 통증이 생기는 류머티즘에 효과가 있습니다.

비누, 세제, 화장품, 향수의 향료로 사용되는 그레이프프루트 에센셜 오일은 각종 디저트, 소프트드링크, 알코올 음료 등 광범위하게 사용됩니다.

연구 결과

🜄

진정 작용으로 신경 안정 효과

'페퍼민트와 그레이프프루트 아로마오일을 이용한 구강 가글링이 수술 환자의 오심에 미치는 효과(한송희, 중앙대학교, 2010)' 논문은 산부인과 복강경 수술을 받은 환자들에게 페퍼민트와 그레이프프루트 에센셜 오일을 가글링하도록 해서 대조군에 비해 오심 감소에 효과가 있음을 입증한 연구였습니다. 실험 결과 에센셜 오일을 이용한 구강 가글링이 비약물적 보완 대체 요법으로 효과가 있다는 결론을 내렸습니다.

화장품 제조 분야에서 사용되는 기존 합성방부제를 천연방부제로 대체할 수 있을지 연구한 논문을 살펴보겠습니다. '화장품 방부제로서 Grapefruit Seed Extract의 효과(최은영 외, 한국피부과학연구원, 2010)'의 실험 결과 우수한 항균효과가 나타났고, 따라서 화장품 방부제에 적용할 경우 낮은 농도에도 방부력 효과가 높을 것으로 결론 내렸습니다.

식물의 특성

🔥

시트러스 계열의 신선하고 상큼한 향

아시아 열대 지역과 서인도에서 기원한 그레이프프루트는 높이 약 10m까지 자라는 나무입니다. 크고 윤기가 나는 짙은 녹색 잎과 하얀 별 모양의 꽃을 피우는데, 과일의 껍질을 냉압착해 에센셜 오일을 추출합니다. 현재 캘리포니아에서 대부분의 에센셜 오일을 생산하며 신선하고 상큼한 시트러스 향을 지녔습니다.

Grapefruit

학명	Citrus paradisi macf
과	운향과(Rutaceae)
분포	이탈리아, 이스라엘, 미국, 브라질, 서인도제도, 나이지리아
추출 부위	과피
추출 방법	냉각 압착법
노트	톱 노트
화학적 분류	모노테르펜(Monoterpenes)
화학 구성 성분	리모넨(Limonene) 84~95% - 항진균, 진정, 항염, 부작용 반감, 피부 자극 억제 미르센(Myrcene) 1.37% - 진통 효과 외 이외 다수 화학 성분
특성	항우울, 진정, 진통(우울증, 스트레스, 두통, 생리통, 메스꺼움) 순환과 촉진(림프순환, 소화 장애, 복부 팽만), 해독(부종, 셀룰라이트, 비만, 동맥 해독, 림프 해독, 간 해독으로 숙취 해소) 수렴(피지 조절, 여드름, 모세혈관 확장) 항염, 항균, 항바이러스(감기, 후두염)
Body	혈액순환을 촉진하고, 체형 관리 및 활력 소독 효과, 림프순환, 지방질 분해로 비만 관리 효과
Skin	수렴 작용으로 지성, 복합성, 여드름 피부의 피지와 불순물 제거, 기름진 모발과 피지 조절에 도움
Mental	행복감과 삶의 즐거움 증진. 자신감 향상, 정신적인 식욕 부진 치료
주의 사항	무독성으로 시트러스 오일 중 감광성이 약한 편이기 때문에 밤에 사용하거나 자외선 차단제를 꼼꼼하게 바를 것

Jasmine

재스민

———

별 모양의 흰색, 노란색 꽃과 아름다운 향기를 지닌 재스민은
고대로부터 사랑과 관능을 의미했습니다.
재스민은 페르시아에서는 소녀에게 흔히 붙었던 이름인
'야스민'Yasmin에서 유래된 이름이라고 합니다.
약 800송이의 꽃에서 단 1g의 에센셜 오일이 추출되는 재스민은
고가의 귀한 오일로 유명합니다.
특히 고급 향수의 필수 원료로 향수 산업과 아로마테라피 분야에서
가장 중요한 식물 중 하나입니다.

신화와 전설

재스민은 해가 지고 난 후에 향기가 더욱 짙어져 인도에서는 '밤의 여왕, 숲 속의 달빛'이라고 부릅니다. 인도에는 재스민과 힌두교의 신 카마^{Kama}에 관한 신화가 있습니다. 그리스의 에로스, 로마의 큐피드처럼 사랑의 신인 카마는 마음을 욕망으로 채우기 위해 재스민 꽃이 장식된 활을 들고 있다고 합니다.

옛날 인도의 한 마을에 아름답지만 냉정한 여인을 사랑하는 청년이 있었습니다. 청년은 재스민 꽃을 꺾어 사랑하는 여인의 창문 앞까지 갔지만, 차마 전하지 못하고 잠든 모습을 바라보다가 죽고 말았습니다. 잠에서 깨어난 여인은 꽃향기를 맡으며 사랑의 감정이 생겨났지만 이미 청년은 싸늘한 주검이 되었습니다. 갑자기 찾아온 사랑과 청년의 죽음에 혼란스러워진 여인은 재스민 꽃을 머리에 꽂고 떠돌아다녔다고 합니다. 이후 인도에서는 연인에게 재스민 꽃을 선물받으면 머리에 꽂아 변함없는 사랑을 나타냈다고 합니다.

역사

고대부터 신에게 바치는 대표적인 꽃이었던 재스민은 이집트에서 목욕할 때 즐겨 사용했다고 합니다. 1세기 그리스의 약학자인 디오스코리데스^{Dioscorides}는 페르시아인들이 연회를 향기롭게 하는 데 재스민 오일을 사용했다고 저술했습니다.

15세기 중국, 아프가니스탄, 이란, 네팔에서는 왕들의 정원에 아름다운 꽃 향기를 내기 위해 재스민을 심었습니다. 재스민이 유럽에 전해진 것은 1600년경인데 무어라는 사람이 스페인으로 가져갔다고 합니다.

가톨릭에서는 재스민 오일을 '신성한 희망의 향기'로 여겨 성모 마리아에게 바쳤고, 별 모양의 작은 꽃들이 천국의 행복을 상징한다고 믿었습니다. 17세기 영국의 식물학자이자 〈컴플리트 허벌The Complete Herbal〉의 저자인 니콜라스 컬페퍼Nicholas Culpeper는 재스민 티가 노동으로 인한 피로를 풀어주고 출산을 돕는다고 말했습니다.

효능

🜂

여성을 위한 영약, 자궁의 허브

동양에서 의약제나 향수로 오랫동안 사랑받아온 재스민은 꽃으로 차를 만들어 눈을 밝게 하고, 잎과 뿌리는 발열이나 화상 치료에 사용됐습니다. 재스민은 인도 전통 의학인 아유르베다Ayurveda에서 '여성을 위한 만능의 영약'으로 표현하고 있습니다. 생리통을 완화하고 호르몬의 불균형이나 편두통을 치유하고, '자궁의 허브'라 불릴 정도로 생식 기능을 강화해주기 때문입니다. 또한 자궁 강장, 불임증, 분만 촉진, 출산 시 진통 감소, 산후 통증 완화 등의 효능이 있습니다.

재스민은 스트레스와 우울증을 완화해 심신을 안정시키고 깊은 잠을 잘 수 있게 도와줍니다. 진정과 긴장 이완, 피로 해소 등의 효능이 탁월한 것으로 알려져 있습니다. 또한 감기, 기관지 염증, 인후염, 각종 감염증 등에 유용하며 근육의 긴장, 류머티즘에도 효과가 있습니다.

보습과 피부 각질을 부드럽게 하는 재스민은 세포 재생 효과가 뛰어난 것으로도 알려져 있습니다. 피부 탄력을 강화하기 때문에 건성, 민감성 피부에 유용하고 여드름, 화상, 벌레 물린 곳에 도포제로 약용합니다. 또한 해충을 쫓아내기도 하며 공기 정화 효과가 탁월한 식물로 알려져 있습니다.

유명한 천연 최음제이자 성적 강장 오일인 재스민은 불감증, 발기 불능에 처방됩니다. 따스하고 관능적인 재스민 에센셜 오일의 향이 심장의 감각을 일깨운다고 합니다.

재스민 꽃을 말려서 재스민 티나 포푸리를 만드는데, 특히 티는 식후에 마시면 기분을 안정시켜줍니다.

연구 결과

🔥

스트레스 완화 효과

'자스민 오일에 의한 중년 여성의 타액 코티졸 조절에 대한 연구(김수미, 건국대학교, 2009)' 논문은 재스민 에센셜 오일에 함유된 재스몬 성분이 식물의 스트레스 반응 기전에서 항스트레스 물질 분비의 신호 역할을 하는 것에 주목했습니다. 재스민 에센셜 오일을 흡입하거나 마사지를 받는 등 다양한 실험군을 설정해서 실험한 결과, 마사지를 했을 때 스트레스 완화에 더 효과가 있는 것으로 나타났습니다.

식물의 특성

풍부하고 따뜻한 꽃의 향기, 재스민

낙엽성이자 넝쿨성 관목인 재스민은 중국, 인도 북부, 서아시아가 원산지입니다. 수백 가지가 넘는 다양한 종을 가진 재스민은 아름다운 향기로 전 세계에서 사랑받고 있습니다. 가든 재스민^{Garden Jasmine}은 독특한 향기로 유명한 치자 나무, 나이트 블루밍 재스민^{Night Blooming Jasmine}은 야래향이라는 이름으로 알려져 있습니다. 말리꽃이라고 부르는 아라비안 재스민^{Arabian Jasmine}은 필리핀의 국화로 삼파기타^{Sampaguita}라고도 부릅니다.

우리에게 익숙한 재스민 티는 아라비안 재스민 꽃을 말려서 만드는 것입니다. 이 외에도 마다가스카르 재스민, 차이니스 재스민, 스타 재스민 등 다양한 종류가 있습니다. 종류에 따라 알코올 추출법이나 냉침법으로 에센셜 오일을 추출합니다.

Jasmine

학명	Jasminum polyanthum, Jasminum grandiflorum
과	물푸레나무과(Oleaceae)
분포	인도, 동남아시아
추출 부위	꽃
추출 방법	수증기 증류법
노트	톱 베이스 노트
화학적 분류	에스테르(Esters)
화학 구성 성분	벤질 벤조에이트 + 피톨(Benzyl Benzoate + Phytol) 20~30% - 항염, 진정 벤질 아세테이트(Benzyl Acetate) 22~30% - 항염, 진정, 근육 이완, 좌우 균형 / Cis 재스몬(Cis-Jasmone) 2.6% - 세포 재생 리나놀(Linalool) 2.5% - 신경 안정, 스트레스 완화 외 다수의 화학 성분
특성	항염, 항균(여드름), 진경과 근육 이완(출산, 생리통), 좌우균형, 최음, 최유
Body	임산부의 출산 전후 관리에 효과
Skin	염증을 완화하고 피지 조절
Mental	불안, 초조 등 심리적으로 위태로운 상황에 효과
주의 사항	임산부 사용 금지

2 최유 Galactagogue 젖의 분비를 촉진.

Lavender

라벤더

———

라벤더는 '씻는다'는 뜻의 라틴어 '라바레[lavare]'라는
말에서 유래되었습니다.
또한 라벤더의 옛 이름 리벤둘라[Livendula]가
'파랗다(Livere)'는 뜻을 가지고 있고,
청색을 띤 짙은 보라색 꽃이기 때문이라고 풀이하기도 합니다.
고대 그리스에서는 라벤더가 아닌 '나르두스[Nardus]'라고 불렸는데,
유프라테스 강 가까이에 있는 시리아의 도시
나루다[Naruda]에서 연유한 것이라고 합니다.
라벤더의 수많은 종 가운데에서도 널리 활용되는 것은
스파이크 라벤더, 프렌치 라벤더, 트루(잉글리시) 라벤더입니다.
트루 라벤더는 의학적인 효능이 있고, 스파이크 라벤더는
고대 로마인들이 목욕물에 향을 내기 위해 사용했습니다.

신화와 전설

◊

라벤더는 향기의 매력 덕분에 예로부터 널리 재배된 역사가 오랜 식물입니다. 라벤더의 향기는 청결, 순수함의 상징이었습니다. 기독교의 전설에 따르면 라벤더는 원래 향기가 없는 식물이었다고 합니다. 그런데 성모 마리아가 이 꽃덤불 위에 아기 예수의 속옷을 널어서 말린 후부터 향기가 생겨났다고 전합니다. 그래서 지금도 이탈리아의 주부들은 라벤더의 수풀 위에 빨래를 널어서 말려 그 향기가 옷에 스미게 하는 풍습이 있다고 합니다.

역사

◊

향기의 여왕 라벤더

프렌치 라벤더는 고대 이집트, 그리스, 로마, 아랍에서 미라를 만들거나 질병을 낫게 하기 위한 목욕제나 비누로 사용되었습니다. 라벤더를 말리면 특유의 향기가 더 강해지고 오래 지속되는 것이 특징입니다. 오래전부터 라벤더 향이 머리를 맑게 해주고 피로를 해소해 활력을 주는 효과가 있다고 해서 라벤더 향수를 두통의 명약으로 여겨 이마에 바르기도 하고, 간질이나 현기증으로 쓰러졌을 때 약으로 이용했습니다.

12세기 때 트루 라벤더는 스튜 요리나 화장품으로 인기가 있었고, 프렌치 라벤더는 1746년 〈런던 약전London Pharmacopoeia〉에 기록되었습니다. 라벤더 향기가 마음을 진정시켜 편안하게 하고 숙면을 유도하는 효능이 있다고 알려져 14세기 프랑스의 샤를 6세Charles VI를 위해 라벤더 꽃을 넣은 베개를 만들었다는 기록이 남아 있습니다. 상류층에서도 장수의 비결로 라벤더, 로즈메리를 넣고 만든 베개를 사용하는 것이 유행이었다고 합니다.

영국에서는 1568년까지 라벤더를 경작하지 않았지만 점차 주요 산업이 되었습니다. 16세기의 엘리자베스 1세 여왕은 특히 라벤더를 좋아했는데, 편두통을 완화하기 위해 늘 라벤더 티를 마셨다고 합니다. 셰익스피어는 라벤더를 최음제로 사용할 수 있다고 기록했습니다. 그의 희곡 〈겨울 이야기〉에는 "페르디타는 라벤더, 민트, 세이보리, 마저럼을 뜨겁게 해서 권했다"라는 구절이 있습니다.

17세기에는 기절한 사람을 깨어나게 하는 약으로 유명했고, 라벤더 꽃을 모자에 꽂으면 두통이 낫고 머리가 상쾌해진다고 믿었습니다. 영국의 식물학자인 니콜라스 컬페퍼Nicholas Culpeper는 감기, 뇌일혈, 간질, 수종증으로 인한 두통, 만성적인 병, 경련, 발작, 마비, 혼절 등 다양한 증세에 스파이크 라벤더를 추천했습니다. 제1차 세계대전이 일어났을 때는 라벤더 오일의 살균 소독, 방부 효과를 이용해 부상병을 치료하는 데 이용했습니다.

1920년대 프랑스의 화학자이자 '아로마테라피의 아버지'라 불리는 르네 모리스 가트포세Rene M. Gattefosse와 라벤더의 일화는 유명합니다. 가트포세가 실험실 사고로 손에 화상을 입었을 때, 향수의 원료로 쓰이던 라벤더 오일이 담긴 통에 손을 넣었는데, 피부가 덧나지 않고 빠른 치유를 보였습니다. 이후 가트포세는 아로마테라피에 대한 학문적 연구를 시작했습니다.

효능

🔥

신선하고 부드러운 향기를 지닌 라벤더는 '코를 위한 허브'로 유명합니다. 1세기 그리스의 약학자이자 〈약물지De Materia Medica〉의 저자인 디오스코리데스Dioscorides는 "가슴속 슬픔을 위한 식물"이라고 추천했습니다. 12세기 독일 빙엔의 수녀원장 성 힐데가르트Hildegard von Bingen는 라벤더를 '순수성을 유지하게 하는 식물'로 추천하며 귀중하게 여겼다고 합니다. 그리고 1660년대 리처드 서플렛Richard Surflet은 "라벤더 워터는 잃은 말을 되찾게 하고 현기증과 심장의 병을 건강하게 한다"고 기록했습니다.

라벤더는 스트레스를 해소하고 몸과 마음을 안정시키기 때문에 긴장을 풀어주고 항우울증, 고혈압, 불면증에 도움이 됩니다. 따라서 베개에 라벤더 에센셜 오일을 뿌리면 숙면을 취할 수 있습니다. '최고의 천연 진통제'라 부를 만큼 뛰어난 진경과 진통 효능을 지닌 라벤더 에센셜 오일은 두통, 치통, 복통, 과민성 대장증후군, 생리전증후군, 생리통, 근육의 긴장과 통증 등을 완화합니다.

라벤더 에센셜 오일은 피지 분비를 조절하고 재생을 촉진해 지성 피부나 여드름 피부뿐 아니라 건조하거나 아토피가 있는 피부에도 효과가 있습니다. 잔주름뿐 아니라 노화 방지, 튼살, 트러블 피부 등에도 효능이 뛰어난 것으로 알려져 있습니다.

그리고 라벤더는 항박테리아와 소염 작용을 하기 때문에 햇빛 손상, 습진, 무좀, 백선, 상처, 알레르기에도 유용합니다. 기관지염, 천식, 감기, 인후염 등 호흡기 계통의 질환에도 효과가 있습니다.

라벤더 향은 효과적인 방충제로 라벤더 화분이나 드라이플라워를 집 안 곳곳에 걸어두면 해충을 쫓을 수 있고, 벌레 물린 곳에 바르면 가려움이 완화

됩니다. 라벤더 티는 식후의 소화를 돕고 감기에도 효과적입니다.

연구 결과

🔥

피부 진정, 심신 안정, 근육 이완 효과

'라벤더 에센셜 오일 향기 흡입법이 통증 및 불안에 미치는 효과(정화영, 중앙대학교, 2004)'를 연구한 결과가 있습니다. 인체에 안정성과 효과가 검증된 에센셜 오일 중에서 라벤더가 심리적, 신체적 이완 효과가 크다는 점에 주목해 치과에서 치석 제거 치료를 받는 환자에게 향기 흡입법을 시행했습니다. 연구 결과 실험군과 대조군의 혈압, 맥박 수가 확연한 차이를 보였다고 밝혔습니다.

고등학교 여학생에게 라벤더 에센셜 오일을 이용한 향기 흡입법을 적용해 금연에 효과가 있는지 연구(이연호, 성신여자대학교, 2011)한 결과, 에센셜 오일을 흡입하고 향 목걸이를 착용한 실험군의 일산화탄소 변화가 감소했다고 합니다.

라벤더 에센셜 오일의 피부 진정과 박테리아 억제 효과에 대해 연구(류영심, 조선대학교, 2008)한 논문은 10대 청소년 15명을 실험군으로 구성했습니다. 염증성, 화농성, 응괴성 등으로 여드름의 종류를 나눈 다음 하루 2회씩 라벤더 에센셜 오일을 여드름 부위에 도포한 결과, 도포 2주부터 치료 효과가 나타나기 시작해 4주 후에는 선명한 여드름 제거 효과를 나타냈습니다.

라벤더, 티트리, 캐모마일 에센셜 오일이 여드름 피부에 어떤 영향을 미치는지 연구(문수진, 중앙대학교, 2005)한 논문은 아로마 오일을 직접 도포한 다음 여드름 개수, 유분량, 수분량, pH 수치 변화를 기준으로 연구를 진행했습니다. 아로마 오일 사용 전과 비교했을 때 유분량은 감소하고 수분량은 증가해 피부 상태 개선에 효과가 있음을 알 수 있습니다. 피부의 산성도를 나타내는 pH의 경우 정상 피부보다 조금 높은 정도로 개선되었고, 피부 톤의 변화와 피지 분비 역시 효과가 있는 것으로 나타났습니다.

급성 염좌나 좌상 등의 외상 후 나타나는 통증, 종창의 억제에 라벤더, 캐모마일 로먼 에센셜 오일이 탁월한 효과가 있다는 연구(이향애, 차의과대학교, 2003)도 있습니다. 이 연구는 라벤더의 리날리^{Linaly}, 게라닐 에스테르$^{Geranyl Ester}$, 게라니올^{Geraniol}, 리나롤^{Linalool} 등의 성분의 진정, 근육 경련의 이완, 소염 작용에 주목했습니다. 냉수포에 아로마 오일을 첨가한 실험군의 경우 동통의 평균값이 3.8점, 종창의 크기는 2mm가 감소한 것으로 나타났습니다.

'집먼지 진드기에 대한 허브 에센셜 오일(라벤더와 티트리)의 기피 효과(이선재, 지차호, 충북대학교, 2008)' 논문은 라벤더 에센셜 오일의 농도가 0.625%일 때 기피 효과가 96%로 가장 높았다고 결론 내렸습니다. 집먼지 진드기는 사체가 알레르기의 원인으로 작용하기 때문에 살충이 아니라 도망가게 하는 기피 효과에 주력했습니다.

'이너뷰티를 위한 라벤더 에센셜 오일의 미용관련 생리활성 평가(배민규, 한국인체미용예술학회, 2021)'에서는 미용에 관련된 생리활성 평가를 실시했습니다. 실험 결과 항산화 활성, 피부 주름개선 효과, 피부 미백활성 효과 등이 입증되었습니다.

'라벤더 향기요법이 통증에 미치는 효과에 대한 메타분석(박양숙 외, 한국산학기술학회, 2019)'은 관련 연구 논문 18편을 분석했습니다. 수술 환자, 산모, 관절염 환자 등에게 라벤더 향기 요법을 실시한 결과를 분석했을 때 복용, 국소 도포, 흡입, 마사지의 순서로 통증에 대한 효과를 보였습니다.

식물의 특성

♦

가장 대중적이고 친숙한 향기

지중해 연안이 원산지인 라벤더는 트루 라벤더, 스파이크 라벤더, 프렌치 라벤더 등 약 28종이 알려져 있습니다. 길이 약 1m까지 자라는 상록수로 직선형의 얇은 연녹색 잎, 보라색의 꽃이 피어납니다. 꽃뿐 아니라 잎과 줄기 등 식물 전체에서 진한 향기가 나는 것이 특징입니다. 신선한 꽃을 따서 수증기 증류법으로 추출한 라벤더 에센셜 오일은 달콤한 허브와 플로럴 향이 납니다.

Lavender

학명	Lavendula angustifolia, Lavendula officinalis
과	꿀풀과(Labiatae)
분포	프랑스 남부, 불가리아, 지중해, 호주, 미국
추출 부위	꽃이 피는 선단부
추출 방법	수증기 증류법
노트	미들 노트
화학적 분류	알코올(Alcohols)
화학 구성 성분	트루 라벤더 | 리날릴 아세테이트(Linalyl Acetate) 46.71~53.80% - 호르몬 조절, 신경계 안정, 항염, 항진균 리나롤(Linalool) 29.3~41.62% - 신경 안정 캠퍼(Champhor) 0.3% - 진정
특성	페놀보다 5배 더 강한 살균력. 진통, 진경, 진정, 살균, 소염, 항류머티즘, 방부, 항바이러스, 구풍, 담즙 분비, 신경 강화, 회복 촉진, 상처 치료, 화상 치료에 효과
Body	혈액순환 장애, 손발 통증, 홍진, 화상, 햇빛에 탔을 때, 나방과 진드기 퇴치
Skin	외부 상피에 바를 수 있고 모든 피부에 적합하나 특히 여드름 피부에 효과적. 지성 두피의 경우 비듬, 탈모에 도움
Mental	육체적 피로, 정신적 스트레스 해소. 특히 과도한 업무와 스트레스로 인한 피로에 효과적
주의 사항	임신 5개월 이상 사용 가능, 화상 및 국소 부위 원액 사용, 과용 시 저혈압 주의

Lemon

레몬

———

상큼한 노란빛의 열매와 톡 쏘는 듯 싱그러운 향기가 가득한
레몬은 비타민 A, B, C를 다량 함유합니다.
레몬^{Lemon}이라는 이름은 감귤류의 열매를 의미하는
아랍어 '라이문^{Laimun}'과 페르시아어 '리문^{Limun}'에서 유래되었습니다.
속명인 라틴어 시트러스^{Citrus}는
그리스어로 상자를 뜻하는 '키트론^{Kitron}'에서 비롯되었다고 합니다.

역사

신이 내린 축복, 레몬

레몬은 인도와 아시아가 원산지로 기원전 2세기에 그리스로 전해져 중세 시대까지 주로 스페인, 시실리에서 재배되었습니다. 로마 최고의 시인이며 역사가였던 베르길리우스^{Publius Vergilius Maro}는 레몬을 '반 사과'라고 표현했는데 고대에는 레몬 껍질로 옷에 향기를 배게 하거나 과피(과실의 껍질)로 벌레를 쫓는 데 사용했기 때문입니다.

이집트인들은 레몬이 고기, 생선에 의한 식중독을 예방하고 장티푸스 등의 전염병의 해독제라고 믿었습니다. 3세기 로마인들 역시 레몬이 해독제라고 생각했는데, 생선 요리에 레몬을 뿌리는 것은 함께 레몬즙의 항균 작용과 함께 강력한 성분이 목에 걸린 생선 가시도 녹인다는 믿음에서 유래했습니다.

레몬이 유럽에 전해진 것은 12세기였습니다. 페르시아와 중동에서 십자군 전쟁에 참여했던 십자군이 레몬을 가지고 유럽으로 귀향했다고 알려져 있습니다. 크리스토퍼 콜럼버스^{Christopher Columbus}는 1493년 레몬과 오렌지 종자를 서인도제도(중앙아메리카 카리브해)로 가져갔고, 곧 멕시코, 플로리다 등으로 퍼져 나갔습니다. 스페인을 비롯한 유럽에서는 레몬을 감염 질병의 만병 치료제로 여겨 말라리아, 장티푸스와 같은 발열 증상이 있는 질병을 치료하는 데 사용했습니다.

17세기 프랑스의 약제사이자 화학자였던 니콜라스 레머리^{Nicholas Lemery}는 레몬 열매의 의학적인 효능을 밝혀냈습니다. 1697년에 저술한 책에서 레몬이 혈액 정화, 위 가스 배출에 효과적이라고 쓴 것입니다.

레몬은 배를 타고 항해하는 사람들에게는 '신이 내린 축복'이었습니다. 비타민 C의 결핍으로 생기는 괴혈병은 오랫동안 항해하는 선원이나 해군들에게 공포의 대상이었습니다. 영국 해군 소속이었던 외과 의사 제임스 린드^{James}

Lind는 1753년 감귤이 괴혈병을 치료한다는 사실을 실험을 통해 증명했습니다. 린드의 주장에 따라 영국 선박에서는 10일 이상 항해할 경우 모든 선원이 섭취할 레몬이나 라임을 선적해야 한다는 법 규정이 생겼습니다. 이 규정 때문에 영국 해군은 라이미Limey라는 별명으로 불리기도 했습니다.

효능

*

정화, 해독 작용이 뛰어난 레몬

제2차 세계대전에 참전했던 군의관 장 발네Jean Valnet는 레몬 에센셜 오일이 수막염균, 장티푸스균, 포도상구균, 폐구균을 억제하고 디프테리아 박테리아, 결핵균을 비활성화했다고 밝혔습니다. 그리고 면역 촉진성이 있기 때문에 면역계를 활성화해 저항력을 키워주는 것으로 알려졌습니다.

레몬 과즙은 발한제, 이뇨제, 급성 류머티즘이나 마약의 중독성을 중화하는 용도로 사용되었습니다. 림프의 울혈 제거에 효과적인 레몬은 비만, 셀룰라이트, 고지혈증, 동맥경화증에 처방할 수 있고, 요로결석과 담석을 제거하는 데 도움을 줄 수 있습니다.

순환을 돕고 혈관을 강하게 하는 레몬 에센셜 오일은 정맥류, 치질, 코피 등에 사용할 수 있고, 항바이러스 성분은 감기, 독감에 효과적입니다. 또한 항감염 성분이 탁월해 공기 살균제로 사용할 수 있습니다. 그리고 스트레스로 인한 어지러움증, 분노, 신경과민을 조절해 심신의 안정, 기분 전환을 돕고 특히 집중력과 판단력을 길러주며 수면 장애와 불면증을 완화해 숙면을

1 레몬 에센셜 오일은 차량용 수스페레이스로 활용할 수 있습니다. 에탄올과 함께 수상 7:3 비율로 희석하고 레몬 에센셜 오일을 첨가해 섞어서 만듦 레몬에 뿌리면 됩니다. 특히 비옷 때마 슘찬 때 뿌리면 살균, 소독 작용과 함께 기분을 북돋우는 효과가 있습니다.

취할 수 있게 도와줍니다.

레몬 에센셜 오일은 피부에 좋은 효능을 많이 가지고 있습니다. 노화된 각질을 제거해 칙칙한 피부를 윤기 있게 해주고 과도한 피지 분비를 막아주는 효과가 있는 것으로 알려졌습니다. 모공 수렴 효과가 있어 노폐물을 제거하고 피부에 탄력을 더해주며, 소독 효과도 있어 여드름 등의 트러블 피부를 치료합니다. 미백에도 효과적이며 레몬 에센셜 오일을 이용해 마사지를 할 경우 통증을 완화해 관절염, 류머티즘에 효과가 있습니다.

이밖에도 레몬은 새콤한 맛의 레모네이드로 만들거나 샐러드의 드레싱, 생선의 비린내를 제거하는 등 요리에도 다양하게 쓰이고 있습니다.

연구 결과

우울증과 스트레스 완화, 아토피 피부염, 항염증 효과

'라벤더, 레몬, 유칼립투스 혼합 에센셜 오일이 아토피 피부염 동물 모델의 Th2 관련 인자에 미치는 영향(김현아 외, 대한약침학회지 vol.13 no.1 통권 제33호, 2010)'을 연구한 사례가 있습니다. 아토피 피부염의 원인은 다양한데 유전적인 가족력, 음식 섭취 등으로 인한 생활 환경의 영향 그리고 파괴된 피부층을 통해 유입된 항원 물질에 대한 면역 반응으로 혈중 IgE 항체의 수준이 증가함으로써 나타나는 복합적 질환으로 알려져 있습니다. 실험 결과 혼합 에센셜 오일은 Th2 관련 인자의 조절을 통해 아토피 피부염 유발 동물 모형에 대해 효과가 있는 것으로 추정했습니다.

2 아로마테라피 클래스 수강생 중에 네일 숍을 운영하는 분이 있어 큐티클 오일 만드는 방법을 알려드린 적이 있습니다. 캐리어 오일에 레몬 에센셜 오일을 넣는 간단한 레시피였는데, 사용해보니 각질을 부드럽게 제거해주고 손끝이 촉촉해지는 효과를 느끼서 그 후로 네일 숍 고객에게 사용하고 있다고 합니다.

'로즈마리와 레몬 오일을 배합한 정맥 순환 마사지가 냉증인 여성에게 미치는 효과 연구(오웅영, 장문정, 한국피부미용향장학회지 Vol. 7 No.2, 2012)' 논문은 냉증 정도와 스트레스가 감소하는 효과가 있다는 결론을 내렸습니다. 특히 일반 오일을 사용한 대조군보다 레몬과 로즈메리 에센셜 오일을 배합해 정맥 순환 마사지를 실시한 실험군의 효과가 더 뛰어났습니다.

'OVA로 유도된 천식 생쥐 모델에서 레몬 오일의 항천식 및 항염증 효과(최국기, 정규진, 디지털융복합연구 제12권 제10호, 2014)' 논문은 오브알부민[OVA, Ovalbumin]으로 유도된 천식 생쥐 모델에게 0.3%의 레몬 오일을 6주 동안 흡입시켰습니다. 연구 결과 천식 생쥐의 기도과민성 억제, 호산구의 세포 증식 억제, IgE의 생성 억제를 통해 기도의 염증 반응 및 과민 반응을 유의성 있게 억제하는 것으로 확인되었습니다.

'레몬 에센셜 오일이 고콜레스테롤 혈증 유발 토끼의 지질 개선에 미치는 효과(이현주, 부산대학교, 2006)'를 연구한 논문을 살펴보면 고콜레스테롤 식이를 4주간 섭취한 토끼를 대상으로 실험했습니다. 그 결과 혈장 총 콜레스테롤 농도가 대조군에 비해 레몬 에센셜 오일 0.5% 첨가군에서 18.2% 감소되었고, 혈장 중성지질 농도는 대조군에 비해 27% 감소했습니다. 따라서 레몬 에센셜 오일의 콜레스테롤 저하 효과와 함께 고콜레스테롤 혈증에서 관찰되는 적혈구와 대동맥의 형태 및 구조 변화를 억제하는 항산화 효과가 있는 것으로 나타났습니다.

'야간 물류 육체 근로자의 에센셜 오일 선호에 따른 육체적 피로의 Aromachology 효과에 관한 연구(이석환, 한밭대학교 산업대학원, 2019)'에서는 레몬 에선셜 오일의 향이 부신피질에 작용해 작업자의 집중력을 일시적으로 향상시켜 스트레스에 효과적임을 입증했습니다. 또한 집중력 및 스트레스뿐만 아니라 육체 피로에도 효과가 있다는 결론을 내렸습니다.

식물의 특성

키가 6~9m까지 자라는 사철 푸른 나무인 레몬은 옅은 녹색의 달걀형 잎과 강한 향을 풍기는 흰색, 분홍색의 꽃을 피웁니다. 아시아에서 유래한 레몬의 과실은 녹색에서 노란색으로 변화하면서 익는데, 1년 내내 수확할 수 있기 때문에 레몬 나무 한 그루가 1년에 약 1500개를 생산합니다. 레몬 껍질을 냉압착해서 에센셜 오일을 추출하는데, 시트러스 특유의 가볍고 신선하고 달콤한 향이 특징입니다.

학명	Citrus limon
과	운향과(Rutaceae)
분포	미국, 콜롬비아, 이탈리아, 스페인, 지중해 연안
추출 부위	과피
추출 방법	냉각 압착법
노트	톱 노트
화학적 분류	모노테르펜(Monoterpenes)
화학 구성 성분	리모넨(Limonene) 56~78% - 항진균, 진정, 항염, 부작용 반감 피부 자극 억제 / 피넨(Pinene) 7.9~18.6% - 살균, 방부 사비넨(Sabinene) 1.5~4.6% - 항균 외 다수 화학 성분
특성	항바이러스, 방부성, 항미생물, 항류머티즘, 항경련, 수렴, 살균, 소독, 구풍, 정화, 발한, 이뇨, 해열, 지혈, 살충, 발적, 구충
Body	소독 및 몸의 청결과 해독 작용. 목감기와 귀의 통증을 진정, 이완, 곤충에게 물렸을 때 진정
Skin	발진, 뾰루지, 부스럼, 종기, 습진에 효과. 지성 피부의 피지를 제거하고 피지선의 과도한 활동으로 손상된 모세 혈관에 효과적
Mental	정신을 맑고 신선하게 해주고 근심을 덜어 자신감 고양
주의 사항	무독성, 무자극성이지만 일부 예민한 사람들에게 과민 반응을 일으킬 수 있음. 광독성이므로 피부가 햇빛에 노출되지 않도록 밤에만 사용

Lemongrass

레몬그라스

레몬그라스의 학명인 심보포곤^{Cymbopogon}은
'속이 비었다'는 뜻의 그리스어 '심보스^{Cymbos}'와
'수염'이라는 뜻의 '포곤^{Pogon}'이라는 말의 합성어입니다.
속이 빈 줄기와 수염처럼 가늘고 긴 수염을 가졌기 때문에
붙여진 이름입니다.
잎을 바스러뜨려서 손가락으로 비비면 레몬과 같은 향기가 나
레몬그라스라는 이름을 가지게 되었습니다.

역사

🔥

전통 민간요법으로 알려진 레몬그라스

레몬그라스는 역사적으로 여러 나라에서 전통 민간요법으로 사용되었습니다. 고대 인도에서는 감염 질환이나 열을 다스리는 데 사용한 치료제였고, 전통 중국 한의학에서는 감기, 두통, 위통, 복부 통증, 류머티즘을 치료하는 데 쓰였다고 합니다. 고대 인도의 전통 의학인 아유르베다에서는 레몬그라스를 오랫동안 사용해왔는데, 고열이나 전염성 바이러스의 해독제 그리고 콜레라의 치료제로 활용했습니다. 위장 내 가스를 배출하고 소화작용이나 장염, 대장염, 복부팽만증, 스트레스로 인한 소화 장애 등 여러 가지 증상에 다양하게 사용했습니다.

효능

🔥

에너지와 생기 회복

레몬그라스 에센셜 오일은 머리를 맑게 해주고 정신적인 피로감을 느낄 때 활력과 생기를 불어넣는 효능이 있고, 우울증 해소에도 도움이 되는 것으로 알려져 있습니다. 강한 방부, 항균, 항취, 항박테리아 작용을 해 전염성 질환을 완화하고 인후염, 후두염, 등 호흡기의 감염증에도 효과가 있습니다. 또한 이뇨제, 강장제, 자극제로 쓰이는 레몬그라스는 특히 소화기계를 자극해 소화를 촉진하고 대장염, 소화불량, 위장염에 효능이 있으며 배 속의 가스를 제거하는 구풍제 역할을 합니다. 생리에 관한 장애를 완화하고 모유를 풍부하게 해주는 효능이 있고, 구토 완화와 함께 열을 감소시키고 몸을 차갑게 하기 위해 땀 분비를 유도합니다.

레몬그라스 에센셜 오일은 효과적인 피부 기능 증진제이며 항염, 항균력이 뛰어나기 때문에 피부 트러블에 유용합니다. 따라서 지성 피부나 여드름이 있는 피부에 알맞고 노폐물 제거, 피지 분비 조절, 모공 수축, 피부 탄력에도 효과가 있습니다. 공기 정화와 탈취로 각종 냄새를 제거하고 해충을 쫓아내는 데 효과가 있어 널리 쓰입니다. 그리고 염좌, 타박상, 탈구, 근육 통증 완화에도 효과가 있는 것으로 알려져 있습니다.

레몬그라스는 육류, 가금류, 해산물 등 여러 가지 요리에 이용됩니다. 특히 인도네시아, 말레이시아, 스리랑카, 인도 요리의 향신료로 많이 쓰이고 레몬그라스의 뿌리는 피클이나 티로 사용합니다. 레몬그라스 티는 소화 기능을 강화하고 빈혈, 복통, 설사, 두통 완화 및 치료에도 효과가 있어 인기가 높습니다.

연구 결과

항균력이 뛰어난 레몬그라스 에센셜 오일

'에센셜 오일의 두피 미생물 생장 저해 효과(주명원, 김주연, 한국미용학회지 제18권 제2호, 2012)' 논문을 살펴보면 레몬그라스, 클라리세이지, 유칼립투스, 사이프러스, 제라늄 등 5가지 에센셜 오일을 선정해 실험한 결과 레몬그라스 에센셜 오일이 9종의 미생물에 대해 광범위한 살균 기능을 보인 것으로 나타났습니다.

'레몬그라스Lemongrass 에센셜 오일의 발모촉진 효과(김소정, 대구한의대학교, 2018)'에 대한 논문은 지성 두피와 피부에 효과가 있다고 보고된 레몬그라스의 발모 효과를 측정했습니다. 그 결과 피부 조직학적 분석에서 모낭의 수와 모발의 길이가 대조군에 비해 전반적으로 증가했습니다.

식물의 특성

◊

레몬과 허브 향이 어우러진 향기

높이 약 1.5m까지 자라는 레몬그라스는 성장 속도가 빠른 여러해살이 식물입니다. 인도, 스리랑카 등 아시아에서 유래되었고 억새를 닮은 볏과의 식물입니다. 레몬그라스는 잎에서 향기가 나는 방향성 식물이기 때문에 어린 잎은 티로 만들어 음용합니다. 레몬그라스의 잎을 수증기 증류법으로 에센셜 오일을 추출하는데, 가벼운 레몬과 상쾌한 풀의 향이 어우러진 향기를 지녔습니다.

Lemongrass

학명	Cymbopogon citratus
과	볏과(Poaceae)
분포	과테말라, 인도, 동남아시아, 아프리카, 중앙아메리카
추출 부위	잎
추출 방법	수증기 증류법
노트	톱 미들 노트
화학적 분류	알데하이드(Aldehydes)
화학 구성 성분	게라니알(Geranial) 51.19% - 살균, 항염, 항바이러스, 면역계 강화
	네랄(Neral) 30.06% - 살균, 소독
	게라니올(Geraniol) 3.80% - 방충, 항바이러스, 신경계 이완
	리모넨(Limonene) 2.42% - 항진균, 진정, 항염, 부작용 반감,
	피부 자극 억제 / 리나롤(Linalool) 1.34% - 신경 안정
	시트로넬랄(Citronellall) 0.37% - 방충, 항균
특성	항우울과 진정(우울증, 불안, 불면)
	항균, 살균, 진통, 수렴(바이러스, 감염 피부, 여드름, 상처, 근육통, 두통)
	벌레 퇴치, 구풍(소화불량, 가스 제거)
	진균제(무좀, 곰팡이균)
Body	코감기 질환에 효과적이며, 살균제로 쓰일 정도로 소독 효과가 뛰어남
Skin	피를 맑게 해주고 신경 피로에 효과
	피부를 탄력 있게 해주고 지성 피부의 노폐물 제거
Mental	기분 고양, 결단력을 강화하고 용기 진작
주의 사항	민감성 피부, 과량사용 시 두통

Mandarin

만다린

만다린이라는 이름의 유래는 고대 중국에서 비롯되었습니다.
중국의 고위 관료를 영어로 'The Mandarins'라고 하는데
그들에게 선물로 바쳤던 과일을 만다린이라고 불렀다는 것입니다.
유럽에서는 만다린이라는 이름으로 알려졌고,
미국에서 재배하는 것을 탄제린이라고 부르는데
동일 종으로 취급합니다[1].

역사

🔥

중국에서 동아시아, 유럽까지

만다린은 중국, 인도차이나가 원산지로 중국에서는 소화 기능을 위한 강장제로 과일 껍질을 사용했다는 기록이 남아 있습니다. 이후 동아시아로 전해졌고, 18세기에는 유럽에 처음 선보였습니다. 그리고 점차 대중화되면서 여러 대륙에서 재배되었습니다. 프랑스에서는 유아기와 어린이의 배앓이를 완화하는 등 주로 어린이 질환의 치료제로 쓰였습니다. 그리고 안절부절못하고 활동 과다인 어린이를 진정시키는 데 사용되었다고 합니다. 이와 같은 이유로 '어린이 치료약Children's Remedy'이라고 부르기도 합니다.

효능

🔥

행복함을 주는 에센셜 오일

만다린 에센셜 오일은 강한 진정 작용으로 우울증, 불안, 긴장, 스트레스, 불면증을 완화하고 기분을 밝고 상쾌하게 해주는 것으로 알려져 있습니다. 깊은 수면을 할 수 있게 도와주고 유행성 감기, 기관지염에도 효과가 있습니다.

1　만다린이라는 이름이 시위과 탄제린과 같은 종인가에 관해서는 많은 논쟁이 있습니다. 우선 만다린이라는 이유는 중국의 고위 관료(Mandarin)에게 진상용로 주었기 때문에 행기났다는 설도 있고, 크기와 색상, 모양이 고위 관료가 썼던 모자의 단추를 연상시켜서 비롯되었다는 의견도 있습니다.
만다린 오랜지와 탄제린 오렌지에 관한 의견도 분분합니다. 어떤 사람들은 두 가지가 같은 것이라고 생각하지만, 많은 이들은 탄제린이 만다린의 한 종류라고 생각합니다. 만다린이 모로코의 탕헤르(Tangier)에서 선적되어 오면서 그 이름이 생기났다는 것입니다. 그 주장을 뒷받침하는 근거 중 하나가 섬의 섬입니다. 그 섬에서는 두 가지을 구별해서 부르는데 만다린은 'Jama-naran', 탄제린은 'Nas-naran'이라는 이름으로 부르고 있습니다.

만다린 에센셜 오일은 소화기 계통에 전반적인 강장 효과를 가지고 있는 것으로 알려져 있습니다. 특히 소화 기능 촉진, 식욕 자극, 장 진정, 장내 가스 배출, 장 통증 치료 등에 효과가 있고, 간 자극, 대사 과정의 정상화, 담즙 분비 촉진 등의 작용을 합니다.

혈액순환을 원활하게 해서 피부를 건강하게 해주는 효과가 있는데 울혈성 피부, 부종 피부, 지성 피부, 트러블 피부에 효과적입니다. 체액이 과도하게 정체되는 것을 해소하고 부드러운 이뇨 작용을 통해 특히 셀룰라이트, 부종을 제거하는 효능이 탁월합니다. 세포 성장을 촉진하기 때문에 흉터, 임신선, 튼살 에 효과적인 것으로 알려져 있습니다.

자극 없이 부드러운 만다린 에센셜 오일은 어린이와 노약자가 안심하고 사용할 수 있는 에센셜 오일입니다. 프랑스의 민간요법처럼 아이들의 배앓이나 딸꾹질을 멈추게 하고, 과잉 행동을 하는 아이들의 심리를 안정시키는데 좋습니다.

2 홍터 몸속 장기나 조직에 피가 모인 상태.

3 5개월 이상 임신기에 접어든 임산부의 트러블을 예방하는 오일로는 횟참이 대표적입니다. 그런데 횟참 오일은 누이한 향이 장해서 비위가 약해진 임산부에게 적당하지 않을 수 있습니다. 이럴 경우 만다린 에센셜 오일을 2~3방울 첨가하면 기분 좋은 향을 즐기면서 트러블을 예방할 수 있습니다.

4 아이를 위한 스킨케어 제품을 만들 때 자주이 작은 라벤더 에센셜 오일을 많이 사용합니다. 그런데 라벤더는 아이들의 만족도가 낮은 향이기 때문에 만다린 에센셜 오일을 추천합니다. 아이의 목욕 후 호호바 오일에 만다린을 0.5% 첨가한 보디 마사지 오일을 전신에 발라 주면 피부 보습은 물론 심신 안정, 소화 촉진, 숙면에 도움이 됩니다.

연구 결과

마음의 안정과 두뇌 활성화를 돕는 에센셜 오일

'만다린 에센셜 오일을 이용한 아로마 요법이 중년여성의 뇌파와 두뇌활용 능력에 미치는 영향(김영선, 조선대학교, 2018)'은 천연 에센셜 오일이 인간의 뇌파와 두뇌활용능력에 미치는 영향을 정량화해서 분석한 논문입니다. 실험을 통한 결론에서는 중년여성의 자발뇌파의 안정 상태와 각성 상태, 유발뇌파의 우뇌에 통계적으로 유의한 차이가 있었습니다. 그리고 두뇌활용능력 검사 결과에서는 브레인 테스트와 공간지각능력, 기억력 모두 유의한 차이가 있는 것으로 나타났습니다.

'아로마향기요법이 혈관건강에 미치는 효과(김도현, 한국산학기술학회, 2021)'을 살펴보면 라벤더, 베르가모트, 만다린, 레몬, 시더우드, 로만 캐모마일을 블렌딩한 오일을 흡입한 뒤 광혈류량 측정 등 다양한 실험을 했습니다. 실험 결과 아로마 향기 요법은 혈관의 경직도를 감소시키고, 혈관의 탄성도를 증가시키는 등 혈관 상태에 도움을 주기 때문에 효율적인 보완대체요법이라는 결론을 내렸습니다.

'만다린 에센셜 오일을 이용한 향기흡입법이 산후 체형변화에 따른 심리적 우울상태에 미치는 효과(강미영, 영산대학교 미용예술대학원, 2013)'에서는 만다린의 항우울 효과에 주목했습니다. 향기흡입법으로 실험한 결과 만다린 에센셜 오일은 산후 우울 성향의 산모들의 우울 수준을 감소시켰고 마음, 신체, 의식의 변화에 긍정적 영향을 주는 것으로 나타났습니다.

식물의 특성

시트러스 계열의 달콤한 향기

중국, 베트남 남부가 원산지인 만다린은 4m 크기의 상록수입니다. 가지가 많고 건강하고 푸른 잎, 아름다운 향기를 품고 있는 작은 꽃이 피어납니다. 만다린 종 가운데는 아시아의 따뜻한 지역에서 재배했던 밀감(귤)도 있기 때문에 우리에게도 친숙합니다. 만다린의 과실 껍질을 압착 추출한 에센셜 오일은 달콤하고 상쾌한 향기가 특징입니다.

Mandarin

학명	Citrus reticulata
과	운향과(Rutaceae)
분포	이탈리아, 브라질, 스페인
추출 부위	과피
추출 방법	냉각 압착법
노트	톱 미들 노트
화학적 분류	모노테르펜(Monoterpenes)
화학 구성 성분	리모넨(Limonene) 70~80% - 항진균, 진정, 항염, 부작용 반감, 피부 자극 억제 / 테르피넨(Terpinene) 10~20% - 살균, 항균, 소독, 방부, 항바이러스 외 다수 화학 성분
특성	진정과 자율신경 조절(딸꾹질 진정) 항우울과 항불안(스트레스, 산후 우울, 긴장) 순환과 촉진(튼살, 장내 가스 제거, 소화, 지방 분해) 항경련(배앓이)
Body	상쾌함과 활력. 피를 맑게 하고 복부 마사지를 통해 가스 배출
Skin	지성, 여드름, 잡티 피부에 효과적, 튼살 관리
Mental	정신적인 피로에 효과적, 마음과 신체의 균형
주의 사항	광독성이 낮은 것으로 알려져 있으나 바른 후 햇빛에 노출되지 않도록 주의

Marjoram
마저럼

———

마저럼의 학명 '오리거넘^{Origanum}'은
그리스어의 '오로스^{oros}', '가노^{gano}'에서 유래되었다고 합니다.
'산', '기쁨' 또는 '즐거움'이라는 단어의 뜻이 합쳐져
'산의 기쁨'을 뜻합니다.
마저럼의 다른 이름인 프랑스의 고어 '마리올^{Mariol}'은
꽃무리가 조그만 꼭두각시를 닮아서 붙여진 이름입니다.
마저럼은 초여름이면 매듭 모양의 하얀 포엽(꽃을 싸고 있는 잎)에 싸여
흰꽃을 피우기 때문에 '매듭 마저럼^{Knotted Marjoram}'이라고도 부릅니다.
마저럼의 학명은 두 가지인데
스위트 마저럼을 뜻하는 오리거넘 마조라나^{Origanum Marjorana},
오레가노를 뜻하는 오리거넘 불가레^{Origanum Vulgare} 입니다.
그중에서 아로마테라피에 널리 쓰이는 것은 스위트 마저럼입니다.

신화와 전설

◊

신에게 바쳐진 꽃

고대 그리스와 로마인들은 사랑과 미의 여신으로 알려진 비너스가 마저럼을 만들었다고 믿었습니다. 비너스는 바닷물에서 마저럼을 만들고 난 다음 태양빛을 듬뿍 받게 해주기 위해 가장 높은 산에 심었고, 자신의 아들 아이네아스가 상처를 입자 마저럼으로 치료했다고 합니다. 그 전까지는 향기가 없었는데 비너스의 손이 닿은 마저럼 꽃에 향기가 스며들었다고 합니다.

스위트 마저럼은 고대 그리스에서 '아마라쿠스'라는 이름으로 알려졌는데 상큼하면서도 달콤한 특유의 향기에 얽힌 전설이 있습니다. 그리스 키프로스 섬에서 키니라스 왕의 시종이었던 아마라쿠스라는 청년이 왕의 향수 항아리를 옮기다가 그만 실수로 깨뜨렸습니다. 아마라쿠스는 왕에게 벌받을까 너무 두려워 그만 하얗게 질린 채 죽었는데, 신들은 그를 불쌍히 여겨 무덤에 향수보다 더 향기가 강한 마저럼이 자라게 해주었다는 것입니다.

역사

◊

평안과 치유의 마저럼

부드럽고 따뜻한 향을 지닌 마저럼은 고대 이집트에서 미라를 만들 때부터 현재까지 오랜 역사를 함께 해왔습니다. 고대 이집트에서는 네이트 여신의 아들이자 악어 머리의 신 소베크에게 헌정된 허브로 알려져 있습니다. 독성이 없는 희귀한 허브 중 하나인 마저럼은 향신료, 향수, 목욕제, 연고, 약제 등 다양한 용도로 사용되었습니다.

고대 그리스에서는 마저럼을 독미나리와 뱀의 독을 해독하는 해독제로 사용했고, 고대 이집트에서는 클로브(정향), 아니스, 커민, 시나몬과 함께 마저럼을 혼합해 미라를 만들거나 향수와 연고, 약으로 활용했습니다. 또한 '장례식의 풀'이라고 부르며 무덤에 심었고, 사랑과 명예를 상징한다고 믿었기 때문에 신혼부부에게 마저럼 화환을 만들어주기도 했습니다. 인도에서는 시바와 비슈누 신에게, 이집트에서는 오시리스 신에게 마저럼을 바쳤습니다.

1세기 그리스 의사이자 약리학자였던 디오스코리데스Dioscorides는 신경쇠약증을 치료하기 위해 마저럼으로 아마리시뭄Amaricimum이라는 연고를 만들었습니다. 로마의 학자 플리니우스Gaius Plinius Secundus는 위장병에 마저럼을 처방했습니다.

중세 시대인 12세기 독일 빙엔의 수녀원장 성 힐데가르트Hildegard von Bingen는 마저럼이 나병에만 특효가 있으며, 오히려 다른 피부 질환을 야기시킬 수 있기 때문에 마저럼을 만지지 말라고 경고하기도 했습니다.

마저럼 에센셜 오일은 원기 회복 효능이 높이 평가받고 있으며, 특히 영국 튜더 왕조 시대에는 마저럼의 향기만 맡아도 건강을 유지할 수 있다고 믿었습니다. 엘리자베스 여왕 시대에는 검게 변색된 치아를 치료하기 위해 마저럼, 로즈메리, 세이지를 섞어 포도주를 마셨고, 마저럼을 몸에 바르고 잠들면 미래의 남편에 대한 꿈을 꾼다고 믿었습니다. 중세 이탈리아의 살레르노 학교에서는 마저럼이 진경제와 거담제 역할을 한다고 규정했고, 분만을 용이하게 하도록 처방했습니다.

17세기 영국의 식물학자이자 〈컴플리트 허벌The Complete Herbal〉의 저자인 니콜라스 컬페퍼Nicholas Culpeper는 스위트 마저럼에 대해 기술했는데 폐 질환, 간과 비장의 폐색, 자궁의 오래된 통증, 장에 가스가 생기는 증상에 좋다고 밝혔습니다.

1720년 프랑스 의학대학의 쇼멜J. B. Chomel은 두뇌를 강화하고 피로를 해소하기 위해 건조한 마저럼 향을 들이마실 것을 권장했고, 마저럼을 와인에 넣으면 긴장과 혈액순환에 도움이 된다고 했습니다. 카쟁F.J. Cazin은 1876년 저술한 〈천연약물의 역사〉에서 마저럼을 중풍, 마비, 간질, 기억상실과 같은 신경계통의 장애에 처방했습니다.

효능

◊

몸과 마음의 따뜻한 이완

마저럼은 건조해도 향기가 없어지지 않고 오래 지속되며 살균 효과가 있습니다. 따라서 베개 속, 향낭, 화장수, 목욕제 등 폭넓게 활용되었습니다. 마저럼의 잎은 비타민 A가 풍부하고 마취 효과가 있어 치통이 있을 때 잎을 입안에 넣고 씹었다고 합니다.

이탈리아에서는 오래전부터 요리용 허브로 다양하게 활용되었습니다. 상큼한 향이 나는 어린 잎은 샐러드에 넣고, 육류 특유의 누린내를 제거하기 위해 사용합니다. 마저럼 허브티는 진정 작용이 뛰어나 신경성 두통이나 피로감을 완화해주는 역할을 합니다. 특히 마저럼 꽃잎을 넣은 차는 소화를 촉진하고 위장의 활동을 도울 뿐 아니라 타임과 섞어서 갓 짠 우유에 넣으면 산화를 막아주는 효과가 있어 유럽에서 오랫동안 사랑받아왔다고 합니다. 〈살바토레의 아로마테라피 완벽 가이드〉의 저자인 살바토레 바탈리아 Salvatore Battaglia는 마저럼이 신경을 강화하고 편하게 하는 능력이 있어 긴장, 스트레스 관련 증상, 불안이나 불면 증상이 교대로 나타나는 피로감에 추천했습니다.

마저럼은 성적 접촉에 대한 욕망을 감소시키는 제음制淫 효과를 가진 것으로 널리 알려졌습니다. 또한 마저럼 오일은 피부의 불순물을 제거하고 지성 피부나 여드름에 효과가 있습니다. 마저럼의 진통 효과는 근육과 신경 계통에도 활용되는데, 마저럼 오일을 목욕이나 마사지에 사용하면 근육의 긴장과 경련을 완화해주고 류머티즘, 요통, 관절염 등에도 효과가 있습니다.

몸속을 따뜻하게 데워주는 특성을 가진 마저럼은 동상[1] 치료에 유용하며 멍이 잘 풀리게 해주고, 혈액순환을 원활하게 해 고혈압 완화에도 도움을 줍니다. 또한 내장의 연동운동을 자극하고 강화해 훌륭한 소화제로 알려져 있습니다. 마저럼의 항경련성과 통경성[2]은 자궁 근육에 효과적으로 작용해 생리통을 완화합니다.

연구 결과

스트레스 완화, 수면 유도 효과

'너트메그, 펜넬 및 마저럼을 이용한 향기 요법이 월경통 및 월경곤란증에 미치는 영향(천지아, 임미혜, 한국미용학회지 제19권 제6호, 2013)'연구를 살펴보면 20~30대 직장 여성들을 대상으로 넛맥(육두구), 펜넬 및 마저럼 에센셜 오일을 혼합해 복부를 마사지했습니다. 그 결과 혼합 에센셜 오일의 따뜻한 성분과 진통, 진정, 항경련, 호르몬 조절 및 혈액순환 효과로 월경통과 월경곤란증 감소, 복부 온도 증가에 연관성이 있다는 결론을 내렸습니다.

---

1 동상을 좋아하는 분이라면 기초 진행에 마저럼 에센셜 오일을 넣은 마사지 오일을 챙기세요. 카멜롬라 인류스트 오일 10ml, 코코넛 오일 10ml, 마저럼 3방울, 블랙페퍼 1방울, 로즈우드 2방울을 블렌딩한 다음 동상 부위에 바르고 마사지하면 됩니다.

2 통경성 Emmenagogue 월경을 촉진.

'마조람 에센셜 향기 요법이 수면 장애 성인 여자의 뇌파에 미치는 영향(정한나, 최현주, Journal of Life Science 제22권 제8호 통권 제148호, 2013)'을 연구한 논문은 마저럼 에센셜 오일이 각성 상태에서 벗어나게 해서 수면을 유도하는 긍정적인 효능이 있다는 결과를 발표했습니다.

이 외에도 마저럼 에센셜 오일을 블렌딩해서 마시지할 경우 여자 고등학생의 생리 통증이 경감되고, 장의 연동운동을 활발하게 해 소화 기능에도 효과가 있다는 연구 결과가 있습니다. 또한 성인을 대상으로 마저럼 에센셜 오일을 혼합해 마사지를 실시하자 스트레스가 감소해 진정 작용이 뛰어나다는 연구 결과도 있습니다.

식물의 특성

신선한 나무와 꽃의 향기

지중해 지역이 원산지인 스위트 마저럼은 길이 30~80cm까지 자라는 여러해살이 식물인데, 추운 지방에서는 1년생으로 재배되고 있습니다. 짙은 녹색의 잎과 끝이 뾰족한 여러 겹의 작은 꽃을 피우며 잎과 줄기, 꽃 등 전체에서 강한 향기가 나는 방향성 식물입니다.

하얗거나 분홍빛을 띤 작은 꽃대와 잎을 말려 수증기 증류법으로 에센셜 오일을 추출하는데 신선한 약용 식물, 나무와 달콤한 꽃의 향기가 나는 것이 특징입니다.

Marjoram

학명	Origanum marjorana
과	꿀풀과(Labiatae)
분포	이집트, 브라질, 모로코, 불가리아, 독일, 이탈리아, 폴란드, 터키, 헝가리
추출 부위	꽃대와 잎
추출 방법	수증기 증류법
노트	미들 노트
화학적 분류	모노테르펜(Monoterpenes)
화학 구성 성분	1, 8-시네올(1, 8-cineol) 30~68% - 진통, 항균, 항바이러스 리나놀(Linalool) 3~20% - 신경 안정 테르피넨(Terpinene) 대략 50% - 살균, 항균, 소독, 방부, 항바이러스 이 외 다수 화학 성분
특성	진정, 자율신경 조절, 정신 안정, 신경 강화(불면증, 욕구불만, 우울증, 제음), 혈액순환과 해독(피부 트러블, 동상) 진통과 진경(생리통, 천식, 근육 경련, 관절염, 두통, 과민성 대장증후군) 항바이러스, 항균, 항진균(감기, 기침, 가래)
Body	근육 긴장이나 경련을 완화하는 이완 작용
Skin	잡티가 많은 피부에 효과, 결합조직의 독성을 해소해 여드름, 지성 피부에 도움
Mental	자율신경계 집중 작용으로 부교감신경계를 자극하고 교감신경 기능을 낮춰주기 때문에 신경 긴장, 스트레스 관련 불안, 불면 증상에 효과. 성적 욕구 진정, 수면 장애 도움, 불만 해소
주의 사항	임산부, 뇌전증이나 고혈압 증세가 있는 경우 사용 금지

Myrrh

미르

몰약이라는 이름으로 알려진 미르는
'몹시 쓰다'는 뜻의 아랍어 '무르^{Mur}'에서 유래된 것으로
영어로 미르^{Myrrh}, 히브리어로 모르^{Mor},
그리스어로 무라^{Murra}라고 합니다.
약 4000년의 역사를 자랑하는 미르는 프랑킨센스와 더불어
가장 오래되고 유명한 향기성 물질 중 하나입니다.
미르 나무는 줄기, 가지에서 기름기가 있는
고무 같은 수액 방울을 분비합니다.
말랑말랑한 흰색이었던 수액이 땅으로 떨어지면
노란빛을 띤 갈색 나뭇진으로 변하면서 굳어집니다.
이렇게 굳은 미르는 톡 쏘는 자극적인 쓴 맛과 함께
강한 향기를 지니고 있습니다.

신화와 전설

아기 예수에게 바친 동방박사의 선물

미르는 구약과 신약성서, 코란에 등장하는데 신약성서에서는 아기 예수의 탄생을 경배하기 위해 드린 동방박사의 선물(황금, 유향, 몰약) 중 하나였습니다. 예수님의 죽음에도 미르가 언급되는데, 십자가에 매달린 고통을 덜어줄 '몰약(미르)를 탄 포도주'를 받았으나 마시지 않았다고 기록되었습니다. 요한복음에는 예수님이 죽음을 맞은 후 니고데모가 "몰약과 침향(알로에 혼합물) 섞은 것을 100리트라쯤 가지고 와서 (중략) 유대인의 장례법대로 그 향품과 함께 세마포로 쌌더라"는 내용이 있습니다.

이밖에도 미르는 성서에서 여러 번 언급되는데 〈아가서〉에서는 귀부인들이 향낭에 미르를 넣었다고 기록되어 있습니다. 〈에스더서〉에 나오는 에스더는 바사 왕국의 아하수에로 왕에게 나아가기 전 6개월 동안 몰약(미르)을 사용해 몸을 단장했다고 합니다.

미르와 관련된 신화에는 앗시리아의 공주 미르라^{Myrrha}가 아프로디테에 대한 경배를 거절하다가 누명을 쓰고 사막으로 쫓겨났다는 내용이 있습니다. 미르라는 눈물로 애원하다 나무로 변했는데, 그때부터 미르 나무에서 흰 눈물이 흘렀다고 합니다.

역사

4000년의 역사를 가진 미르

미르를 뜨겁게 가열하거나 태우면 강렬한 향기를 풍기는데, 고대인들은 이 향기가 악취를 제거해주고 진통과 방부의 약리 작용이 있다고 믿었습니다.

따라서 나병과 매독 등 많은 전염병 치료, 호흡기 질환이나 치아 건강을 위해 미르를 사용했습니다.

고대 이집트인들은 미르를 '푼트^{punt}, 푼^{phun}'이라고 불렀고 매의 머리를 한 태양신 호루스의 눈물에서 나왔다고 생각했습니다. 종교의식이나 시체의 방부 처리, 치료제인 고약을 만드는 데 사용했고 유명한 향수 '키피^{Kyphi}'의 성분 중 하나였다고 합니다. 미르는 피부의 주름을 완화하고 젊게 유지해주는 효능이 있어 이집트 여성들은 미르를 선호했습니다. 또한 미르는 피부 온도를 식히는 효과가 있어 뜨겁고 건조한 이집트 기후에 유용했습니다.

그리스 철학자인 헤로도토스, 테오프라스토스, 플루타르크는 미르를 찬미했고, 약학자인 디오스코리데스와 〈박물지^{Naturalis Historia}〉를 저술한 플리니우스는 미르를 치료 연고로 기록했습니다.

중국에서는 7세기경에 알려졌는데 관절염, 생리 관련 질환, 출혈 상처, 치질 치료를 위해 사용했습니다. 영국에서는 조셉 밀러^{Joseph Miller}가 '개방화, 가열 건조된 천연물'을 가진 식물로 간주했고, 천식, 감기, 약한 잇몸과 치아, 궤양, 나병을 치료하기 위해 사용했습니다. 〈영국 허브 약전^{British Herbal Pharmacopoeia}〉에는 구강 궤양, 치은염, 인두염에 대한 효과가 언급되어 있습니다.

1540년 미르에서 에센스가 증류되었고, 스위스의 의사 콘라드 게스너^{Conrad Gesner}와 코르디우스^{Cordius}는 나뭇진에서 연고를 만드는 방법을 설명했습니다. 그들은 미르를 상처에 바르는 등 피부에 사용하는 것으로 분류했습니다. 또한 영국의 조지 3세 시대에는 왕실 예배당의 의식에서 미르와 유향을 함께 피웠다고 합니다.

1608년 기베르^{P. H. Guybert}의 〈메디신 채리터블^{Medicine Charitable}〉에 "미르는 따뜻하고 정결하며 몸을 튼튼히 하고 건조하게 해서 오래된 기침이나 여성의 무월경에도 좋아 훌륭한 치료제라 볼 수 있다"고 기록되어 있습니다. 17세기 프랑스의 약제사이자 화학자였던 니콜라스 레머리^{Nicholas Lemery}는 미르가 월경 촉진제로 좋고, 분만 시간을 앞당기며 출산을 용이하게 한다는 사실을 확신했습니다.

효능

◊

고대부터 현재까지 치료적 효능이 입증된 미르

구약과 신약성서, 코란, 그리스와 로마에는 미르의 치료적 특성에 대해 여러 번 언급한 구절이 존재합니다. 이처럼 수천 년 동안 연고, 향수, 향초, 방부제 그리고 통증을 없애고 상처를 치료하는 데 사용되었던 미르는 항박테리아, 항진균, 항염 작용으로 유명합니다. 또한 전통적으로 구강, 잇몸, 목의 감염, 질염, 아구창 등에 사용되었습니다. 이미 고대부터 암을 치료하기 위해 미르를 이용했다는 문헌도 있습니다.

미르는 위장과 소화계를 자극하기 때문에 설사, 소화불량, 식욕 부진에 유용합니다. 노화되었거나 주름이 많은 피부, 갈라지고 튼 피부에 효능이 있고, 살균과 소독 기능이 있어 습진, 무좀에도 효과가 있습니다.

생식기계에도 효능이 있는 미르는 생리와 출산을 촉진하고 통증을 덜어줄 뿐만 아니라 질염, 백대하¹, 칸디다증²에도 유용합니다. 정화와 건조 작용을 하기 때문에 기침, 기관지염, 목의 통증, 감기 치료에도 효능이 있습니다. 치주염, 구내궤양 등의 염증이나 입 냄새 방지에도 효과가 있다고 알려져 있습니다. 현재 미르는 충치 예방을 위한 성분을 함유해 불소 대신 치약에 사용

1 백대하 자궁이나 질벽의 점막에 있음이나 흘러서 걸쭉히 백색 분자 많이 섞인 헌액과 냄새가 섞여있다 나오는 병 또는 그 분비물.

2 칸디다증 칸디다 균의 감염으로 일어나는 질환. 피부 적포증, 가피, 위의 점막 따위에 있는 붉은 감염증과 피부 깊은 곳, 기관지, 폐, 소화기관 따위의 내장에 있는 것은 감염증이 있습니다.

되고 있으며, 캡슐 형태로 차나 추출물로 이용하기도 합니다.

조선 중기의 의관 허준이 저술한 〈동의보감〉에는 미르, 즉 몰약을 "파사국波斯國에서 나는 소나무의 진액으로 종창의 특효제"라고 나와 있습니다. "성질이 평平하고 따뜻하며 맛은 쓰고 독이 없다"고 기록했고, "뭉친 혈을 풀어주고 종기나 타박상 등의 상처를 치료하며 뼈와 힘줄이 상하거나 부러져서 어혈이 지고 아픈 것, 매 맞아 생긴 상처, 악창과 지루를 낫게 하는 약재"라고 설명했습니다.

연구 결과

◊

항염증, 항균 효과

'미르 오일의 RAW264.7 세포에서 항염증 효과(정숙희, 박정, 한국미용학회지 제16권 제4호, 2010)' 연구 논문은 미르의 구굴스테론Guggulsterone 성분을 주목했습니다. 구굴스테론 성분은 톨유사수용체Tol-like receptors를 조절해 병원체로부터 숙주를 보호하는 것으로 알려져 있습니다. 연구 결과 미르 오일은 RAW264.7 세포에서 항염증 효과를 나타냈습니다.

'몰약, 라타니아, 카모밀레 등의 구강 내 병원균에 대한 항균 작용(백한승, 경희대학교, 2013)' 연구 논문도 있습니다. 사람의 타액에 있는 많은 미생물은 구취, 치아우식증, 치주 질환 등의 질환을 일으켜 여러 가지 장애나 통증을 유발합니다. 다양한 병원균을 억제하기 위해 항생제를 사용할 경우 내성균이 생기거나 구강 내 상주균까지 제거되기도 합니다. 따라서 구강 내 상주균을 건강하게 유지하면서 병원균만을 억제하려는 노력의 일환으로 천연 추출물을 활용하는 데 관심이 높아지고 있습니다. 실험 결과 치주 질환과 구치 발생을 일으키는 원인균을 억제하는 효과가 있는 것으로 나타났습니다.

식물의 특성

❦

따뜻하고 강한 향기의 미르

사막 지대 특히 아라비아, 에티오피아, 소말리아 등 동북 아프리카와 중동 지역에서 유래된 미르는 약 10m 크기의 굵고 단단한 관목입니다. 옹이가 많고 가시가 있는 가지에 세 갈래로 갈라진 잎과 작고 흰꽃을 피우는 것이 특징입니다. 나무와 껍질에서 향기가 나는 방향성 관목으로 타원형의 자두처럼 생긴 열매가 맺힙니다.

나무껍질에 상처를 내면 옅은 노란색의 올레오레진Oleoresin이 흘러나오고 공기와 닿으면 반고체의 나뭇진이 됩니다. 나뭇진을 수증기 증류법으로 추출한 에센셜 오일은 풍부하고 따뜻한 매운 향을 지녔습니다.

Myrrh

학명	Commiphora myrrha
과	감람과(Burseraceae)
분포	아프리카, 아라비아
추출 부위	나뭇진(송진)
추출 방법	수증기 증류법
노트	베이스 노트
화학적 분류	알코올(Alcohols), 세스퀴테르펜(Sesquiterpenes)
화학 구성 성분	히레보렌(Heerabolene), 리모넨(Limonene), 신남알데하이드(Cinnamaldehyde), 쿠민알데하이드(Cuminaldehyde), 쿠믹알코올(Cumic Alcohol) 30~45% - 방부, 항바이러스, 항균, 살균, 강장 쿠르제렌(Curzerene) 10~15% - 항염, 항균
특성	항염, 항진균, 살균(구강 세균, 백선균, 자궁, 치질, 기관지염, 감기, 기침, 무좀, 습진, 욕창) 진통과 진경(생리 촉진, 생리통) 순환과 재생(어혈, 울혈, 튼살, 상처, 노화 피부)
Body	살균, 항균, 진균에 탁월한 효과. 입, 혀, 목 관리에 유용하고 거담제로 활용
Skin	노화 피부, 치유가 더딘 상처, 진물 나는 습진, 무좀에 유용 갈라지고 튼 피부 치료
Mental	몸과 마음의 안정, 평온함
주의 사항	일반적인 에센셜 오일과는 달리 점성이 있음

Neroli

네롤리

—

네롤리는 '신 오렌지 나무, 시빌 오렌지 나무'라고 알려진
비터오렌지 나무의 꽃에서 추출합니다.
비터오렌지 나무는 꽃에서 네롤리, 잎과 잔가지에서는 페티그레인,
열매의 껍질에서는 비터오렌지 에센셜 오일을 추출하는
보기 드문 나무입니다.
네롤리라는 이름은 네롤리 공국의 공주였던
안나 마리아 드 라 트레모일레Anna Maria de la Tremoille의
이름을 딴 것입니다.

역사

동아시아가 원산지인 비터오렌지 나무는 인도, 페르시아로 퍼져 나갔는데 폼페이와 카르타고의 프레스코 벽화에는 오렌지, 레몬과 매우 비슷한 시트러스 열매가 묘사되어 있다고 합니다. 로마 건국 초기, 로마 병사들이 이웃 부족 사비나의 여인들을 강제로 납치하는 역사적인 사건이 벌어졌습니다. 자크 루이 다비드Jacques Louis David가 그린 '사비니 여인들의 중재'는 로마 건국 초기를 묘사한 그림입니다. 로마의 병사들이 여인들을 납치하자, 이후 사비니 여인들은 로마와 사비니 부족의 전쟁을 중재했습니다. 이 역사적인 사건에 등장하는 사비니 여인들이 비터오렌지 나무의 오일을 '강하다'는 뜻의 '네로'라고 불렀는데, 이것이 네롤리라는 이름의 유래라는 설도 있습니다.

비터오렌지 나무는 10~11세기경 지중해 지방에서 재배되었고, 이후 아메리카 대륙, 서인도제도 등으로 전해졌습니다. 비터오렌지 꽃을 증류한 에센셜 오일을 처음 언급한 것은 1563년경 이탈리아의 자연학자인 델라 포르타Della Porta였습니다.

1680년경 네롤리 공국의 트레모일레 공주가 이탈리아에 처음 소개했는데, 그 당시 유행을 이끌었던 공주는 장갑, 문구류, 스카프 등 어느 것에나 이 향을 뿌렸다고 합니다. 네롤리 꽃과 오일은 전통적으로 위장병, 신경계 질환, 통풍, 인후염 등의 진정제로서 역할을 했고 불면증에도 도움이 되었습니다.

유럽에서는 오렌지꽃이 신부의 순결함, 순수, 확고한 사랑을 상징했기 때문에 부케나 화환에 사용했고, 건조한 네롤리 꽃잎은 신경계에 가벼운 자극을 주기 때문에 우울증을 완화하는 데 사용되었습니다.

효능

신경계를 강장하는 네롤리 에센셜 오일

심장 리듬을 조절하고 경련 등의 신경성 심장 증상을 완화해 심장에 유익한 에센셜 오일로 알려져 있습니다. 고혈압이나 심계항진¹ 치료에 처방하고, 두통이나 정맥류 치료에도 사용합니다.

신경계를 조절하는 네롤리 에센셜 오일은 정신적, 정서적 긴장, 신경성 우울증, 급성과 만성적 불안감을 경감합니다. 따라서 가장 효과적인 진정, 항우울 치료제 중 하나로 평가됩니다. 스트레스, 정신적 충격을 해소하는 데 뛰어난 효과가 있으며 불면증, 갱년기 장애에도 사용됩니다.

그리고 최음 작용을 통해 성적 장애 개선에 도움을 주고 생리전증후군PMS, Premenstrual Syndrome에도 효과가 있는 것으로 알려져 있습니다. 간과 비장을 강장해 신경성 소화불량, 복부 팽만, 복통을 완화할뿐더러 수렴성으로 설사를 멈추게 하는 작용을 합니다.

모든 피부 타입에 알맞은 네롤리 에센셜 오일은 세포 성장 촉진 효과가 탁월해 피부에 탄력을 주기 때문에 특히 잔주름이 많은 노화 피부나 재생이 필요한 피부에 효과가 있습니다². 건성이거나 과민성 피부에도 사용하고, 모세혈관 파괴, 반흔, 임신선에도 유용합니다.

1 심계항진 몹시 놀라거나 빠른 심장박동이 느껴지는 증상.

2 처음 네롤리 에센셜 오일을 접했을 때 비싼 가격 때문에 놀랐는데, 비싼 만큼 가치가 있다는 것을 경험하고 가장 선호하는 에센셜 오일 중 하나가 되었습니다. 천연 화장품 전문가 가정 주양맹 중에 피부가 얇고 약해서 모세혈관이 붉게 비쳐 보이는 것이 스트레스가 된 분이 있었습니다. 그래서 호호바 오일 10g, 달맞이꽃종자 오일 10g, 네롤리 2방울, 헬리크리섬 1방울을 블렌딩하는 페이스 오일 레시피를 소개했습니다. 그 후에 안색이 밝아지고 피부가 좋아졌다는 이야기를 많이 들었다고 합니다. 항균 강장과 재생 효과가 뛰어난 네롤리의 효과를 이론이 아닌 실제로 경험한 다음 더더 가치로 활용하고 있습니다.

연구 결과

피부 재생, 염증 감소 효과

'UVB로 손상된 손상된 피부의 네롤리 오일 유효성(최소영, 한국인체예술학회지 10권 2호, 2009)'을 연구한 논문을 살펴보면 유해 산소 발생이 감소하고 해독을 촉진해 염증 반응을 완화했다는 결과를 알 수 있습니다. 또한 네롤리 에센셜 오일이 손상된 피부 장벽의 치유를 촉진하기 때문에 과도한 양의 자외선에 노출될 경우 이브닝 프라임로즈 오일에 3%로 블렌딩한 네롤리 오일을 피부에 바르면 염증 반응과 피부 손상의 경감 효과를 기대할 수 있다고 밝혔습니다.

'주방 세제로 유발시킨 흰쥐의 건성 피부에 미치는 팔마로사, 네롤리, 재스민 에센셜 오일의 유효성 연구(정현미, 대구가톨릭대학교, 2006)' 논문 결과도 있습니다. 피부가 건성화되는 원인 중 하나인 단백질 변성을 분석한 결과 네롤리 에센셜 오일을 도포한 처리군이 대조군과 가장 유사하게 나타나 피부 재생 효과가 있다는 결론을 내렸습니다. 또한 염증 반응을 알아보는 실험에서도 네롤리 에센셜 오일을 도포한 처리군의 염증 감소 효과가 가장 높았습니다.

'네롤리 에센셜오일을 이용한 아로마요법이 MBTI 성격유형에 따른 청소년의 뇌파와 두뇌활용능력에 미치는 영향(차영숙, 조선대학교 대학원, 2019)'에서는 네롤리 에센셜 오일을 이용한 아로마 요법과 뇌파측정을 실시한 후 청소년들의 뇌파와 두뇌활용능력을 측정했을 때 통계적으로 유의한 차이가 있었다고 합니다. 특히 청소년들의 뇌기능에 영향을 주어 안정된 집중력과 인지능력 향상에 기여할 수 있다는 결론을 내렸습니다.

성격 선호유형별 차이에서는 외향형이 내향형보다, 직관형이 감각형보다, 사고형이 감정형보다, 인식형이 판단형보다 특히 안정된 집중력 및 인지능력에 관련된 뇌파들이 나타나 유의한 차이가 있었습니다. 또한 성격 기질별 차이에서도 합리적 기질, 예술가적 기질 및 이상가적 기질이 보호자적 기질보다 안정된 집중력 및 인지능력 측면에서 유의한 차이가 나타나 성격 기질별로 아로마 요법을 다르게 적용할 필요가 있음을 시사한다고 밝혔습니다.

식물의 특성

풍부하고 강렬한 꽃, 오렌지의 향기

높이 약 10m까지 자라는 비터오렌지 나무는 사철 푸른 상록수입니다. 달걀 모양의 진한 녹색 잎, 두껍고 향기로운 꽃잎, 작은 열매를 맺는 것이 특징입니다. 중국 남부와 인도 등 동아시아에서 유래했고, 비터오렌지 나무의 꽃을 채취해 수증기 증류로 에센셜 오일을 추출합니다.

에센셜 오일은 풍부한 꽃과 오렌지 향기가 나는데 채취하기가 어렵기 때문에 가격이 비싼 편입니다.

Neroli

학명	Citrus aurantium var, Amara
과	운향과(Rutaceae)
분포	인도네시아, 중국, 모로코, 이탈리아, 프랑스
추출 부위	꽃봉오리
추출 방법	수증기 증류법
노트	톱 미들 노트
화학적 분류	모노테르펜(Monoterpenes), 알코올(Alcohols)
화학 구성 성분	리모넨(Limonene) 22.43% - 항진균, 진정, 항염, 부작용 반감, 피부 자극 억제 / 베타피넨(β-pinene) 8.67% - 살균, 방부 / 알파피넨(α-pinene) 4.26% - 피톤치드 주성분으로 살균, 방부, 항균, 항바이러스 / 네롤(Nerol) 6.97% - 살균, 소독 / 리나롤(Linalool) 2.52% - 신경 안정 외 다수 화학 성분
특성	항우울과 신경 강화(스트레스, 우울, 불안, 자책) 자극, 촉진, 조절, 순환(소화, 지친 피부, 심혈관, 고혈압) 재생과 진정(모세혈관, 붉은 피부, 염증 피부)
Body	유아의 복통, 가스찬 배를 네롤리 플로럴 워터로 마사지하면 효과적
Skin	붉은 트러블 피부에 소량을 적용하면 피부 진정, 재생 모든 피부에 사용 가능 모세혈관이 파괴된 건조하고 민감한 피부에 효과적(임신선 완화에 도움)
Mental	신경이 과민하거나 스트레스, 우울증에 효과 진정과 항우울 치료제 중 하나로 불면증, 불안, 우울 완화
주의 사항	특별한 주의 사항 없음. 국소부위 과량 사용만 주의.

Oregano

오레가노

———

향신료와 허브로 친숙한 오레가노는
원산지가 유럽이지만 현재에는 전 세계에서 널리 재배되며
많은 사랑을 받고 있습니다.
오레가노의 학명은 오리가넘^{Origanum}인데,
산을 뜻하는 그리스어 '오로스^{Oros}'와
기쁨을 뜻하는 '가노스^{Ganos}'에서 유래했습니다.
고산 지대에서도 잘 자라고 병충해에 강하기 때문에
강인한 생명력을 가진 식물로 알려졌습니다.
'천연 항생제'라고 불릴 정도로 다양하고 탁월한 효능을 가진
오레가노는 활용도가 높은 식물입니다.

역사

그리스 신화에서는 사랑의 여신 비너스가 바닷물에서 오레가노를 만들어 햇빛이 쏟아지는 높은 산에 심었다고 전합니다. 이러한 이유로 유럽에서는 행복을 상징하는 식물로 결혼식용 화관에 사용했습니다.

고대 그리스와 로마에서는 오레가노를 상처 소독이나 음식물을 장기 보존할 때 활용했고, 그리스의 의사이자 식물학자였던 디오스코리데스는 식욕 부진이나 소화 불량 증상에 처방했습니다. 그리스 로마 사람들은 오레가노가 망자_{亡者}에게 기쁨을 준다고 믿었기 때문에 묘지 주변에 오레가노를 심었습니다. 그리고 행운의 부적이자 악한 것으로부터 보호해준다고 믿어 집 주변에 심기도 했습니다.

마저럼의 일종인 오레가노는 '와일드 마저럼'이라고 불리며 강한 박하 향을 가지고 있습니다. 중세 유럽에서는 집안 바닥에 다양한 허브와 짚, 갈대 등을 섞어 스트루잉 허브 Strewing Herb로 활용했는데, 강한 향기를 가진 오레가노도 사용되었습니다. 특히 영국의 엘리자베스 1세는 오레가노 향기가 나는 베개를 애용했다고 전합니다. 미국 원주민들은 오레가노의 방부 효과를 이용해 상처, 치아 트러블, 피부 감염을 치료하는데 사용했습니다.

오레가노는 박하 향이 나지만 마저럼과 달리 톡 쏘는 매운 맛도 가지고 있습니다. 특히 오래 전부터 요리에 활용되었는데 그리스 때부터 고기 요리에 향신료로 넣었고, 이탈리아에서도 다양하게 활용되었습니다. 원산지에 따라 맛의 차이가 나는데 부드러운 이탈리아산에 비해 터키에서 재배된 오레가노는 자극적이고 매운 맛이 강하며, 그리스산은 고소하고 짭짤한 맛이 난다고 합니다.

효능

🔥

면역체계 강화, 피부 손상 방지

오레가노의 주성분은 강력한 항균 물질인 페놀계 카르바크롤, 티몰입니다. 병원균에 대한 카르바크롤은 효능 효과는 일반 항생제에 비해 10배 이상 강력하다고 알려졌고, 로마 시대부터 내과와 외과에서 진통, 진정, 강장 효과를 위해 활용했습니다.

항균과 방부, 진통, 진정, 살균 효능을 가진 티몰 역시 오래전부터 소독제, 방부제로 사용되었는데 16세기 중세에서는 전염병인 페스트의 치료제로 쓰이기도 했습니다. 오레가노의 로즈마린산 성분은 폴리페놀 화합물의 일종으로 강력한 항산화 작용, 면역체계 활성화, 항암 효과 등의 효능을 가지고 있습니다.

오레가노는 피부 트러블에도 효과가 있어서 여드름, 모낭염, 건선, 지루성 피부염을 개선합니다. 그 밖에도 건조시킨 오레가노의 잎과 꽃을 주머니에 담아 류머티즘 환자의 온찜질에 사용했고 오레가노 티는 두통이 날 때나 불면증, 뱃멀미 예방약으로 마시기도 했습니다. 그러나 오레가노는 임산부, 유아, 아동에게는 사용하지 않는 것이 좋습니다.

연구 결과

🔥

식중독 세균 항균 작용과 항산화 효과

'오레가노 추출물의 식중독세균에 대한 항균효과(최무영 외, 상지대학교 식품영양학과, 2008)'에서는 향신료로 이용되는 오레가노 추출물이 식중독 유발 세균에 어떤 항균 활성을 하는지 검증했습니다. 연구 결과 오레가노 에탄올 추출물은 식중독 유발 세균에 대해 우수한 항균작용을 나타냈고 따라서 효과적인 천연보존료로서 이용될 수 있다고 밝혔습니다.

'오레가노 종자 에탄올 추출물의 항산화 특성 및 유지 산화안정성에 미치는 영향(한창희 외, 한국식품저장유통학회, 2019)'은 천연에서 추출한 식품 산화방지제를 개발하기 위해 실험을 실시했습니다. 그 결과 산화 방지 활성, 유지 산화 안정성에 우수한 효과를 나타냈습니다.

'오레가노 추출물의 모발성장 촉진효과(박장순, 한국생약학회, 2013)'에서는 세포증식 효과, 항산화 효능, 모발성장 촉진효과가 있는지 연구했습니다. 연구 결과 세포 독성없이 세포가 성장했고 탈모 치료제인 미녹시딜에 비해 더 높은 모발성장 효과와 함께 항산화 효과도 나타냈습니다.

식물의 특성

◊

요리용 허브로 유명한 오레가노

오레가노는 유럽과 아시아의 서남부, 지중해 지역의 따뜻한 기후에서 자라는 식물입니다. 60~90cm 높이까지 자라는 다년초로 자색, 분홍색, 흰색의 꽃을 피웁니다.

독특한 향과 매콤하고 쌉쌀한 맛이 육류, 토마토와 잘 어울리고 소화를 돕는 효과가 있어서 요리용 허브로 널리 쓰이고 있습니다. 그리스와 이탈리아 요리에서 빠질 수 없는 재료이며 터키와 멕시코 음식에도 활용합니다. 향신료뿐만 아니라 드라이 플라워, 목욕제로 사용하기도 합니다.

Oregano

학명	Origanumvulgare
과	Labiatae/ Lamiaceae(꿀풀과)
분포	유럽 남부, 아시아
추출 부위	잎
추출 방법	수증기 증류법
노트	미들 노트
화학적 분류	알코올(Alcohols)
화학 구성 성분	티몰(Thymol) 25% 내외, 카바크롤(Carvacrol) 25% 내외, 리나릴아세테이트(Linaryl Acetate) 15% 내외 등 Carvacrol(각종 세균과 박테리아에 효과적) Thymol(면역체계 강화) Rosmarinic acid(강력한 항산화 작용)
특성	달콤하면서도 톡 쏘는 매콤쌉쌀한 느낌
Body	진통, 진경, 항류머티스
Skin	강력한 항균 작용으로 피부 자극을 유발할 수 있어 추천하지 않음
Mental	발향을 통한 리프레시
주의 사항	임산부, 영유아, 민감 피부는 사용 금지

Palmarosa

팔마로사

———

심보포곤^{Cymbopogon} 속^{屬}에 포함되는 팔마로사는
레몬그라스, 시트로넬라 등과 마찬가지로
상쾌한 향기가 나는 열대성 약용 식물입니다.
원산지인 인도에서 로샤^{Rosha}라는 이름으로 알려진 팔마로사는
레몬 향의 로즈처럼 달콤하고 부드러운 향기를 지녔습니다.
주성분은 게라니올^{Geraniol}로 특유의 향 덕분에
향수, 비누, 미용 제품, 식품 등 여러 분야에 사용됩니다.

역사

아유르베다에서 사용하던 팔마로사

인도 히말라야의 봄베이에서 자생했던 팔마로사는 1930년대 네덜란드에 의해 자바 섬으로 전해졌습니다. 팔마로사 에센셜 오일은 18세기 이후부터 증류되었는데, '인도 제라늄 오일' 또는 '터키 제라늄 오일'이라는 이름으로 콘스탄티노플과 불가리아로 전해졌습니다. 인도의 약학서에도 언급된 팔마로사 허브와 에센셜 오일은 고대 인도의 전통 의학인 아유르베다에 사용됐습니다. 팔마로사 에센셜 오일은 신경통, 요통, 류머티즘 통증에 유용한 것으로 알려졌고, 말린 팔마로사는 열, 소화불량, 대장염 등에 사용했습니다.

효능

피부 보습과 뛰어난 재생력이 특징

심장을 강하게 하고 신경을 이완하는 팔마로사 에센셜 오일은 심장과 신장계를 안정화하는 데 도움을 줍니다. 스트레스, 불안을 완화하고 기분을 신선하고 밝게 해주며, 무기력할 때 에너지와 활력을 불어넣는 효과가 있습니다. 특히 부드럽고 달콤한 로즈 향이 안정감을 주기 때문에 여성들이 겪는 각종 스트레스를 완화해줍니다.

팔마로사 에센셜 오일의 주성분인 게라니올은 항균 효과가 뛰어나 방광염, 요도 감염, 질염 등 비뇨기나 생식기 계통의 질환을 완화하는 데 도움이 됩니다. 그리고 소화기계의 기능을 강화하고 장내 감염증, 소화 장애, 식욕을 자극하는 효과가 있습니다.

팔마로사가 가장 많이 활용되는 분야는 피부 케어입니다. 모든 타입의 피부에 알맞고 피부 진정, 재생 및 보습력이 탁월한 팔마로사 에센셜 오일은 건조하고 영양이 부족한 피부 상태에 도움을 주는 것으로 알려져 있습니다. 또한 항염 작용으로 피부염, 습진, 건선에 유용합니다. 항박테리아, 항바이러스, 항진균 효능으로 여드름, 부스럼, 대상포진, 진균증 등 다양한 피부 감염에 사용하고 있습니다.

연구 결과

항균력이 탁월한 팔마로사

'제라늄 및 팔마로사 에센셜 오일의 항산화 및 항균 효과 연구(이은진, 건국대학교, 2010)' 논문 결과가 있습니다. 비교적 자극적인 성분이 적으면서 항균, 항진균 효과가 우수하다고 알려진 두 가지 오일의 주성분인 게라니올, 초산게라닐Geranyl Acetate, 베타시트로넬롤β-Citronellol을 분석한 결과 여드름 유발균인 프로피오니박테리움 아크네Propionibacterium Acnes에 대한 항균력이 있음을 밝혔습니다.

'티트리 및 팔마로사 에센셜 오일의 여드름 피부에 미치는 효과(김선희 외, 한국피부과학연구원, 2013)'에서는 여드름이 진행 중인 남녀 21명을 대상으로 실험했습니다. 그 결과 티트리와 팔마로사 에센셜 오일은 여드름 피부 개선에 효과가 있으며, 특히 두 가지를 함께 블렌딩해서 사용할 경우 더 효과적인 것으로 나타났습니다.

식물의 특성

달콤한 꽃과 로즈 향을 지닌 팔마로사

야생에서 자라는 약용 식물로 높이 약 3m까지 자라는 팔마로사는 길고 가느다란 줄기와 향기가 나는 연초록 잎을 가지고 있습니다. 줄기 끝에 꽃을 피우는 여러해살이 식물로 청색이 도는 흰색이었다가 점점 붉고 짙은 색으로 변하는 것이 특징입니다. 인도와 파키스탄에서 기원한 팔마로사는 마다가스카르, 브라질, 코모로 섬에서 광범위하게 재배됩니다.

신선한 풀 또는 말린 풀을 수증기 증류를 통해 에센셜 오일을 추출하는데 플로럴 향과 함께 로즈, 제라늄을 섞은 듯한 향기를 지녔습니다.

Palmarosa

학명	Cymbopogon martini
과	벼과(Gramineae)
분포	인도, 히말라야
추출 부위	잎, 줄기
추출 방법	수증기 증류법
노트	톱 미들 노트
화학적 분류	알코올(Alcohols)
화학 구성 성분	제라니올(Geraniol) 75~88% - 방충, 항바이러스, 신경계 이완 리나롤(Linalool) 2~4% - 신경 안정 리모넨(Limonene) 1~2% - 항진균, 진정, 항염, 부작용 반감
특성	방부, 살균, 세포 재생 촉진, 소화, 해열, 기능 강화, 진정
Body	활력, 살균, 지성 피부의 피지 관리, 땀이 많은 발 관리에 효과
Skin	피부 보습, 피지 조절, 세포 재생
Mental	지친 마음에 자극을 주고 매혹적인 감정을 갖게 함
주의 사항	무독성, 무자극성, 비민감성으로 안심하고 사용 가능

Patchouli

파촐리

———

아시아 열대 지역이 원산지인 파촐리는
달콤하고 진한 향을 머금고 있는데, 오래 지속되고
시간이 지날수록 향기가 더 풍부해지는 것이 특징입니다.
현재 향수, 화장품, 비누 등 여러 가지 제품에 사용하고 있습니다.
파촐리라는 이름은 '향기'라는 뜻의 힌디어 '파촐리Pacholi'에서
유래했다는 설과 '초록 잎사귀'를 의미하는
고대 타밀어 '파칠라이Paccilai'에서 비롯되었다는 의견도 있습니다.
파촐리는 특유의 향기 때문에 인도 최초의 먹墨을
만드는 재료가 되었고, 중국에서는 도장을 찍는 데 사용하는
인주의 부향제로 사용되었습니다.

역사

파촐리는 말레이시아, 중국, 일본에서 전통 의학에 오랫동안 사용되었습니다. 특히 항염, 수렴 효능이 있어 감기, 두통, 구토, 구취, 복통, 피부염, 장염, 설사 등에 처방되었습니다. 살균제, 훈증제, 마사지 오일로 사용했던 파촐리는 열병과 유행병 확산 예방에도 유용하게 사용되었습니다. 일본과 말레이시아에서는 뱀이나 벌레 물린 곳에도 처방되었고 효과가 뛰어난 살충제로 널리 알려졌습니다. 중국에서는 곽향藿香이라고 해서 소화기계 약재로 쓰였습니다.

19세기 초 인도에서는 카펫, 캐시미어, 의류 등을 유럽으로 보낼 때 건조시킨 파촐리 잎이나 에센셜 오일을 함께 보냈습니다. 파촐리가 방충, 살균 작용을 하기 때문입니다.

1922년 개티Gatti와 카욜라Cayola, 1962년 사르바흐Sarbach 등 많은 과학자가 파촐리의 살균력을 연구했습니다. 그 결과 파촐리는 알레르기, 헤르페스(포진), 농가진, 욕창, 갈라지는 피부, 치질, 여드름, 지루증, 습진과 같은 많은 피부 질환 치료에 권장되었습니다. 파촐리는 1960년대 히피 문화의 상징적인 향기가 되기도 했는데, 그 이유는 마리화나의 타르 냄새를 감추는 데 사용되었다고 합니다.

효능

피부 재생과 보습에 탁월한 파촐리

몸과 마음의 균형을 잡아주는 파촐리 에센셜 오일은 긴장을 이완하고, 스트레스 해소, 무기력 해소, 우울증 완화에도 유용합니다. 거담 작용으로 호흡기 질환을 완화하고, 이뇨 작용을 하기 때문에 체내 수분, 셀룰라이트 제거에 사용합니다. 식욕을 억제해 다이어트와 비만 방지에 도움을 주기도 합니다.

살균력과 피부를 부드럽게 하는 효과가 있는 파촐리는 광범위한 피부 질환에 다양하게 쓰입니다. 피부 재생 효능으로 갈라지고 아픈 피부를 완화해줘 습진, 무좀, 상처 치유 등에 유용하고, 강한 수렴 작용으로 늘어지거나 처진 피부에도 도움을 줍니다. 이밖에도 화상, 파상풍, 통풍, 관절염에도 효과가 있고 방취제로 사용합니다.

파촐리 에센셜 오일은 약 100여 년 이전부터 최음제로 사용했다는 기록이 남아 있습니다. 성호르몬인 에스트로겐과 테스토스테론을 증가시켜 발기부전, 불감증, 성욕이 떨어졌을 때 사용합니다. 그리고 항박테리아, 항바이러스 효능이 있어 여드름, 농가진, 헤르페스 등 증상을 개선하고 피로와 설사, 복부 팽만감, 면역력이 약해졌을 때 사용하면 도움이 되는 것으로 알려져 있습니다.

연구 결과

◊

멜라닌 생성 억제로 미백 효과가 있는 파촐리

'Patchouli essential oil이 멜라닌 생성에 미치는 영향(윤미연 외, 중앙대학교 약학 연구소, 2003)'에서는 파촐리의 미백 효과에 주목했습니다. 실험 결과 비타민C의 항산화 작용에 비하면 미약하지만 파촐리 에센셜 오일은 멜라닌 생성 억제 효과가 있었고, 이는 항산화 작용과 연관된 티로시나아제 효소 활성 억제에 의한 것으로 생각된다는 결론을 내렸습니다.

식물의 특성

◊

오래 지속되는 강하고 풍부한 향기

커다란 녹색 잎이 무성하게 자라는 파촐리는 여러해살이 식물입니다. 길이 약 1m까지 자라는데 단단한 줄기, 잔털이 많고 향기가 나는 잎이 있고 가장자리가 보랏빛이 도는 흰색 꽃을 피웁니다.

인도네시아와 필리핀 등 동남아시아가 원산지로 고도 900~1,800m 사이의 수마트라와 자바의 고원 지대에서 재배됩니다. 강한 향을 가진 잎을 말려서 수증기 증류를 통해 에센셜 오일을 추출하는데, 스파이시한 매운 향과 따뜻한 풀의 향기가 특징입니다.

Patchouli

학명	Pogostemon cablin
과	꿀풀과(Labiatae)
분포	인도네시아, 필리핀, 말레이시아, 중국, 인도
추출 부위	건조한 잎
추출 방법	수증기 증류법
노트	미들 베이스 노트
화학적 분류	알코올(Alcohols)
화학 구성 성분	세스퀴테르펜 하이드로카본(Sesquiterpene Hydrocarbons) 62% - 항염 / 옥시제네이티드 컨스티튜언트(Oxygenated Constituents) 37% - 살균, 항균 / 파촐리 알코올(Patchouli Alcohol) 26~32% - 살균, 소독 / 모노테르펜 하이드로카본(Monoterpene Hydrocarbons) 1.0% - 살균, 항균 / 노패출레놀(Norpatchoulenol) 1.1% - 항염, 소염, 방부
특성	항우울과 항바이러스(우울, 불안, 스트레스, 해열, 감기) 항염과 항균(상처, 흉터, 피부염, 습진, 점막 궤양) 진정과 진경(복부 통증, 구토, 메스꺼움) 최음(이완, 안정), 살충과 방충(모기, 해충 퇴치)
Body	이뇨, 해열, 최음에 도움. 전립선 강화
Skin	거칠고 피로한 피부, 흉터, 피부 염증, 습진, 곰팡이류, 기생충, 발진, 피부 갈라짐에 효과, 살균, 소독, 재생, 항염, 보습 작용
Mental	항우울, 진정, 스트레스 해소
주의 사항	무자극, 무독성으로 특별한 주의가 필요 없음

ESSENTIAL OIL 38

228

Peppermint

페퍼민트

청량하고 상쾌한 향이 풍기는 페퍼민트는
멘타 피페리타 Mentha Piperita 속屬에 포함됩니다.
스피아민트, 위터민트, 필드민트, 베르가모트민트 등
20여 가지의 변종과 이종이 있는데,
페퍼민트는 스피아민트와 위터민트의 이종으로 알려져 있습니다.
페퍼라는 이름이 붙은 것은
후추 Pepper 처럼 톡 쏘는 향기 때문입니다.

신화와 전설

하데스와 님프 민트

그리스 로마 신화에는 페퍼민트의 속명과 관련된 이야기가 있습니다. 지하세계의 신 하데스가 매력적인 님프 멘타와 사랑에 빠지자 하데스의 아내인 페르세포네가 멘타를 풀로 만들어버렸다는 것입니다. 민트는 성서에도 언급되었는데 신약성서 마태복음에는 "바리새인이여 너희가 박하(민트)와 회향과 근채의 십일조를 드리되"라고 되어 있습니다. '생각'을 뜻하는 라틴어 멘타^{Mentha}에서 유래되었다는 설도 있습니다.

역사

✿

구강 청결과 원기 회복의 약용 식물

페퍼민트의 주성분인 멘톨^{Menthol}은 피부와 점막을 시원하게 하고 항균 작용이 있으며 통증을 완화해 고대부터 약용으로 사용되었습니다. 기원전 300년경 이집트의 무덤에서는 페퍼민트 부케가 발견되었고, 에드푸^{Edfu} 신전에서 호루스^{Horus} 신에게 바치는 상형문자로 된 글을 보면 페퍼민트가 신성한 향료 키피^{Kyphi}를 만드는 재료로 사용되었다는 기록이 남아 있습니다.

그리스 로마 시대에는 식욕을 증진해주는 약용 식물이라고 해서 식탁에 페퍼민트 잎을 놓아두어 향기가 퍼지게 했고, 목욕물에 넣거나 가루 형태로 침대에 향을 더했습니다. 두통과 피로 해소에도 페퍼민트를 이용했다고 합니다.

1세기 그리스의 약학자인 디오스코리데스^{Dioscorides}, 로마의 학자 플리니우스$^{Gaius\ Plinius\ Secundus}$ 등은 페퍼민트가 입 냄새를 막아주고 전염병의 확산을 막는 효과적인 허브라고 설명했습니다. 고대 그리스의 의사 히포크라테스 Hippocrates는 식물에 대한 의학 논문에서 민트가 이뇨제 및 흥분제의 효능이 있다고 언급했습니다. 플리니우스는 "페퍼민트 향 하나만으로도 원기를 회복해 정신을 새롭게 한다"고 말했습니다. 또한 그리스와 로마인들이 축제 때 페퍼민트로 만든 화환을 썼고, 소스나 와인의 향을 내는 데 사용했습니다.

페퍼민트 에센셜 오일은 14세기경 치아 미백, 구취 제거, 구강 청정제의 원료로 쓰였으며 16세기부터 영국에서 재배되어 향신료와 차로 만들었고, 17세기 영국의 식물학자 니콜라스 컬페퍼 Nicholas Culpeper는 페퍼민트가 지닌 소화계 효능에 대해 언급했습니다.

19세기 프랑스의 의사 앙리 르클레르 Henry Leclerc에 의하면 페퍼민트는 신경쇠약 및 신경성 구토증, 속이 부글거리는 고창, 대장염에도 좋은 것으로 알려져 있습니다. 카쟁 F. J. Cazin은 장, 간, 신장이 안 좋을 때 페퍼민트를 처방했는데 노인들의 소화 문제 및 피로, 빈혈에도 권장했습니다.

효능

'위장의 친구'로 불리는 페퍼민트

신선하고 자극적인 성질을 가진 페퍼민트 에센셜 오일은 신경과 뇌를 깨우고 자극해 집중력, 학습력을 높이는 것으로 알려져 있습니다. 정신적인 피로와 우울증에 효과가 있어 활기를 불어넣을 뿐 아니라 두통, 편두통, 졸음 방지에도 추천됩니다.

페퍼민트 에센셜 오일은 위와 장의 에너지 흐름을 자극해 소화계에 효과적인 오일 중 하나로 평가받는데 소화불량, 구역질, 복부 팽만감, 헛배부름 등에 유용합니다. 메스꺼움, 차멀미를 완화해주고 열과 두통을 동반한 감기, 인플루엔자에도 효능이 있습니다. 초기 감기, 감염, 염증, 코에서 눈과 연결된 부비강의 혈액순환이 잘되지 않는 울혈 증상에도 효과가 있고 콧물, 축농증, 가래, 기침 해소에도 좋은 것으로 알려져 있습니다. 그리고 가래를 없애주는 페퍼민트는 담을 제거해 만성적인 기관지염, 기관지성 천식에 유용합니다.

페퍼민트 에센셜 오일은 멘톨 성분을 함유해 류머티즘, 신경통, 근육통, 요통의 통증을 완화하고 멍, 타박상, 관절 통증, 벌레 물린 곳에 효과가 있습니다. 또한 진경, 항염 효능이 있어 장 통증, 복부 통증, 점액성 대장염, 간염 등에 도움이 됩니다.

항염증, 항박테리아, 모세혈관 수축, 피지 분비 조절 등 피부에도 여러 가지 효능이 있어 여드름 피부, 트러블 피부, 지성 피부에 효과적입니다. 순환계 흐름을 촉진해 피부에 활력을 주고 비만을 방지하는 데도 쓰입니다. 그리고 페퍼민트 에센셜 오일은 식품의 향료, 치약, 구강 청정제, 비누, 세제, 향수 등의 원료로 폭넓게 이용되고 있습니다.

연구 결과

신경 안정, 탈모 예방 효과

'스트레스에 대응하는 페퍼민트 오일의 효과에 관한 연구(이상덕, 대전대학교, 2008)' 논문은 다음과 같은 결론을 내렸습니다. 페퍼민트 에센셜 오일이 스트레스로 나타날 수 있는 혈액학과 면역학적 증가 반응을 감소시키고 항산화 활성을 증가시키는 효과가 있다는 것입니다. 연구 결과 에센셜 오일을 활용한 아로마테라피 치료가 스트레스에 효과가 있다는 점을 생리적으로 입증한 것으로 볼 수 있습니다.

'페퍼민트와 그레이프프루트 아로마 오일을 이용한 구강 가글링이 수술 환자의 오심에 미치는 효과(한송희, 중앙대학교, 2010)' 연구 논문도 있습니다. 연구 결과 에센셜 오일을 이용한 구강 가글링이 비약물적 보완 대체 요법으로 효과가 있다는 결론을 내렸습니다.

'페퍼민트 오일 귀 마사지가 정신과 병동 간호사의 스트레스, 우울, 불안에 미치는 효과(이현준, 한양대학교, 2015)' 연구 논문도 있습니다. 업무 스트레스 강도가 높은 정신과 병동 간호사의 스트레스, 우울, 불안에 페퍼민트 오일을 이용한 귀 마사지가 어떤 효과가 있는지 실험했고, 그 결과 스트레스와 우울에서 통계적으로 유의한 차이를 보였다고 밝혔습니다.

'페퍼민트 오일의 모발 성장 및 항비듬 효과(오지영, 계명대학교, 2008)' 논문은 페퍼민트 에센셜 오일의 주성분인 멘톨Menthol과 FDA미국 식품의약국가 승인한 모발 성장 촉진제인 3% 미녹시딜과 비교했습니다. 3% 페퍼민트 에센셜 오일을 도포했을 때 육안적으로 뛰어난 모발 성장을 관찰할 수 있었고, 탈모의 원인이 되는 비듬균에 대한 항균력에서 월등한 효과를 나타냈습니다. 또한 안전성 면에서도 더 나은 결과를 보였기 때문에 페퍼민트 오일이 모발 성장 촉진은 물론 탈모 예방제로 실용성이 높을 것이라는 결론을 내렸습니다.

'페퍼민트 농도변화가 뇌 활성과 감성에 미치는 영향(정소명 외, 한국냄새환경학회, 2020)'에서는 페퍼민트 에센셜 오일이 상쾌하고 청량하며, 흥분과 강렬함을 느끼게 하는 '기분을 고양시키는 향'이라고 평가했습니다. 또한 페퍼민트의 농도가 증가함에 따라 남성적이고 흥분되며 강렬함에 대한 감성 반응이 두드러지게 나타났다고 합니다.

'아로마 함유 소금을 이용한 족욕이 스트레스, 피로에 미치는 효과(김진희 외, 대구과학대학교 국방안보연구소, 2022)'에서는 미네랄이 풍부한 사해 소금에 샌달우드, 라벤더, 페페민트를 블렌딩해 족욕법을 실시했습니다. 그 결과 실험군의 수축기 혈압에 변화가 있었으며 스트레스와 피로감 역시 감소했습니다.

식물의 특성

신선하고 강한 민트 향

유럽 남부가 원산지인 페퍼민트는 여러해살이 식물로 높이 90cm까지 자라고 매끄럽고 윤기가 있는 잎, 분홍색이나 보라색 꽃을 가지고 있습니다. 유럽의 정원에서 재배되던 페퍼민트는 19세기 초 유럽 정착민들이 미국에 전파했습니다.

페퍼민트 에센셜 오일은 수증기 증류법으로 꽃에서 추출하며 신선하고 톡 쏘는 향을 지녔습니다.

Peppermint

학명	Mentha piperita
과	꿀풀과(Labiatae)
분포	미국, 영국, 프랑스, 호주, 인도
추출 부위	잎, 꽃
추출 방법	수증기 증류법
노트	미들 노트
화학적 분류	알코올(Alcohols)
화학 구성 성분	멘톨(Menthol) 30~50% - 혈관 수축, 순환, 진통, 흥분, 구충 1, 8-시네올(1, 8-cieole) 7.3% - 진통, 항균, 항바이러스 멘톤(Menthone) 18~30% - 살균, 항균, 순환 촉진
특성	진통과 진경(긴장성 두통, 치통, 인후염, 근육통, 복통, 설사, 생리통, 천식, 타박상, 요통) 구풍(위장 장애, 소화 촉진, 구역질, 복부팽만, 과민성 대장증후군) 자극 수축과 순환(비강 점막 수축, 정맥 수축, 비장 혈액 유입, 림프순환)
Body	혈소판 생성을 도와 원활한 순환, 진통, 진경 작용
Skin	얼굴 피부에는 일반적으로 사용하지 않거나 극소량 사용, 몸에 바를 경우 소량을 첨가하면 상쾌함, 수렴 작용으로 탄력 부여
Mental	정신적인 피로에 효과
주의 사항	무독성, 무자극성이지만 때론 과민성 반응이 있기 때문에 사용량, 연령에 따라 주의

Petitgrain
페티그레인

———

페티그레인이라는 이름은 '작은'이라는 뜻의 '프티Petit'와
'알맹이'라는 뜻의 '그랑Grain'이 합쳐진 말로
'작은 씨앗'을 뜻하는 프랑스어에서 유래되었다고 합니다.
초기 프랑스 남부 그라스 지방에서
파랗고 여물지 않은 작은 열매를 따서
에센셜 오일을 생산했기 때문입니다.
신선한 나무 향과 달콤한 꽃 향이 섞인 듯한
페티그레인 에센셜 오일은
향수, 비누, 미용 산업 등에서 널리 사용되고 있습니다.

역사

🔥

비터오렌지 잎에서 추출

비터오렌지^{Bitter Orange}는 긴 가시와 향기로운 꽃이 특징인 상록수입니다. 비터
오렌지 나무의 잎에서는 페티그레인 에센셜 오일을, 꽃에서는 네롤리 에센
셜 오일을 추출합니다. 페티그레인은 18세기에 스페인 수도사에 의해 파라
과이에 도입되었고, 현재 대부분의 페티그레인 에센셜 오일을 생산하고 있
습니다.

효능

🔥

진정과 항균 작용

아세트산리날릴^{Linalyl Acetate}이 주성분인 페티그레인 에센셜 오일은 교감신경
계를 이완해 안정 작용, 진경 작용, 우울증 완화, 신경 안정, 불면증 치료에
응용하면 좋은 효과를 볼 수 있습니다. 심각한 우울증의 개선을 돕는 네롤
리 에센셜 오일과 유사한 효능이 있고, 소화 작용과 항경련 작용이 있어 소
화불량 치료에 추천됩니다.

강한 진정 작용과 항균 작용으로 호흡을 편하게 해주며 천식 등 호흡기 계
통의 질환에 좋은 에센셜 오일입니다. 그리고 생리전증후군^{PMS, Premenstrual}
^{Syndrome}을 완화하고, 근육의 위축과 경련을 풀어주며 면역계를 자극해 쇠약
한 상태나 회복기에 도움을 주는 것으로 알려져 있습니다.

항균, 피부 정화 작용을 하는 페티그레인 에센셜 오일을 따뜻한 물에 한 방
울을 떨어뜨린 다음 김을 쐬면 여드름 피부나 지성 피부에 도움이 됩니다.
셀룰라이트 감소에도 효과가 있으며 일반적인 부종이나 소화 문제로 인해

부을 때에도 좋습니다. 항박테리아, 항바이러스 작용으로 소독, 살균 효과
가 있고 해충을 쫓는 살충제로 사용됩니다.

페티그레인 티는 마음을 편안하게 이완해주는데, 7분 정도 끓인 물에 오렌
지 잎을 넣고 우려낸 다음 꿀을 넣어 마시면 됩니다. 물을 더 넣어서 배앓이
를 하거나 쉽게 잠에 들지 못하는 어린아이에게 주기도 합니다.

식물의 특성

♨

여러 가지 에센셜 오일을 추출할 수 있는 비터오렌지 나무

비터오렌지의 열매는 우리가 흔히 알고 있는 오렌지보다 작고, 쓴맛과 신맛
이 강해서 먹을 수 없지만 여러 가지 에센셜 오일을 생산하는 나무로 알려
져 있습니다. 비터오렌지 나무의 꽃에서는 네롤리 오일, 나뭇잎과 작은 가
지에서는 페티그레인 오일을 추출하기 때문입니다 .

처음에는 아직 익지 않은 체리 사이즈의 열매를 증류해 에센셜 오일을 추출
했기 때문에 '작은 씨앗'이라는 뜻의 페티그레인이라는 이름이 붙었습니다.
그러나 에센셜 오일이 너무 적은 양이 추출되다 보니 잎과 작은 가지를 사
용하게 되었습니다. 페티그레인의 잎과 작은 가지를 수증기 증류해서 추출
한 에센셜 오일은 달콤하고 신선한 시트러스 향을 지녔습니다.

1 《샬베르의 아로마테라피 완벽가이드》을 보면 20을 5에서 쟁취한 에레한 오일의 풍질이 월등하다고 합
니다. 그 이유는 너뭇가지나 된 익은 열매을 넣지 않고 오직 잎만 사용하기 때문입니다.

Petitgrain

학명	Citrus aurantium subsp. Amara
과	운향과(Rutaceae)
분포	프랑스, 남아프리카, 파라과이, 중국 남부, 스페인, 모로코
추출 부위	잎, 작은 가지
추출 방법	수증기 증류법
노트	톱 노트
화학적 분류	알코올(Alcohols)
화학 구성 성분	리날릴 아세테이트(Linalyl Acetate) 44.29% - 호르몬 조절, 신경계 안정, 항염, 항진균 / 리나롤(Linalool) 27.95% - 신경 안정 알파테르피놀(α-terpineol) 7.55% - 방부, 살균 미르센(Myrcene) 5.36% - 진통 제라닐 아세테이트(Geranyl Acetate) 2.61% - 방충, 항바이러스, 신경계 이완
특성	항우울, 진정, 강화(우울, 스트레스, 불안, 신장, 신경계) 항경련, 진경, 순환(소화불량, 위장 장애, 건위) 탈취, 항진균, 항바이러스(공기 정화)
Body	신경계의 안정과 활력. 긴장을 풀어주는 릴랙싱 효과로 불면증, 불안감에 효과
Skin	피부 기능 강화. 여드름 피부의 피지 조절. 피부 톤을 맑게 개선
Mental	화를 잘 내거나 불안, 우울한 경우 심신 안정
주의 사항	무독성, 무자극성, 비과민성으로 특별한 주의 사항이 없음

Pine

파인

소나무로 잘 알려져 있는 파인의 어원은
'파이너스^{Pinus}'로 뗏목을 뜻합니다.
소나무로 뗏목을 만들었기 때문인데, 고대 그리스인들은
소나무를 바다의 신 포세이돈의 나무로 숭배했다고 합니다.
주로 파이너스 실베스트리스$^{Pinus\,Sylvestris}$ 종에서
에센셜 오일을 추출하는데
침엽, 어린 가지, 솔방울을 수증기로 증류합니다.

신화와 전설

❦

소나무가 된 목동

올림포스 신들의 어머니인 레아는 목동과 사랑에 빠졌는데, 그 목동이 자신을 버리자 화가 나 소나무로 만들었다고 합니다. 자신이 소나무로 만들었지만 그를 그리워하며 슬피 우는 레아를 본 제우스가 사계절 내내 연인을 추억할 수 있도록 겨울에도 시들지 않는 상록수로 만들었다고 합니다.

역사

❦

여름의 모습을 잃지 않는 상록수

중국에서는 한겨울의 추위에도 여름의 모습을 잃지 않는 소나무와 대나무가 역경에 굴하지 않는 우정의 상징이라고 생각했습니다. 고대 그리스인들은 소나무 열매를 빵에 넣어서 먹었고, 고대 로마인들의 주거지에서는 파인나무의 씨앗이나 잣 껍질이 발견되었습니다. 로마인들이 파인을 식량과 약용으로 사용했다는 것을 짐작할 수 있습니다.

1세기 그리스의 약학자인 디오스코리데스^{Dioscorides}와 의사였던 갈렌^{Galen, Claudius Galenus}은 솔방울을 추천했습니다. 오래된 기침, 가슴과 폐를 깨끗하게 하려면 솔방울, 쓴 박하, 꿀을 넣고 끓여 먹으라는 것이었습니다. 후에는 류머티즘 통증, 신경성 탈진에 갓 돋은 새잎을 우려내 목욕물에 넣는 것이 전통적 처방이 되기도 했습니다.

고대 그리스의 의사 히포크라테스^{Hippocrates}는 폐 질환과 인후염에 파인을 추천했고, 로마의 학자 플리니우스^{Gaius Plinius Secundus}는 〈박물지^{Naturalis Historia}〉에 모든 호흡기 계통의 문제에 파인을 사용했음을 강조하며 치료적 특성을 서술했습니다.

북아메리카 원주민들은 괴혈병을 예방하기 위해 가장 높은 곳에 달려 있는 어린 잎을 먹었습니다. 그리고 방충 작용을 하기 때문에 파인의 마른 잎을 모아 매트리스 속으로 사용했습니다.

효능

◊

순환 촉진과 기능 강화

파인 오일은 살균, 항염 효능이 있어 비뇨생식계의 방광염과 신우염에 효과적입니다. 신장의 기능을 자극하고 혈액 속 요산을 줄여주며, 진정과 진통 작용으로 류머티즘과 관절염의 통증을 줄여주기도 합니다. 또한 파인 오일은 폐, 신장, 신경을 강장하는 작용으로 피로, 신경쇠약에 탁월한 효과가 있습니다.

파인 오일은 제약품에서 기침, 감기약, 분무 용액, 코 점막 수축제, 진통 연고제 등 광범위하게 이용됩니다. 1960년대 프랑스의 생화학자였던 마거릿 모리Marguerit Maury는 파인이 통풍 등의 류머티즘 증상과 폐 감염 치료뿐 아니라 이뇨제로도 유용하다고 했습니다.

파인 에센셜 오일은 노폐물 제거, 건선, 여드름, 습진 등 피부 질환에도 유용하고, 공기를 정화하고 집중력에 도움을 주는 것으로 알려져 있습니다. 신장을 정화해 방광염, 전립선 장애에 효능이 있고, 파인 에센셜 오일 마사지는 근육통, 경직, 결림 등의 증상에 탁월한 효과가 있습니다.

또한 파인 에센셜 오일은 병의 회복기 또는 허약해졌음을 느낄 때, 심한 심리적 스트레스를 남기는 질병 후의 시기에 추천됩니다. 그리고 폐, 신장, 신경계의 기능 강화제로 알려져 있습니다.

중국 명나라의 이시진이 저술한 〈본초강목〉에는 "소나무는 모든 나무의 어른이다"라는 기록이 있습니다. 옛날 진시황제가 길을 가다가 소나무 아래에서 비를 피했는데, 그 보답으로 소나무를 목공木公, 즉 '나무 공작'이라는 이름을 붙였다고 합니다. 이 두 글자가 합쳐져 소나무의 한자인 '송松'이 되었기 때문에 소나무가 모든 나무의 윗자리라는 것입니다. 그리고 "솔잎은 송모라고도 하는데 악창을 고치고 모발을 나게 하며 오장(심장, 간장, 신장, 폐장, 비장)을 편안하게 하며, 오랫동안 복용하면 몸이 가벼워지고 늙지 않으며 곡식을 끊어도 배고프지 않고 목마르지 않는다"고 기록되어 있습니다.

조선 중기의 의관 허준이 쓴 〈동의보감〉에는 나뭇진(송진), 솔방울, 솔잎, 솔꽃, 뿌리 속껍질, 껍질에 돋은 이끼 등 소나무의 여러 부분을 약으로 쓸 수 있다고 합니다. 그중 송진은 오장을 편안하게 하고 열을 없애며, 풍비風痺[1], 악창, 머리카락이 빠지는 증상, 가려운 증상, 통증 완화, 부스럼을 낫게 한다고 기록되어 있습니다.

연구 결과

◊

항균, 항진균 효과가 뛰어난 파인 에센셜 오일

'소나무 부위별 추출물 및 essential oil의 피부상재균에 대한 항균 활성(박선희 외, 한국생명과학회, 2017)'을 살펴보겠습니다. 논문에서는 소나무 부위 중 송엽과 송절 70% 에탄올 추출물에서 항균 및 항진균 효과가 뛰어났고, 특히 송절 70% 에탄올 추출물이 황색포도상구균S. aureus, 표피포도상구균S. edidermidis, 여드름균P. acnes에 대해 더 높은 항균 효과를 나타냈습니다.

1 풍비 뇌척수의 장애로 몸과 팔다리가 마비되고, 감각과 동작에 탈이 생기는 병.

식물의 특성

신선하고 상쾌한 소나무 향

유럽 전역에서 자생하는 파인은 높이 약 40m까지 자라며 적갈색 껍질, 빳
빳하고 날카로운 잎, 솔방울을 가지고 있습니다. 잎, 어린 가지, 솔방울 모두
에센셜 오일 증류에 사용하지만 잎에서만 증류한 것이 가장 품질이 좋다고
알려져 있습니다. 침엽수 특유의 신선한 나무 향이 파인 에센셜 오일의 특징
입니다 .

Pine

학명	Pinus sylvestris
과	소나무과(Pinaceae)
분포	미국 동부, 캐나다, 유럽, 러시아, 호주
추출 부위	솔방울, 잎, 잔 가지
추출 방법	수증기 증류법
노트	톱 노트
화학적 분류	모노테르펜(Monoterpenes)
화학 구성 성분	알파피넨(α-pinene) 35~97% - 항바이러스, 방부, 살균, 탈취, 살충 보르네올(Borneol) - 살균, 소독, 항균 1, 8-시네올(1, 8-cieole) - 진통, 항균, 항바이러스
특성	살균, 항균, 항바이러스(부비강, 기침, 천식) 항염, 진통, 진경(방광염, 신우염, 기관지염 또는 울혈, 관절염, 류머티즘, 근육통), 항우울과 진정(정신 고양, 스트레스 완화)
Body	뛰어난 거담 작용. 방부, 진정 효과. 순환 촉진과 진통 작용 근육통에 효과
Skin	피부 각질 유연, 피지 조절, 모공 수축 작용으로 맑고 깨끗한 피부
Mental	강력한 피톤치드 성분으로 항바이러스, 공기 정화 기능
주의 사항	무독성, 무자극성이라고 알려져 있으나 산화에 취약하므로 보관에 주의를 기울일 것 왜성 파인 오일(Dwarf pine oil)은 피부 자극성, 과민 반응을 나타내므로 구입 시 반드시 학명을 확인

R o s e

로즈

인류 역사상 그리고 전 세계에서 가장 많은 사랑을 받아온 꽃, 로즈.
동서양의 수많은 신화와 전설의 주인공이자
아름다움과 사랑을 상징하는 꽃입니다.
많은 역사적 인물들이 로즈를 사랑했고, 영국의 장미 전쟁 등
이 꽃과 관련된 역사적 사건이나 일화 또한 많습니다.
로즈의 라틴어 '로사'Rosa'는 '붉은'이라는 뜻의
그리스어 '로돈'Rodom'에서 유래되었습니다.
고대의 장미는 짙은 진홍색이었기 때문에
신화에서 신의 피나 땀을 상징하게 되었다고 합니다.

신화와 전설

비너스의 꽃, 로즈

아름다움을 상징하는 꽃인 로즈는 사랑과 미의 여신 비너스와 관련된 신화가 많습니다. 고대 전설에 따르면 로즈는 비너스의 탄생과 함께 나타났다고 합니다. 로마 신화에서 비너스는 바다의 물거품에서 태어났는데, 이 장면을 그린 것이 바로 보티첼리의 유명한 '비너스의 탄생The Birth of Venus'입니다. 르네상스를 대표하는 화가 보티첼리의 이 그림에서 비너스는 바다에 떠 있는 커다란 조개껍데기 위에 서 있고, 주변에는 로즈 꽃이 바람에 흩날리고 있습니다.

그리스에서 로즈는 침묵의 상징이었는데, 비너스의 신화와 관련되어 있습니다. 사랑의 신 큐피드가 어머니 비너스의 밀회를 비밀로 해달라며 침묵의 신 하포크라테스에게 부탁했고, 하포크라테스가 그 응답으로 장미를 보냈기 때문입니다. 신화를 바탕으로 라틴어 '서브 로사Sub Rosa'가 '비밀, 몰래'라는 뜻을 가지게 되었고, 후에 '언더 더 로즈Under the Rose'라는 영어 표현으로 이어졌습니다. 이처럼 비밀을 상징하는 로즈는 로마 시대 연회석 천장에 조각되었고, 16세기 중엽 교회의 참회실에도 장미를 걸었다고 합니다.

비너스의 아들인 큐피드는 로즈를 너무나 사랑해서 꽃잎에 입을 맞추었는데, 꿀을 모으던 벌이 깜짝 놀라 큐피드의 입술을 쏘았습니다. 화가 난 비너스가 벌의 침을 뽑아서 장미 줄기에 심자 그것이 가시가 되었다고 합니다.

고대 페르시아에서는 원래 흰색이었던 장미가 붉어진 것이 나이팅게일 때문이라고 전합니다. 알라가 꽃의 여왕인 로즈를 창조하자 나이팅게일이 그 향기에 취해 날아왔다가 가시에 찔려 죽었고, 그때 흘린 피가 꽃잎을 물들였다는 것입니다.

역사

◊

사랑 혹은 광기의 꽃

세계의 역사에서 로즈가 나타난 것은 약 3000만 년 전의 화석이 최초입니다. 최초의 벽화는 1900년 영국의 고고학자 아서 J. 에반스Arthur J. Evans가 크레타 섬의 크노소스 궁전을 발굴하면서 알려졌습니다.

이 외에도 고대 이집트, 고대 바빌로니아, 고대 페르시아, 고대 중국 등에서 다양한 품종의 장미가 재배되었다는 사실을 벽화를 통해 알 수 있습니다. 로즈가 관상용으로 재배된 것은 약 3000년 전으로 추정합니다.

고대 그리스의 철학자이자 식물학자인 테오프라스투스Theophrastus는 그의 저서 〈식물의 역사Historia Plantarum〉에서 꽃잎이 여러 개 달린 로즈를 묘사했고, 로즈 꽃잎이 와인에 달콤한 맛을 더해준다고 기록했습니다. 그리스 시인 사포Sappo는 로즈를 '꽃들의 여왕'이라고 표현했습니다.

그리스와 로마에서는 전쟁에서 승리하고 돌아온 군대의 개선 행진에 로즈 꽃잎을 뿌렸고, 영원한 생명과 부활을 상징한다고 생각해 장례식에 사용되었습니다. 중세 유럽에서는 기독교를 상징하는 꽃으로 사랑받았는데, 원래 홑꽃으로 다섯 장의 꽃잎을 가졌기 때문입니다. 십자가에서 다섯 군데의 상처를 입은 예수님을 상징하는 '성스러운 5'와 같기 때문이라고 합니다. 또한 성모 마리아를 그린 많은 화가들이 로즈를 함께 그렸는데, 성모 마리아의 우아함과 성스러운 사랑을 상징한다고 믿었습니다.

역사적 인물 중에서 이 꽃과의 일화를 가진 사람은 너무나 많습니다. 클레오파트라는 안토니우스를 만날 때 유람선 갑판에 30cm 두께의 로즈를 깔았고, 꽃잎을 띄운 물에서 목욕하거나 로즈 향수를 좋아했다고 합니다.

로마의 폭군이었던 네로는 세계사에 길이 남을 호화로운 연회를 열었습니다. 2009년 고고학자들이 네로 황제의 만찬장을 발굴했는데, 역사학자 수

에토니우스^{Gaius Suetonius Tranquillus}가 2000년 전 기록한 대로 이 만찬장은 회전식이었습니다. 수에토니우스는 만찬장에 로즈 워터가 솟아나는 분수가 있고 꽃이 비처럼 벽을 타고 내려오는가 하면 곳곳에서 로즈 향수가 뿜어져 나왔다는 기록도 함께 남겼습니다. 화가 로렌스 앨마 타데마^{Lawrence Alma-Tadema}가 그린 '헬리오가발루스의 장미'는 로마 황제의 광기에 얽힌 로즈의 일화를 보여줍니다. 14세에 즉위한 소년 황제 헬리오가발루스^{Heliogabalus}는 연회가 무르익었을 때 천장에서 어마어마한 양의 장미 꽃잎을 쏟아지게 했는데, 몇 명의 사람들이 질식해서 죽을 정도였다고 합니다.

'장미의 시인'이라고 불리는 라이너 마리아 릴케는 자신의 작품에 '로즈'라는 단어를 250회나 사용할 정도로 장미를 사랑했습니다. 심지어 장미 가시에 찔려 숨졌다는 일화가 있을 정도인데, 사실 그의 사인^{死因}은 가시에 의한 패혈증이나 파상풍이 아니라 급성 백혈병이었습니다.

효능

♦

의학의 역사와 함께하다

〈살바토레의 아로마테라피 완벽 가이드〉의 저자인 살바토레 바탈리아^{Salvatore Battaglia}는 고대 의학에서 로즈 오일을 사용했던 여러 분야가 현대 아로마테라피에서 적용하는 분야와 거의 일치한다는 사실이 매우 흥미롭다고 합니다.

로즈는 신화 시대부터 의학적인 용도로 사용되었습니다. 비너스의 신전에 매일 신선한 꽃을 바치던 밀토라는 여인의 얼굴에 종기가 나서 몹시 흉하게 변해 버렸습니다. 자신의 모습에 슬퍼하던 밀토의 꿈에 비너스가 나타나 제단에 바쳤던 로즈를 얼굴에 바르라고 말했습니다. 여신이 일러준 대로 로즈 향유를 얼굴에 바르자 종기가 씻은 듯이 나았다고 전해 내려옵니다.

로마의 학자 플리니우스$^{Gaius\ Plinius\ Secundus}$가 쓴 〈박물지$^{Naturalis\ Historia}$〉에는 당시 재배된 12가지 종류의 로즈가 기재되어 있고, 단지 향수로서만 가치 있는 것이 아니라 고약, 안약, 눈에 바르는 연고로 그 효능이 뛰어나다고 기록했습니다. 플리니우스는 잎과 꽃을 조합한 처방전 32가지와 함께 로즈 와인 제조법을 개발하기도 했습니다.

히포크라테스, 디오스코리데스, 플리니우스 등 고대의 약리학자들은 로즈를 이용한 생약을 개발했고, 12세기 독일 빙엔의 수녀원장 성 힐데가르트$^{Hildegard\ von\ Bingen}$는 분노와 신경질을 가라앉히는 데는 로즈가 특효라고 기록했습니다.

16세기 유럽에서는 흑사병이 창궐하자 로즈 꽃잎을 찧어 환약으로 만든 다음 혓바닥 위에 얹자 신통한 효과를 얻었고, 이후 로즈를 병에 걸리지 않게 지켜주는 부적으로 여겼습니다. 파리 왕립약초원의 의약 연구원인 피에르 포메는 1694년 저서 〈의약품의 역사〉에서 '로즈가 없었더라면 의학이 이처럼 발전하지는 못했을 것'이라고 주장했습니다.

18세기에 와서는 심장이 두근거릴 때 로즈 가루 찜질을 권했고, 로즈와 설탕을 혼합한 물에 조린 레몬이 해독과 전염병 예방에 특효가 있다고 생각했습니다. 로마에서는 귀족 여성들이 로즈를 찜질 약으로 사용하면 주름을 없앨 수 있다고 믿었고, 취기를 없애줄 것이라고 생각해 와인을 마실 때 잔에 띄우기도 했습니다.

로즈 티는 여성에게 좋은 효능을 지니고 있는데, 특히 폐경이나 변비에 효과적이고 비타민 C가 많아 노화 방지는 물론 피로 해소에도 좋다고 합니다. 로즈의 아름다운 색깔을 내는 안토시아닌은 활성산소를 제거하고 콜라겐 형성을 촉진하며, 베타카로틴은 항암 효과가 있는 것으로 알려져 있습니다. 들장미 열매인 로즈힙은 오렌지의 40배, 레몬의 60배에 달하는 비타민 C가 들어 있고 성장 발육을 촉진하는 비타민 A도 풍부해 실제로 제2차 세계대전 이후 어린이들의 비타민 공급원으로 이용되기도 했습니다.

미용

여성을 위한 오일

페르시아 무굴제국 제항기르Jehangir 황제의 애첩은 황제를 위해 매일 로즈 꽃잎을 띄운 목욕물을 준비했습니다. 그런데 뜨거운 물의 표면에 기름기가 뜨자 황제의 심기를 거슬리게 할까 두려워한 애첩이 기름기를 걷어냈는데, 이것에서 아이디어를 얻은 과학자가 로즈 오일을 만들었다고 합니다.

페르시아 제국의 철학자이자 과학자, 의사였던 이븐 시나Ibn Sina는 11세기 초 증류법을 재정립하면서 최초의 로즈 에센셜 오일을 만들었습니다. 페르시아에서 로즈 워터와 로즈 에센셜 오일은 강심제, 두통약, 복통약, 현기증, 오심 구토, 각성제, 미약으로 쓰였고 술이나 음식물의 부향제로 사용했습니다. 로즈 에센셜 오일을 만드는 방법은 오랫동안 프랑스 프로뱅 지역의 비법으로 전수되어 왔습니다. 1254년 십자군 전쟁에 참전했던 상파뉴 백작Counts of Champagne이 다마스쿠스에서 '프렌치 로즈' 로사 갈리카Rosa Galica의 싹을 가지고 돌아왔는데, 곧 선풍적인 인기를 끌면서 약제로도 사용되었습니다. 17세기에 프로뱅은 '장미의 도시'라는 별명과 함께 약제로 유명한 도시가 되었고,

1 젠리아 리틀턴이 쓴 《사랑의 향수, 천상의 향기》에서는 최초의 로즈 에센셜 오일에 대해 다음과 같이 설명합니다. "로즈 에센셜 오일은 1574년 라베나의 제로니모 로시(Geronimo Rossi)가 장미 향수 표면의 오일 방울을 발견하면서 처음으로 언급했다. 가트슨 신부는 그의 저서 《무굴 제국의 역사》에서 로즈 오일의 발견을 이렇게 설명했다. 1612년 무굴 제국의 다아구이르 황제가 궁전 정원의 인공 수로에 장미 향수를 가득 뿌렸는데, 한 공주가 배를 타고 운하를 지나다가 수면에 얇은 기름막이 떠 있는 것을 발견했다. 그것을 길어내 자세히 관찰해본 결과, 새로운 향수임이 밝혀졌다. 그 기름막은 태양열이 물과 로즈 오일을 분리시켜 생긴 것으로 글라디올러스 꽃잎을 이용하여 길어냈다."

현재에도 '프로뱅 장미 정원'이라는 관광 명소가 있습니다. 18세기의 마리 앙투아네트는 개인 정원을 로즈로 가득 채우고 사색을 즐겼고, 피부 건조와 트러블을 치료하기 위해 로즈 에센셜 오일을 애용했다고 합니다.

'여성을 위한 오일'이라고 불리는 로즈 에센셜 오일은 여러 가지 피부 트러블을 완화하는 효능이 있습니다. 특히 상처, 여드름, 주름살을 완화하고 햇빛에 노출된 피부를 안정시키는 동시에 보습 효과도 뛰어난 것으로 알려져 있습니다. 또한 강력한 식물 활성 성분인 로즈 에센셜 오일은 세포 재생과 영양 공급에 도움을 주고, 피부를 맑고 깨끗하게 개선해줍니다.

로즈에는 비타민 C가 레몬의 17배, 에스트로겐이 석류의 8배, 비타민 A가 토마토의 20배 정도를 함유해 원기 회복이나 노화 방지에 탁월한 효과가 있습니다. 또한 로즈에는 비타민 E, K도 들어 있는데 피부 재생 효과가 뛰어나고, 지친 피부에 활력과 생기를 주는 데도 효과적입니다.

로즈 워터는 피지 밸런스를 유지해주고 모공을 수축해 피부를 매끄럽게 해주는데, 특히 어떤 피부 타입에도 안심하고 사용할 수 있을 만큼 피부 자극이 없는 것이 특징입니다. 로즈의 향기는 뇌에서 분비되는 신경전달물질인 도파민의 분비를 촉진해 스트레스와 불안감을 해소해줍니다. 기억력과 집중력을 높여주고 두통에도 효과적입니다.

연구 결과

스트레스와 우울감 완화, 피부 주름 개선, 여성 호르몬 밸런스

'로즈와 클라리세이지 에센셜 오일을 이용한 전신 마사지가 중년 여성의 스트레스, 우울 척도 및 갱년기 증상 완화에 미치는 영향(김성자, 한채정, 여성건강간호협회, 2003)' 연구 논문은 40~50대 중년 여성 30명을 선정해 실험을 실시했

습니다. 그 결과 로즈, 클라리세이지 에센셜 오일로 전신 마사지를 시행했을 때 스트레스, 우울 척도, 갱년기 증상 점수가 모두 유의적으로 감소했다고 결론 내렸습니다. 특히 로즈 에센셜 오일을 사용한 실험군이 모든 면에서 가장 큰 효과를 나타냈습니다.

'로즈 오일을 이용한 복부 마사지가 중년 여성의 심리 및 생리적 반응에 미치는 릴랙싱 효과(최수기 외, 아시안뷰티화장품학술지 제5권 제1호 통권 제11호, 2006)' 연구 논문에서는 로즈 에센셜 오일을 흡입하고 복부 마사지를 한 실험군이 대조군보다 스트레스, 정서 지수가 더 높았다고 밝혔습니다. 그리고 뇌파에 미치는 영향을 규명하기 위해 뇌파 중 알파[Alpha], 델타[Delta], 세타[Theta]파를 분석한 결과 로즈 에센셜 오일을 사용한 실험군의 경우 모두 상승효과가 있었습니다. 알파파의 상승은 뇌가 휴식을 취하는 상태, 델타파는 숙면, 세타파는 경수면 상태를 의미하기 때문에 실험 결과는 로즈 에센셜 오일이 스트레스 완화를 위한 수면에 효과적이라는 것입니다. 또한 로즈 에센셜 오일이 심장박동에 미치는 영향을 조사한 결과 진정 효과가 있는 것으로 나타났습니다.

'불가리아 로즈 오또 에센셜 오일이 피부 주름에 미치는 효과(최민희, 중앙대학교, 2010)'를 연구한 결과도 있습니다. 피부 주름의 개선 효과를 살펴보기 위해 모공 크기, 색소침착, 주름 길이 측정, 아로마 오일 만족도, 피부 임상 후 만족도를 조사했습니다. 실험 결과 로즈 오토 에센셜 오일의 항산화 효과가 입증되었고 모공 크기, 색소침착, 주름 개선에 효과적인 것으로 나타났습니다.

균형, 긍정적인 심리 상태, 자율신경계 조절에 영향을 주는 로즈 에센셜 오일의 효능을 연구한 결과도 있습니다. '로즈 오일 흡입이 좌우 뇌 균형과 자율신경계 조절에 미치는 영향(황유정, 경기대학교, 2006)' 논문에서는 로즈 에센셜 오일을 흡입한 실험군에서 좌우 뇌 균형과 뇌의 자율신경계 조절 능력이 향상되었다고 결론 내렸습니다. 따라서 정서 장애, 불안 장애 등을 다루는 정신 치료 분야에서 활용할 수 있을 것이라고 전망했습니다.

'로즈 에센셜 오일이 폐경기 여성호르몬에 미치는 영향(김순나, 중앙대학교, 2007)'을 연구한 논문 결과도 있습니다. 호호바 오일에 로즈 에센셜 오일을 3% 희석해서 마사지한 실험군의 에스트로겐, 프로게스테론, FSH, LH 등의 호르몬 변동을 측정한 결과 대조군보다 호르몬의 변동 폭이 완만한 결과를 얻었습니다. 로즈 에센셜 오일이 에스트로겐과 같은 성분을 함유해 생리 장애, 폐경기 증상에 효과적이며 월경주기를 정상화해준다는 기존 연구 결과를 확인한 것입니다. 그리고 일반 화학약품과 달리 몸에 축적되지 않고 호흡기, 간, 신장 체계를 통해 배출된다는 장점이 있어 약물 부작용이 없다는 결론을 내렸습니다.

식물의 특성

❁

자연의 기적, 로즈 향기

로즈는 250가지의 다른 종이 있고 1만 가지가 넘는 이종이 존재합니다. 그 중에서 향수로 쓰기 위해 증류되는 것은 프렌치 로즈Rosa Gallica, 캐비지 로즈Rosa Centifolia, 다마스크 로즈Rosa Damascena 세 가지입니다. 최상의 퀄리티를 지닌 에센셜 오일인 오토Otto를 생산하는 것은 불가리아의 다마스크 로즈입니다. 1리터의 로즈 에센셜 오일을 만드는 데 대략 5톤의 꽃이 필요하지만, 꽃의 종류와 상태에 따라 달라집니다.

에센셜 오일을 추출하는 다마스크 로즈는 가시가 많은 덤불 관목으로 약 2m 정도인데 옆이나 위로 퍼져 자라는 것이 특징입니다. 짙은 녹색의 잎과 분홍색에서 하얀색으로 퇴색하는 두 겹의 꽃이 피어납니다.

꽃을 피우는 윗부분을 채취해 수증기 증류법으로 추출한 에센셜 오일은 달콤하고 풍부한 꽃향기를 지녔습니다.

Rose

학명	Rosa damascena
과	장미과(Rosaceae)
분포	불가리아, 터키, 이집트, 프랑스, 이탈리아, 모로코
추출 부위	꽃잎
추출 방법	용매 추출법, 수증기 증류법
노트	베이스 노트
화학적 분류	알코올(Alcohols), 알데하이드(Aldehydes)
화학 구성 성분	시트로넬롤(Citronellol) 33~45% - 면역력 강화, 항염, 항바이러스, 살균 / 게라니올(Geraniol) & 네랄(Neral) 11~18% - 방충, 항바이러스, 신경계 이완 / 네롤(Nerol) 3~6% - 살균, 소독 리나롤(Linalool) 2.18% - 신경 안정 / 300여 가지 이상의 화학적 성분을 함유한다고 알려져 있고 그중 86% 정도 알려졌음
특성	자궁 출혈, 생리 주기 불안정, 생리곤란증, 기능적 불임 등 여성에게 활용도가 높은 오일. 천식, 기침 등 호흡기 관리에 효과, 스트레스로 인한 위궤양, 간세포 재생 활성화. 부정맥, 고지혈증, 고혈압, 항염, 항바이러스 작용(대상포진, 헤르페스 등)
Body	신체 균형 유지. 소독 작용, 완화 작용. 귀의 통증과 불면증에 활용
Skin	모든 피부에 효과. 민감하고 건조한 노화 피부의 혈액순환을 도와 탄력과 생기 부여, 모세혈관 기능을 강화해 수렴 효과, 피부 발적이나 염증 치료에 사용
Mental	부드럽고 포근한 느낌의 향으로 최음제 기능, 항우울제로 신경 진정제, 심계항진, 흥분성, 불면 치료에 유용
주의 사항	무독성, 무자극으로 특별한 주의가 필요 없음

Rosemary

로즈메리

로즈메리는 오랜 역사를 지닌 허브 중 하나로
고대 이스라엘, 그리스, 이집트, 로마에서는
종교 의식에 사용했던 성스러운 식물입니다.
로즈메리의 학명인 로스마리누스^{Rosmarinus}는
라틴어 '이슬'이라는 뜻의 '로스^{Ros}'와
'바다'라는 뜻의 '마리누스^{Marinus}'라는 말이 합쳐진 것입니다.
해풍이 부는 바닷가 벼랑에서도
독특한 향기를 풍기면서 자라기 때문에 붙은 이름입니다.

신화와 전설

◈

사랑과 헌신의 상징

그리스 신화에서 로즈메리는 사랑과 미의 여신인 아프로디테의 신목神木으로 등장합니다. '바다의 거품에서 태어난 여신'이란 뜻을 가진 아프로디테와 물보라 치는 바닷가에서 자라는 향기로운 로즈메리가 사랑과 헌신을 상징한다고 믿었기 때문입니다.

상큼하고 강렬한 향기를 내뿜는 로즈메리의 신통력이 악귀를 물리친다고 믿었던 스페인에서는 몸에 지니고 다니기도 했습니다. 영국에서는 악귀나 병마의 침입을 물리치기 위해 로즈메리를 문 위에 올려놓는 관습이 있었습니다.

로즈메리 꽃의 색깔은 원래 흰색이었는데 성모 마리아가 어린 예수와 함께 헤롯 왕의 군인들을 피해 달아날 때 로즈메리 덤불에 자신의 코트를 덮자 푸른색으로 바뀌었다고 전해집니다.

역사

◈

신성한 약용 식물로 사랑받은 로즈메리

고대 이집트에서는 로즈메리의 잔가지를 의식용 향으로 태웠고, 파라오들이 전생을 잘 기억할 수 있도록 무덤에 놓기도 했습니다. 고대 그리스인과 로마인들은 로즈메리를 충성, 죽음, 기억, 학문적 배움의 상징으로 신성하게 여겼습니다. 따라서 결혼식이나 엄숙한 행사에는 신뢰와 영원의 상징인 로즈메리 화관을 사용했습니다. 이 전통은 유럽에서 수 세기 동안 지속되어 부유한 가정에서는 로즈메리 잔가지에 금박을 입혀 손님들에게 선물하기도 했습니다. 장례식에는 죽은 사람에 대한 존경과 기억을 나타내는 의미로 로즈메리를 향으로 태웠고, 로즈메리의 독특한 향기가 시체를 썩지 않도록 하는 힘이 있다고 믿었습니다.

고대 아테네와 로마에서는 로즈메리의 가지가 영혼 불멸을 상징했기 때문에 죽은 사람의 손에 이 가지를 쥐어주었고, 장례식이나 종교의식에서는 불에 태워서 향을 냈습니다. 로즈메리가 기억을 강화해준다는 이유로 시험을 앞둔 그리스 학생들은 로즈메리의 잔가지로 화관을 만들어 쓰기도 했습니다. 고대인들은 로즈메리가 집중력을 강화하는 힘이 있다고 여겼는데, 이에 대한 가장 유명한 인용은 셰익스피어의 〈햄릿〉에 나오는 오필리어의 독백입니다. 오필리어는 "로즈메리예요, 나를 기억해달라는 뜻이죠"라고 말합니다.

또한 로즈메리가 사랑하는 연인들의 충절을 상징한다고 생각했던 그리스와 로마에서는 결혼식에 사용했고, 현재에도 영원한 헌신의 상징으로 로즈메리 가지를 신랑의 옷깃에 꽂거나, 신부의 화관이나 꽃다발에 사용합니다.

아랍의 의사들은 로즈메리를 뇌졸중 후에 오는 언어장애를 회복시키는 데 사용했고, 중국에서는 두통, 불면증, 정신적 피로 등의 치료제로 처방했습니다. 로즈메리 티는 회복기에 있는 환자들이 가을과 겨울에 즐겨 마시던 강장제였습니다. 특히 빈혈, 감기로 인한 답답함, 입 냄새, 어린아이의 떼쓰기, 현기증, 간질 등을 고칠 때 사용하던 민간요법이었습니다.

최초의 가톨릭 사제들이 알프스를 넘어 북유럽으로 건너갈 때 도입된 로즈메리는 약재로서 수도원 정원에서 인기가 많았습니다. 수도사들은 로즈메리를 옷장에 넣거나 환자가 머물던 방에서 불에 태워 살균 방향제로 사용

---

1 아로마테라피에 대해 잘 모르는 사람들에도 로즈메리가 수험생에 대한 오일로 알고 있습니다. 특히 수험행을 둔 부모님들에게 향기가 좋은데 주변에 수험생이 있더라면 로즈메리에 대한 오일을 선물하는 것도 좋습니다.

했습니다.

로즈메리의 푸른 잎은 불멸의 상징이었기 때문에 무덤가에 많이 심었고, 잉글랜드 북부에는 장례식 때 관 위로 로즈메리를 던져주는 전통이 있습니다. 사람들은 로즈메리가 행운을 가져오고 마술이나 마녀로부터 보호해준다고 믿었습니다. 이러한 믿음은 로즈메리가 전염병을 피하게 해주고 건강을 회복하게 해주는 힘이 있다는 의학적인 믿음에도 반영되었습니다.

1370년 영국에서 만든 헝가리 워터$^{Hungary\ Water}$ 화장수는 꽃이 핀 로즈메리를 에틸알코올에 담갔다가 걸러낸 것으로 목욕제로 사용하거나 신경통 환자의 치료에도 쓰였습니다. 헝가리 워터에는 엘리자베스 여왕의 일화가 있습니다. 손발이 마비되는 증상이 나타난 여왕의 꿈에 천사가 나타나 처방을 알려주었다는 것입니다. 이 처방은 지금도 빈의 왕립도서관에 보관되어 있습니다. 헝가리 워터가 여왕의 젊음과 아름다움을 유지해준 덕인지 여왕은 72세가 되던 해에 폴란드 왕의 구혼을 받았다고 합니다. 엘리자베스 여왕의 헝가리 워터는 최초의 알코올 향수로서 오 드 투알렛$^{Eau\ de\ Toilette}$의 시초가 되었습니다.

1525년 영국에서 리처드 뱅크스$^{Rechard\ Banckes}$가 펴낸 〈허벌^{Herbal}〉에는 다음과 같은 내용이 있습니다. "로즈메리 나무 세 그루를 상자에 넣고 냄새를 맡으면 젊음이 유지된다." 그는 로즈메리를 만능 약이라고 주장했고, 건강을 유지하기 위해 로즈메리 잔가지를 몸에 지니고 다니라고 말했습니다. 그리고 1597년 윌리엄 랭햄$^{William\ Langham}$은 "될 수 있는 한 많은 로즈메리를 구해서 목욕을 하시오. 그러면 훨씬 더 건강하고 생생하게 즐거운 건강과 젊음을 가지게 될 것입니다"라고 충고했습니다.

효능

로즈메리는 수 세기 동안 의약용으로 사용되었는데, 아리스토텔레스의 제자였던 테오프라스투스^{Theophrastus}와 〈약물지^{De Materia Medica}〉의 저자인 디오스코리데스^{Dioscorides}는 위장과 간의 문제에 대한 강력한 치료제로 로즈메리를 추천했습니다. 의학의 아버지로 불리는 히포크라테스^{Hippocrates}는 간, 비장 질환을 극복하려면 로즈메리와 채소를 함께 조리해야 한다고 말했습니다. 그리스의 의사이자 로마 황제 아우렐리우스 황제의 시의였던 갈렌^{Galen, Claudius Galenus}은 황달을 치료하는 데 로즈메리를 처방했습니다.

로즈메리 에센셜 오일은 13세기에 처음 증류된 것으로 알려져 있습니다. 로즈메리 에센셜 오일은 살균, 소독, 방충 작용을 하는 성분을 함유해 과학적인 근거를 알지 못했던 옛날에도 민간요법으로 오랫동안 사용되었습니다.

17세기경 영국에서는 전염병이 유행했을 때 로즈메리가 병마를 물리친다고 믿었기 때문에 마룻바닥에 깔거나 작은 꽃다발로 묶어서 손에 들고 다니기도 했습니다. 또한 로즈메리가 공기를 정화하고 살균한다고 생각해 장례식에서 관에 던지는 풍습도 있었습니다. 〈영국 허브 약전^{British Herbal Pharmacopoeia}〉에는 전반적인 쇠약감을 동반한 우울증과 심혈관 질환에 효과가 있다고 기록되었습니다.

그리고 17세기 영국의 식물학자 니콜라스 컬페퍼^{Nicholas Culpeper}는 어지러움, 현기증, 나른함과 울적함, 말 못하는 마비 또는 언어 능력 등의 머리와 뇌의 질병, 무기력, 간질 치료에 로즈메리를 추천했습니다.

로즈메리는 진통성이 뛰어나 류머티즘, 관절염 등에 효과가 있고, 중추신경계를 자극하기 때문에 집중력 부족이나 신경쇠약에도 효능이 있습니다. 기관지염이나 천식, 부비강염 등의 증상과 호흡기 질환에도 사용되고 있습니다.

로즈메리 에센셜 오일은 근육의 통증이나 좌골 신경통을 완화하고, 모낭과 두피의 혈액순환을 자극해 조기 탈모 치료에 도움이 되는 것으로 알려져 있습니다. 로즈메리 성분을 넣은 화장품은 모세혈관을 강화하고, 목욕용 허브로 사용할 경우 염증을 일으키거나 아픈 근육을 회복하는 데 도움이 됩니다.

또한 로즈메리는 목의 통증, 잇몸 질환, 구강 궤양 등의 증상을 완화하고, 탈모와 비듬이 있는 두피에 알맞은 샴푸와 컨디셔너의 성분으로 사용됩니다. 이밖에도 비누, 세제, 향수 등의 성분으로 광범위하게 활용되고 있습니다.

로즈메리의 잎은 장시간 조리해도 향이 사라지지 않기 때문에 스튜, 수프, 소시지, 비스킷, 잼 등에도 향료로 이용합니다. 특히 이탈리아 요리에는 없어서는 안 될 허브로 육류 요리나 바비큐 등 여러 가지 요리에 사용됩니다. 로즈메리는 오랫동안 식품, 그중에서도 육류를 보존하기 위한 허브로 사용되었습니다. 여러 가지 연구를 통해 식품 첨가물보다 더 뛰어난 효능이 있다는 것이 알려졌습니다.

연구 결과

스트레스 감소, 통증 완화, 항산화 효과

'VDT 증후군의 견관절 기능 장애에 대한 아로마 오일과 운동 요법의 병용 효과 비교(박지선, 차의과대학교, 2004)' 연구 논문을 보면 견관절의 통증은 로즈메리, 유칼립투스 에센셜 오일을 사용한 실험군이 대조군에 비해 현저하게 우수한 경감 효과를 보였다고 밝히고 있습니다. 로즈메리 에센셜 오일의 주성분은 보닐아세테이트Bonyl Acetate, 캠퍼Camphor, 보르네올Borneol 등이며 진통, 진경, 재생, 상처 치유, 순환 촉진 작용으로 근육통, 근육의 피로, 관절염의 통증 해소에 효과적입니다.

'로즈마리와 레몬 오일을 배합한 정맥 순환 마사지가 냉증인 여성에게 미치는 효과 연구(오웅영, 장문정, 한국피부미용향장학회지, 2012)' 논문을 살펴보면 냉증 정도와 스트레스가 감소하는 효과가 있다는 결론을 내렸습니다. 특히 일반 오일을 사용한 대조군보다 로즈메리와 레몬 에센셜 오일을 배합해서 정맥순환 마사지를 실시한 실험군의 효과가 더 뛰어났습니다.

로즈메리 에센셜 오일의 각성 효과가 인지 수행 능력, 집중력 향상에 도움이 된다는 점에 주목한 연구 결과도 있습니다. 초등학교 5~6학년 학생 20명을 대상으로 FAIR 주의 집중력 검사를 실시한 결과 집중력의 M(이해), P(능력), Q(품질), C(연속) 수치가 상승했습니다. 로즈메리 에센셜 오일의 각성 효과로 인한 전체적인 주의 집중력이 향상된 것을 입증한 결과입니다.

'로즈마리 에센셜 오일을 이용한 아로마 요법이 항산화 능력 활성과 면역 증진에 미치는 영향을 연구(전순영, 성신여자대학교, 2010)' 연구 논문 결과도 있습니다. 중년 여성 20명을 대상으로 아로마 흡입, 마사지를 실시한 결과 마사지와 흡입 요법을 병행한 그룹의 경우 항산화 능력과 면역력 증진에 긍정적인 효과를 나타냈습니다.

'제주산 로즈마리 에센셜 오일의 항염 및 피부 상재균에 대한 항균 활성(김소희 외, 한국응용과학기술학회, 2018)'에서는 제주산 자생 로즈마리를 물 증류법으로 추출해 사용했습니다. 실험 결과 항염증, 항균 효능을 확인해 스킨 케어 소재로 활용할 수 있다는 결론을 내렸습니다.

'인간각질형성세포(NHEKs)에 대한 로즈마리 오일의 항산화, 항염증, MMPs 저해효과(김광상 외, 대한미용학회, 2019)'을 살펴보면 로즈메리 오일은 0.13% 이하에서 안전성이 높다고 합니다. 또한 파이토케미컬의 일종인 총 페놀을 다량 함유하고 있어 UVB로 인한 산화적 스트레스뿐만 아니라 다양한 자극에 반응해 세포를 보호하는 항산화 및 항염, MMPs 저해 효과가 우수한 것을 확인했습니다. 이러한 실험 결과는 로즈메리 에센셜 오일이 항노화, 주름개선, 여드름, 아토피 피부를 위한 기능성 화장품의 신소재로써 활용 가치가 높음을 증명한 것입니다.

식물의 특성

전체에서 향기가 나는 방향성 식물

상록성 허브인 로즈메리는 지중해 지역이 원산지로 높이 약 80~180cm까지 자라고 가는 창 모양의 잎이 특징입니다. 작은 통 모양의 엷은 자주색 꽃이 피는데 드물게 연분홍색이나 흰색도 있으며, 더위에 강하고 병충해가 없기 때문에 수 세기 동안 여러 지역의 허브 정원에서 사랑받은 식물입니다. 로즈메리의 잎, 꽃, 잔가지를 수증기 증류해 추출한 에센셜 오일은 신선한 민트 특유의 허브 향과 나무 향을 냅니다.

2 로즈메리 에센셜 오일은 대표적인 케모 타입으로 원산지에 따라 성분비가 다른 것이 특징입니다. 보통 스킨케어 제품에는 프랑스 버베논 타입, 기관지와 호흡기계 케어에는 튀니지 1, 8-시네올 타입, 국소 부위에 소량 적용할 경우 스페인 캠퍼 타입을 추천합니다.

Rosemary

학명	Rosmarinus officinalis
과	꿀풀과(Labiatae)
분포	프랑스, 튀니지, 스페인, 이탈리아, 모로코
추출 부위	꽃, 잎, 가지
추출 방법	수증기 증류법
노트	미들 노트
화학적 분류	옥사이드(Oxides), 모노테르펜계(Monoterpenes)
화학 구성 성분	1, 8-시네올(1, 8-Cineole) 16~44% - 진통, 항균, 항바이러스 피넨(Pinene) 15~30% - 살균, 방부, 항염, 항균 캠퍼(Camphor) 9.9~12.9% - 진통, 세포 자극 리모넨(Limonene) 2.0~4.8% - 항진균, 진정, 항염, 부작용 반감, 피부 자극 억제 외 다수 화학 성분
특성	발적, 자극제(근육통, 통증 완화) 항염과 항균(비듬, 탈모, 모근 강화) 순환(저혈압, 정맥류, 부종, 내분비 순환), 이뇨(셀룰라이트) 강장(간, 심장), 진통(관절염, 신경통, 두통, 편두통)
Body	피로를 풀어 신체 강화, 근육통에 효과 모발 생장 자극 효과로 조기 탈모 예방, 비듬 케어
Skin	혈액순환 개선으로 여드름, 지성 피부 관리, 손상된 모발, 손톱 및 발톱 케어. 일반적으로 얼굴보다는 두피, 보디 관리에 사용
Mental	기억력 향상, 집중력 강화
주의 사항	임산부, 고혈압 환자는 사용을 금함

Sandalwood

샌들우드

인도, 스리랑카, 말레이시아, 인도네시아, 대만 등
아시아 열대 지역이 원산지인 샌들우드는
약 4000여 년 동안 향수 재료로 사랑받아왔습니다.
백단목이라고 하는 향나무의 심재에서 추출하는
샌들우드 에센셜 오일은 전통 방향제로
유럽 각지에서 화장품, 향수, 방부제로 사용되었고
사원의 건축재로도 활용되었습니다.
샌들우드라는 이름은 산스크리트어 '찬다나 Chandana'에서 유래합니다.

역사

오랜 역사를 지닌 샌들우드

샌들우드는 가장 오랜 역사를 지닌 약용 식물 중 하나로 4000여 년 동안 사용되었고 에센셜 오일이 알려진 것은 1000여 년 전 스리랑카였다고 합니다. 산스크리트어와 중국어로 쓰인 고서에는 샌들우드 오일이 종교의식에 쓰였고, 많은 수호신과 그 사원을 조각할 때 이 나무를 사용했다고 기록되어 있습니다. 고대 이집트인들은 샌들우드 나무를 약용으로 활용했고, 미라를 만들 때 방부 처리를 하거나 신을 숭배하는 의미로 태워서 연기를 내는 등 종교의식에도 사용했습니다.

샌들우드 나무는 성전, 종교적 조각, 가구로 만들어졌는데, 성서에 나오는 솔로몬 왕은 성전을 지을 때 이 나무를 사용했다고 합니다. 고대 인도의 전통 의학인 아유르베다^{Ayurveda}에서는 샌들우드를 비뇨기계 질환, 호흡기 감염, 급성과 만성 설사를 완화하는 데 사용했고, 로즈 에센셜 오일과 블렌딩해 최음 향수로 알려진 아이타^{Aytar}라는 유명한 향을 만들었습니다. 그리고 가루를 반죽해서 피부 염증, 종기, 종양을 진정시키는 데 사용했는데, 특히 피부 궤양에 대한 사용법은 1936년 기베르^{P. H. Guybert}가 〈메디신 채리터블 Medicine Charitable〉의 발표한 논문에 그대로 기재되어 있습니다.

인도의 〈약전^{藥典, Pharmacopoeia}〉에는 샌들우드가 땀을 나게 한다고 여겨서 우유와 섞으면 점액을 나오게 하여 농루[1]에 도움이 된다고 기록되어 있습니다. 1868년 스코틀랜드의 글래스고 지방의 의사였던 헨더슨^{Henderson}은 샌들우드를 활용한 놀라운 농루 치료법으로 의사들의 관심을 끌었습니다. 후에 프랑스의 의사였던 파나^{Panas}, 라베르^{Laber}, 보르디에^{Bordier}는 이 연구에 대해

1　농루 膿漏, Blennorrhagia 고름이 끊임없이 흘러나오는 증상.

더욱 확신을 심어주었습니다. 18세기에 이르러 유럽에서 유명해진 샌들우드는 만성 기관지염, 임질, 비뇨기계 질환, 이뇨제로 사용되었습니다.

효능

🜄

깊은 명상으로 이끌어주는 신성한 향

샌들우드 에센셜 오일은 안정과 함께 신체와 정신의 균형 유지에 효과적입니다. 진정 작용, 긴장 완화 등으로 불안을 해소해 불안증, 불면증에 효과가 탁월합니다. 신경을 안정시키는 효능이 있는 샌들우드는 두통, 불면, 신경, 긴장과 같은 증상을 완화합니다. 그리고 면역 기능을 강화해 호흡기 감염, 목감기, 만성 기관지염, 가래 배출에 효과가 있습니다.

열을 내리고 울혈을 해소하는 효능을 가진 샌들우드 에센셜 오일은 뜨거운 열을 동반한 감염, 카타르, 특히 장, 비뇨기계, 생식기계, 폐와 관련된 문제에 처방되었습니다. 진통과 진정 효과도 있기 때문에 통증을 완화하고, 항염 작용으로 질 세척, 생식기 청결, 방광염 등에 사용됩니다. 샌들우드 에센셜 오일은 남성적인 기분을 자극하고, 스트레스와 연관된 성기능 장애를 회복하는 데 도움을 주는 것으로 알려져 있습니다. 따라서 성적인 욕망을 불러일으켜 불감증을 치료하고 최음 작용을 합니다.

진정 작용, 소염 작용, 차게 식히는 작용, 수분 공급 등 피부에 탁월한 효과를 내는 샌들우드 에센셜 오일은 건조함, 피부 자극, 가려움, 감염 등에 유용합니다. 그리고 습진, 건선, 지성 피부, 여드름 피부에도 효과가 있습니다.

연구 결과

모발 성장, 스트레스 완화 효과

'샌달우드와 로즈 앱솔루트 에센셜 오일이 각질형성세포의 분화와 모발 성장에 미치는 영향(이종순, 서경대학교, 2009)' 연구 논문을 살펴보면 샌들우드 오일이 모발 성장에 효과가 있다는 것이 밝혀졌습니다. 실험 결과 육안으로 평가한 모발 성장뿐 아니라 조직 염색에서 보이는 모낭 수도 5% 미녹시딜(FDA가 승인한 모발 성장 촉진제) 처리군보다 증가한 것으로 나타났습니다.

'샌들우드 오일이 20~30대 여성의 타액 코티졸 조절에 미치는 영향(이혜승, 한성대학교, 2009)'을 연구한 논문 결과도 있습니다. 샌들우드 에센셜 오일 흡입군과 마사지군, 호호바 오일 마사지군으로 나누어 실험한 결과 샌들우드를 이용한 아로마테라피가 스트레스 완화 및 예방에 긍정적인 효과가 있다는 결론을 내렸습니다. 샌들우드에 함유된 산탈롤Santalol 성분이 중추신경에 영향을 미쳐 코티졸의 과다 분비를 억제해 감소한 것으로 추정합니다. 특히 호호바 오일에 샌들우드 에센셜 오일을 4%로 희석해 등을 마사지했던 실험군이 가장 큰 효과를 나타냈습니다.

식물의 특성

깊고 부드러운 나무 향기

아시아 열대 지역이 원산지인 샌들우드는 높이 약 9m까지 자라는 작은 상록수이며, 털이 난 잎과 작고 분홍색을 띤 보라색 꽃을 가지고 있습니다. 에센셜 오일을 추출하기 위해서는 30년생 이상의 샌들우드 심재(나무줄기의 중심부에 있는 단단한 부분)와 큰 뿌리를 건조해서 가루로 만든 다음 수증기 증류로 추출합니다. 깊고 부드러운 나무 향을 가진 샌들우드 에센셜 오일은 향이 오랫동안 지속되는 것이 특징입니다.

Sandalwood

학명	Santalum album
과	단향과(Santalaceae)
분포	인도, 호주
추출 부위	목질부(심재)
추출 방법	수증기 증류법
노트	베이스 노트
화학적 분류	알코올(Alcohols)
화학 구성 성분	산탈롤(Santalol) 70~92% - 살균, 항염, 항바이러스 보르네롤(Borneol) 5% - 진정, 진경
특성	심장 기능 강화(심혈관 관리) 혈액순환 촉진(림프액, 정맥의 흐름 개선) 진정과 안정(불면증, 스트레스, 신경과민) 항염, 세포 재생(아토피성, 습진, 상처 자국, 건성, 민감성 피부, 방광염, 냉증 관리), 항우울(우울증, 스트레스) 거담제(기침, 가래, 기관지염)
Body	혈액순환 촉진, 살균 소독으로 임질 치료에 사용, 비뇨기, 호흡기 감염증 완화
Skin	여드름, 상처, 염증, 거칠고 딱딱한 피부, 건성과 지성 피부, 소염 관리
Mental	정신적 피로, 흥분, 성적인 문제, 스트레스성 질환, 우울 상태, 긴장감 관리에 효과
주의 사항	단독으로 사용했을 때 우울감 완화보다는 더 침잠할 수 있기 때문에 반드시 블렌딩해서 사용

Sweet Orange

스위트오렌지

—

달콤한 과일 향이 상쾌한 여운을 선사하는 스위트오렌지의
오렌지라는 이름은 '열매'를 의미하는
'나란지^{Naranj}'라는 산스크리트어에서 유래했습니다.
시트러스 속^屬에는 많은 변종이 있는데
모두 비터오렌지^{Bitter Orange}에서 비롯되었습니다.
스위트오렌지보다 크고 딱딱한 비터오렌지는 시고 쓴 맛으로
주로 치료제나 향수의 재료로 사용했습니다.

신화와 전설

❦

황금 사과와 오렌지

그리스 신화에서 대지의 여신 가이아는 제우스와 헤라의 결혼을 축하하기 위해 헤스페리데스의 동산에서 딴 황금 사과를 선물했습니다. 근대 그리스 철학자들은 황금 사과가 실은 오렌지였을 것이라고 추측합니다. 수 세기 동안 오렌지 꽃은 순결과 정절을 상징했고, 1년 내내 푸른 상록수이다 보니 변함없는 사랑을 뜻하기도 합니다.

역사

❦

태양왕 루이 14세의 오렌지

기원전 2세기경의 문헌에는 중국에서 오렌지를 오래전부터 재배해왔다는 기록이 남아 있습니다. 인도와 중국이 원산지인 비터오렌지는 12세기 무어인들에 의해 유럽에 전해졌습니다. 무어인들은 시리아에서 아프리카를 거쳐 스페인으로 오렌지 나무를 들여왔고, 십자군 전사들도 유럽에 돌아올 때 지중해산 오렌지를 가지고 왔습니다. 성 도미니크는 1200년경 로마에 최초의 오렌지 나무를 심었는데, 이 나무는 아직도 로마의 성 사비나 성당에 보존되어 있습니다.

1493년 이탈리아의 탐험가 크리스토퍼 콜럼버스^{Christopher Columbus}는 레몬과 오렌지 종자를 서인도제도(중앙아메리카 카리브해)로 가져갔고 곧 멕시코, 플로리다 등지로 퍼져 나갔습니다. 스위트오렌지는 1520년경 포르투갈 탐험가들이 마카오를 점령한 후 유럽으로 귀환하며 전했기 때문에 포르투갈 오렌지라고 불렀습니다.

프랑스 베르사유 궁전의 중심에 있는 오랑제리^{Orangerie} 정원은 '오렌지 정원, 온실'이라는 뜻을 가지고 있습니다. 15세기 중반 이탈리아에서 처음 선보였던 오렌지를 재배하는 온실 '리모나이에'가 오랑제리 정원의 원형이라고 합니다. 스스로 태양왕이라고 칭했던 루이 14세는 자연에 대한 신과 같은 지배력을 과시하기 위해 태양을 연상시키는 오렌지 나무를 심었다고 합니다. 18세기 유럽에서는 오렌지가 신경성 증상, 심장 질환, 복통, 천식, 우울증 치료에 효과가 있는 것으로 알려졌습니다.

효능

◊

소화기 계통에 효과적인 스위트오렌지

스위트오렌지의 치료적인 효능을 발견한 것은 고대 중국이었다고 합니다. 말린 오렌지 껍질은 전통 중국 의학에서 중요한 부분이었는데, 특히 덜 익은 비터 오렌지의 껍질은 소화를 돕고 경련을 완화하는 데 사용되었습니다. 그리고 기침, 감기, 신경성 식욕 부진에도 처방되었습니다.

고대 중국의 민간요법처럼 스위트오렌지 에센셜 오일은 소화기계에 유용한 것으로 알려져 있는데, 특히 위를 강장하고 기를 순환하는 효능이 있어 복부팽만, 통증, 식욕 부진, 소화불량, 헛배부름, 메스꺼움, 구토 등에 탁월한 진경 작용을 합니다. 그리고 위의 가스 제거, 변비, 과민성 대장증후군 등을 완화하는 데도 좋은 효과가 있습니다.

스위트오렌지 에센셜 오일은 간 기능을 자극하고 담즙 분비를 촉진하며, 림프 흐름을 자극해 셀룰라이트를 제거하는 효과가 있는 반면 식욕을 증진하기도 합니다. 비타민 C의 흡수를 돕고 체온을 낮추는 작용이 있기 때문에 기관지염, 발열 증상에 효과가 있습니다.

불안, 신경과민성, 불면증 치료에 쓰이며, 콜라겐 형성을 돕고 피부의 독소를 제거하기 때문에 건성이나 주름이 있는 피부, 염증 피부, 여드름 피부에 효과적입니다. 피부 재생 효능이 있어 노화 피부나 거친 피부에도 사용할 수 있습니다.

연구 결과

스트레스 완화 효과가 뛰어난 스위트오렌지

'스위트 오렌지 에센셜 오일의 향기 흡입법에 의한 스트레스 감소 효과(안경민, 한국미용학회지 제13권 제3호, 2007)'를 연구한 논문에서는 스트레스 측정 도구를 사용해서 실험했고 다음과 같은 결론을 내렸습니다. 스위트오렌지 에센셜 오일을 향기 흡입한 후에 신체적, 심리적 스트레스 상태가 유의한 차이를 보였다는 것입니다.

'스위트오렌지 에센셜 오일을 이용한 향기 흡입법이 중년 여성의 스트레스 감소에 미치는 효과(정미원, 중앙대학교, 2004)' 연구 논문 결과도 있습니다. 성인 남녀의 평균 수준보다 신체적, 심리적 스트레스가 높은 중년 여성을 대상으로 스위트오렌지 에센셜 오일을 흡입하게 한 결과 스트레스 감소 효과를 나타냈습니다. 즉 실험 처치 전과 후의 신체적, 심리적 스트레스 반응을 비교한 결과 각각 15.4에서 8.22로, 13.22에서 5.50으로 감소했습니다.

'Sweet Orange, Lavender, Amyris Essential Oil을 함유한 Mixed Essential Oil 향기가 뇌파에 미치는 영향(제예린 외, 한국피부과학연구원, 2021)' 논문은 성인 남녀 20명을 대상으로 실험을 했습니다. 그 결과 외부 자극에 대한 고차원적 기능을 담당하는 전두엽 부위를 중심으로 활성을 보여 지성 효과로 작용했음을 확인했습니다. 따라서 스위트오렌지, 라벤더, 아미리스 에센셜 오일을 블렌딩 했을 때 뇌를 쾌적하면서도 각성된 상태로 만들고 집중력에 영향을 미치는 것으로 결론 내렸습니다.

식물의 특성

❦

감귤류 특유의 달콤한 향기

히말라야와 중국 등 아시아가 원산지인 스위트오렌지 나무는 상록수입니다. 비터오렌지 종보다 작고 가늘며 가시가 거의 없거나 전혀 없는 것이 특징입니다. 시트러스 속ˢ은 과즙이 풍부한 과실을 맺으며 사철나무, 반 사철나무, 관목 등 여러 변종을 포함합니다.

스위트오렌지 과실의 바깥 껍질을 냉압착해서 추출하는 에센셜 오일은 달콤하고 신선한 시트러스 향이 납니다.

Sweet Orange

학명	Citrus sinensis
과	운향과(Rutaceae)
분포	인도, 미국, 브라질, 이스라엘, 북아메리카
추출 부위	과피
추출 방법	냉각 압착법
노트	톱 노트
화학적 분류	모노테르펜(Monoterpenes)
화학 구성 성분	리모넨(Limonene) 95~98% - 항진균, 진정, 항염, 부작용 반감, 피부 자극 억제 피넨(Pinene) 2~5% - 살균, 방부, 베르가프텐, 베르가모틴 미량
특성	항진균, 항바이러스, 항염, 부작용 반감, 소화계 작용(소화불량, 과민성 대장증후군, 설사, 변비) 진경, 진정, 항우울(스트레스, 불면증, 우울증) 해열, 혈압 관리, 비터오렌지보다 광독성이 낮음
Body	강력한 진정 작용으로 설사, 변비에 효과
Skin	피부의 독소를 빠르게 제거해 건조하고 주름진 피부와 피부염 개선
Mental	기분이 우울하거나 불안할 때 긴장을 풀어주고 스트레스 완화
주의 사항	푸로쿠마린류의 베르가프텐, 베르가모틴은 저농도로 사용해도 광독성을 나타내므로 주의

Tea Tree

티트리

———

호주 늪지대에서 자라는 티트리에서 추출한 에센셜 오일은
시원하고 독특한 향이 특징입니다.
티트리의 학명인 '멜라루카Melaleuca'는
'검은'이라는 뜻의 '멜라스Melas'와
'하얀'이라는 뜻의 '레우코스Leukos'라는
고대 그리스어에서 유래되었습니다.
나무의 수피를 벗겨내면
흑과 백이 조화를 이뤄 붙어진 것이라고 합니다.
티트리라는 이름은 영국 해군의 제임스 쿡James Cook 선장이
처음 사용했습니다.

역사

원주민의 지혜가 담긴 티트리

호주 원주민들은 오래전부터 티트리를 감기, 기침, 두통의 치료약으로 사용했습니다. 톡 쏘는 향을 가진 잎을 뜨거운 물에 우려내고 씹거나 손에서 으깨는 방법으로 휘발성 오일을 흡입했습니다.

티트리는 1770년 영국의 탐험가인 제임스 쿡과 그의 동료들이 호주 남서해안에 상륙한 것을 계기로 알려지게 됐습니다. 해안에서 발견한 티트리 나무 주변의 물이 붉은색을 띤 갈색으로 변해 있었는데, 그 색이 홍차와 비슷했다고 합니다. 이 잎을 우려내 차로 마시기 시작하면서 '티 플랜트^{Tea Plant}'로 부르다가 이후 '티트리^{Tea Tree}'가 되었습니다.

이후 호주로 온 이주자들이 원주민에게서 티트리를 활용한 치료법을 배웠습니다. 잎을 바스러뜨린 다음 흡입하는 방법으로 기침, 감기 등을 치료하고, 가루는 감염증과 여러 가지 피부 증상에 붙여서 사용했습니다. 그리고 티트리 잎을 물에 우려낸 뒤 통증, 화상, 덧난 상처 등에 활용했습니다.

19세기에 이르러 티트리는 감염증에 효과적인 기본 치료제가 되었고, 20세기 초에는 잎에서 추출한 에센셜 오일의 약리학적인 효능이 알려졌습니다. 제1차 세계대전이 지나고 나서 티트리 에센셜 오일을 전통 의학에서 어떻게 활용했는지에 대한 연구가 이루어졌습니다.

1923년 호주의 경제화학자인 아서 펜폴드^{Arthur Penfold}는 티트리 에센셜 오일이 무독성, 무자극성이며 살균과 항박테리아 성분이 강하다는 논문을 발표했습니다. 그리고 1939년에는 호주 해군을 비롯한 군인들에게 티트리 에센셜 오일로 만든 상비약을 지급했습니다.

1930년 〈호주 의학 저널^{Australian Medical Journal}〉에서는 패혈증이 생긴 상처인 농을 빠르게 회복시키고 흉터 자국을 없애는 등 일반 진료 분야에서 놀라운 결과를 보였다고 보도했습니다.

효능

🔥

독성과 피부 자극이 없는 에센셜 오일

티트리의 항균성과 항진균성은 임상 연구를 통해 입증되었습니다. 티트리에 대한 연구가 활발했던 1933년 〈영국 의학 저널British Medical Journal〉은 티트리에센셜 오일이 강력한 살균 작용이 있으며, 독성이 없고 비자극적이라고 발표했습니다. 다양한 범위의 박테리아, 바이러스, 진균의 감염에 안전하게 사용할 수 있다는 것입니다. 1955년 〈미국 의약품 해설서United States Dispensatory〉는 티트리 오일이 석탄산Carbolic Acid보다 11~13배 정도 더 높은 살균성을 지녔다고 했습니다.

티트리는 생식비뇨기계 질병인 질염, 기침, 소양증, 카타르에 효과가 있고, 호흡기계에서는 감기, 독감, 천식, 기관지염, 백일해의 치료에 추천됩니다. 각종 피부 치료에도 도움을 주는 티트리는 여드름, 지성 피부, 발진, 물집, 입술 포진, 상처 치료 등에 유용합니다. 비듬, 탈모 증상이나 무좀, 화상 그리고 모기, 벼룩과 같은 벌레 퇴치나 벌레 물린 곳에도 사용할 수 있습니다. 강하고 풍부한 향기를 지닌 티트리 에센셜 오일은 마음과 정신에 활력을 주고 자신감을 북돋는다고 알려져 있습니다. 항감염과 면역력 작용뿐만 아니라 폐, 심장, 신경계를 강장하는 힘이 있으며, 면역계가 약한 사람들의 정신적인 피로와 신경쇠약 증상을 완화해줍니다.

1 에센셜 오일 중에서 티트리만큼 유명한 오일이 바로 티트 라임니다. 여드름 때문에 고민인 사춘기 청소년들에게는 피부 소독제로 알려져 있습니다. 여드름이 난 곳에 직접 바르거나 트리트먼트 로션을 직접 만들어 사용하는 경우도 많습니다.

연구 결과

🔥

티트리의 항균력과 손상모발 개선 효과

'아로마테라피를 적용한 여드름 치료 방법에 관한 고찰(박명자, 동국대학교, 2016)'을 연구한 결과 티트리 에센셜 오일이 여드름 유발균인 프로피오니박테리움 아크네[Propionibacterium Acnes]와 피부상재균에 대한 항균 효과가 있음을 밝혔습니다.

'집먼지 진드기에 대한 허브 에센셜 오일(라벤더와 티트리)의 기피 효과(이선재, 지차호, 동물의과학연구지 9권 3호, 2008)' 논문 연구 결과도 있습니다. 집먼지 진드기의 사체가 알레르기의 원인으로 작용하기 때문에 살충이 아니라 도망가게 하는 기피 효과에 주력했습니다. 실험 결과 티트리 에센셜 오일의 경우 0.625%에서의 기피 효과가 96%로 가장 높은 것으로 나타났습니다.

'비듬 증상 완화를 위한 에션셜 오일의 유효성 연구(박은하, 한국패션뷰티학회지, 2005)' 논문 결과도 있습니다. 실험을 위해 비듬 치료에 효과적이라고 알려진 파촐리, 로즈메리, 라벤더, 티트리 등 네 가지 에센셜 오일을 선정했습니다. 실험 결과 티트리 오일이 가장 우수한 항균력이 있다고 나타났는데, 특히 두피의 가려움증이 가장 많이 완화되었고 각질 역시 감소되는 효과가 있었습니다.

'티트리 오일의 손상모발 개선효과(김주섭, 한국피부과학연구원, 2021)'에서는 티트리 오일 성분으로 제조한 제형제를 손상된 모발에 도포하는 실험을 했습니다. 그 결과 오일 함량 4g 이상 함유한 시료에서 손상 모발의 개선 효과가 나타났습니다.

'티트리 성분 함유 의치세정제의 항균 효과(최유리 외, 2016)'라는 논문의 경우 인체에 무해한 천연재료를 이용한 의치세정제를 개발하기 위해 실험했습니다. 그 결과 티트리 성분을 함유한 의치세정제가 의치상 레진의 물리적 변화없이 칸디다 진균에 대한 항균 효과를 나타냈습니다. 따라서 향후 천연 성분이 함유된 의치세정제 개발을 위한 기초 자료로 활용할 수 있을 것이라는 결론을 내렸습니다.

식물의 특성

🜄

상쾌하고 스파이시한 향기, 티트리

길이 약 7m까지 자라는 작은 나무인 티트리는 좁고 부드러운 바늘 모양의 잎을 가지고 있습니다. 꽃은 아주 작은 크기의 꽃이 모여 브러시 모양을 이루고 있습니다. 티트리는 페이퍼 바크Paper Bark 종에 속하는데 방수성이 있고 나무껍질이 종이처럼 쉽게 벗겨지기 때문에 호주 원주민들은 이 껍질을 지붕, 카누 등 여러 가지로 이용했습니다.

티트리 에센셜 오일은 잎과 잔가지에서 수증기 증류법으로 추출하는데 달콤쌉싸래하고 스파이시한 향기가 특징입니다.

Tea Tree

학명	Melaleuca alternifolia
과	도금양과(Myrtaceae)
분포	호주
추출 부위	잎, 가지
추출 방법	수증기 증류법
노트	톱 노트
화학적 분류	모노테르펜(Monoterpenes)
화학 구성 성분	테르피넨-4-올(Terpinene-4-ol) 30~48% - 살균, 방부, 항진균, 항바이러스 / 알파테르피넨(α-terpinene) 7% - 살균, 방부, 항진균, 항바이러스, 강장제, 진통 테르피놀렌(Terpinolene) 3% - 살균, 방부, 항진균, 항바이러스
특성	진균(백선, 곰팡이, 칸디다균, 무좀) 항바이러스, 면역 강화(바이러스, 박테리아, 감기, 독감), 진통(방광염) 항염과 항균(비듬, 여드름, 종기, 후두염, 기관지염, 상처, 화상, 벌레 물린 데, 습진)
Body	항균, 진정 작용. 초기 감기일 경우 면역력 강화
Skin	지성 피부, 사춘기 여드름, 사마귀나 발톱 균, 두피 피지 관리에 도움
Mental	강력한 면역 자극제로 전염병에 대응하는 신체 능력 향상
주의 사항	반드시 햇빛을 차단하는 갈색 차광병에 보관 햇빛에 노출될 경우 피부에 통증성 홍반과 부기를 유발하는 자극제인 파라시멘(Para-cymene) 함량이 30% 이상 증가

Wintergreen

윈터그린

미국과 캐나다 원주민들이 오랫동안 사용해온 윈터그린은
자연에서 추출한 천연 진통제와 소염제로 알려져 있습니다.
달콤하고 시원한 박하향이 친숙한 윈터그린은
겨울에도 푸른 잎을 가지고 있는 상록초입니다.
추운 곳에서 서식하며 노루발 모양의 잎을 가지고 있어
'노루발풀'이라고도 합니다.

역사

⬧

극지방 원주민들이 활용한 윈터그린

미국 북부와 캐나다가 원산지인 윈터그린은 인디언들에게 유용한 약재였습니다. 열을 내리고 감염을 예방하기 위해 상쾌한 쿨링 효과가 있는 윈터그린 잎을 씹거나, 우려낸 물을 마시며 원기를 회복했습니다. 또한 충치를 예방하기 위해 윈터그린 뿌리를 씹기도 했습니다. 캐나다의 원주민 이누이트족은 윈터그린 잎을 두통, 근육통, 인후염을 치료하기 위해 사용했습니다. 윈터그린은 히말라야 등 네팔 고지대에서도 자생하는데 마치노^{Machhino}, 파파테^{Patpate}, 다싱어^{Dhasingre}라는 이름으로 알려져 있습니다. 〈영국 허브 약전 British Herbal Pharmacopoeia〉에는 류머티스 관절염에 효과적이며 요통, 좌골 신경통에 특효가 있는 것으로 기록되었습니다.

효능

⬧

천연 진통제 윈터그린

윈터그린 에센셜 오일의 가장 큰 효능은 진통 완화와 항염증입니다. 윈터그린의 주 성분이 천연 진통제 역할을 하는 메틸 살리실산^{Methly Salicylate}이기 때문입니다. 이 성분은 아스피린의 원료인 살리실산의 유도체로 윈터그린 잎에 96~99%로 다량 함유되어 있습니다.

메틸 살리실산 성분은 윈터그린 잎을 발효해서 증류하는 과정에서 생성되는데 통증, 염증을 일으키는 생리활성 호르몬인 프로스타글란딘^{Prostaglandin}의 합성을 억제합니다. 따라서 염증이 있거나 붓기가 있는 근육, 관절, 관절 연결 부위의 통증을 완화합니다. 이와 같은 작용으로 근육통, 관절통에 효과적이며 요통, 만성 목 통증 치료에 널리 사용되고 있습니다.

호흡계에서는 만성적인 가래 해소에 도움을 주며 소화계 작용으로는 경련, 복통, 가스 및 팽만감을 완화합니다. 또한 윈터그린 에센셜 오일은 거칠어진 피부를 부드럽게 해주고 항염 작용을 통해 여드름을 비롯한 다양한 피부 트러블을 진정시켜줍니다. 메틸 살리실산 성분이 피부의 노폐물과 각질을 제거하고 민감해진 피부를 진정하는 효과가 있기 때문에 지성이나 여드름 피부에도 추천합니다.

여러 가지 효능에도 불구하고 윈터그린 에센셜 오일은 위험한 에센셜 오일로 분류됩니다. 특히 독성, 자극성, 감광성이 있기 때문에 매우 주의해야 합니다. 임산부의 사용은 금지이며 희석한 오일도 피부에 자극을 줄 수 있고, 아스피린에 알러지를 갖고 있는 환자들에게는 심한 자극이 될 수 있습니다.

연구 결과

친환경 살충 효과

윈터그린 에센셜 오일을 연구한 논문은 주로 선충을 제거하는 살선충 효과에 주목하고 있습니다. 식물추출물을 활용해 화학적 제품을 대신할 친환경 살선충제 개발을 위한 것입니다.

'식물정유 성분의 시설재배지 당근뿌리혹선충에 대한 살선충 효과(정관주, 경상대학교, 2012)'에서는 윈터그린 에센셜 오일을 포함해 클로브, 머스터드, 로즈메리 등 6가지 에센셜 오일로 실험했습니다. 농도별로 살선충 활성을 비교한 결과 처리 농도가 1,250ppm에서 머스터드, 로즈메리, 윈터그린의 살선충 활성이 높게 나타났습니다. 특히 로즈메리와 윈터그린 에센셜 오일은 작물 생육에도 안전하면서 살선충 활성이 가장 우수했고, 2가지 오일을 혼합

처리했을 때 더욱 높은 효과를 보였습니다.

'골프장에서 지렁이의 발생과 식물체 추출물이 지렁이에 미치는 영향(이동운 외, 한국잔디학회, 2010)'에서는 살충 또는 살선충 활성이 있는 한약재, 머스터드 오일, 윈터그린 오일, 차나무 추출물을 실험했습니다. 그 결과 윈터그린 에센셜 오일의 0.25mg/kg 농도에서 지렁이가 100% 치사되었습니다.

식물의 특성

◊

겨울에도 푸른 잎을 가진 상록초

미국 북부와 캐나다, 인도, 네팔, 부탄 등 고지대의 추운 곳에서 자라는 윈터그린은 15cm 정도의 크기에 노루발처럼 생긴 잎, 흰색의 꽃, 주황색 열매를 맺는 허브입니다.

윈터그린 에센셜 오일은 식물 자체에서는 생성되지 않고, 따뜻한 물에 담근 후 부드러워진 잎을 증기로 증류해서 얻을 때 생성됩니다. 달콤하고 시원한 민트 향기를 가지고 있기 때문에 혼동하기 쉽지만 민트속Mentha이 아닌 고테리아속Gaultheria입니다.

Wintergreen

학명	Gaultheria procumbens
과	진달래과(Ericaceae)
분포	인도, 북아메리카, 캐나다, 러시아, 중국 등
추출 부위	잎
추출 방법	수증기 증류법
노트	미들 노트
화학적 분류	에스테르(Ester)
화학 구성 성분	Mehtyl Salicylate 98%, Formaldehyde, Gaultheriline
특성	순한 진통제, 항염증, 항류머티즘, 기침 방지, 구풍, 수렴, 이뇨, 월경촉진 / 스파이시하고 상쾌한 민트향
Body	감기, 두통, 발열, 신장질환에 차로 활용됨. 류머티즘, 근육통, 요통 마사지 적용(캐리어 오일과 희석)
Skin	국소 부위 마사지용(얼굴 제외)
Mental	숲속 향 느낌의 향수 조제 시 소량 첨가로 청량감을 줄 수 있으나 다른 향과 어우러지기가 쉽지 않아 추천하지 않음
주의 사항	과량 사용 금지, 점막과 얼굴 부위 제한, 임산부와 영유아, 어린이 사용 금지

Ylang Ylang

일랑일랑

———

관능적이고 이국적인 향기와 특이한 꽃 모양으로
'꽃 중의 꽃'이라고 불리는 일랑일랑.
꽃이 흔들리는 모양을 뜻하는 '알랑일랑^{Alang-Ilang}'은
필리핀 타갈로그어에서 유래되었습니다[1].
달콤하고 로맨틱한 향기를 가진 일랑일랑은
다양한 종류의 향수의 재료로 '퍼퓸 트리'라고 불립니다.
그리고 재스민 향과 비슷하지만 가격이 저렴해
'가난한 자의 재스민'으로 알려졌습니다.

신화와 전설

일랑일랑과 관련된 전설 중에는 셰익스피어의 〈로미오와 줄리엣〉과 같은 슬픈 이야기가 있습니다. 필리핀의 한 마을에 서로 사랑하는 남녀가 있었는데, 양가의 반대에 부딪히자 서로의 머리를 묶은 채 바다에 뛰어들어 죽었다는 것입니다. 후에 그들이 죽음을 맞이한 자리에 일랑일랑 꽃이 피었다고 합니다.

역사

◊

귀중한 향수의 재료

영국의 식물학자인 존 레이John Ray는 일랑일랑 나무를 '생귀상트Sanguisant 식물'이라고 묘사하며 처음 언급했습니다. 그 후 '보르가 캐넌가Borga Cananga', '유노나 오도라타Unona Odorata'라고 불리기도 했습니다.

1866년 프랑스의 역사학자 가스통 귀보Gaston Guibourt는 〈간단한 민간요법 약제의 역사Histoire Naturelle des Drogues Simples〉라는 저서에서 일랑일랑을 수선화의 향과 비교하며 묘사했습니다. 그는 인도네시아 몰루카 섬의 원주민들이 일랑일랑 꽃과 강황을 넣어 연고를 만들었고, 우기에 발생하는 전염병이나 고열을 예방하기 위해 발랐다고 합니다. 그리고 코코넛 오일과 일랑일랑 꽃을 섞어 '보리보리Borri-Borri'를 만들었는데, 수영할 때 머릿결을 보호해주고 피부 건강에도 도움을 주며 뱀이나 벌레에 물리지 않게 해주었다고 합니다. 19세

1. 일랑일랑의 이름이 말레이어의 'alang ilang'에서 유래했다는 설도 있습니다.

기부터 유럽에서 고급 향수의 원료로 알려진 일랑일랑은 포푸리, 비누, 스킨, 로션, 포마드 등으로 활용되었습니다.

효능

강력한 이완 작용과 사랑의 묘약

일랑일랑 에센셜 오일은 약 130년 전부터 추출되기 시작했고 1873년 프랑스 의사였던 가엘[Gal]은 이 오일의 치료 요법에 대해 조사했습니다. 일랑일랑 에센셜 오일의 의학적 효능은 20세기 초 프랑스의 화학자인 가르니에[Garnier]와 레츨러[Rechler]에 의해 알려졌습니다. 레위니옹[Réunion] 섬에서 연구를 진행한 그들은 이 오일이 말라리아, 티푸스 , 고열에 효능이 있다는 사실을 밝혀냈습니다. 그들은 일랑일랑 에센셜 오일을 장[腸]내 감염, 설사, 속이 부글거리는 증상에 소독제로 추천했습니다. 그리고 이 오일이 규칙적인 심장 작용과 진정 효과가 탁월하다고 밝혔습니다.

일랑일랑은 스트레스를 받거나 초초하고 불안해서 안정이 필요할 때 강력한 이완 작용으로 마음을 편안하게 해주고 혈압을 안정시킨다고 합니다. 또한 항우울제로 유명한데 신경성 우울증, 분노, 흥분, 좌절 등의 감정 상태를 다루는 데 유용합니다. 호르몬의 균형을 조절하고 신경계를 진정시켜 숙면을 취할 수 있도록 해주며 고혈압, 발작 증상의 치료제로도 사용되었습니다. 감각을 일깨우는 일랑일랑 에센셜 오일은 '사랑의 묘약'으로 불리며 성불감증이나 발기불능 등 성기능 장애에도 도움을 주는 것으로 알려져 있습니다.

2 티푸스[티푸스 균]에 의해 발명하는 장의 홍갈, 임파 작으로 장티푸스[typhoid fever]을 의미.

일랑일랑은 호르몬 분비를 촉진하기 때문에 가슴 탄력을 높여주고, 여성호르몬을 조절해 생리전증후군PMS. Premenstrual Syndrome을 개선하는 데 유용합니다. 또한 피지 분비의 밸런스를 조절해 지성, 건성 피부 모두에 효과적입니다. 피부를 정화하고 부드럽게 해주는 일랑일랑 에센셜 오일은 페이셜 오일로 사용하기에 적합합니다. 모근을 강화해 탈모 증상에 효과적이며 머리카락에 윤기를 더해주기 때문에 샴푸, 린스, 헤어 오일 등에 널리 사용됩니다. 그리고 일랑일랑은 오랫동안 향수, 화장품, 헤어 트리트먼트의 재료로 널리 사용되었습니다. 마담 코코 샤넬의 유명한 향수 '샤넬 넘버 5'는 로즈, 재스민, 일랑일랑을 베이스로 여러 가지 향을 혼합한 것으로 알려져 있습니다.

연구 결과

불안감을 완화해 숙면에 도움을 주는 향기

'Neroli, Rose 및 Ylangylang 에센셜 오일의 농도 변화에 대한 뇌파 및 정서적 반응의 성별 차이(김은지, 숭실대학교 중소기업대학원, 2017)'에서는 향 자극에 대한 뇌파변화와 정서적인 감성반응, 성별에 따른 차이점과 상관관계를 분석했습니다. 그 결과 일랑일랑은 0.1%농도에서 β파와 γ파가 큰 폭으로 증가했고, 농도가 증가함에 따라 이완지표인 α파가 상승했습니다.

'아로마 흡입법이 관상동맥 조영술 대상자의 불안 및 수면에 미치는 효과(김혜연 외, 인간식물환경학회, 2014)'를 살펴보겠습니다. 이 논문에서는 라벤더와 베르가모트, 일랑일랑 향유를 이용한 아로마 흡입법을 시행했을 때 상태불안, 수면상태, 수면 만족도 등 여러 가지 부분에서 효과가 있는 것으로 나타났습니다.

식물의 특성

달콤하고 이국적인 꽃향기

아시아 남동 지역이 원산지인 일랑일랑 나무는 상록수로 열대 지방에서 높이 약 20m까지 자랍니다. 타원형의 잎을 가지고 있으며 1년 내내 녹색, 노란색의 꽃이 피어납니다.

일랑일랑 에센셜 오일은 신선한 꽃을 채취해 물이나 수증기로 증류해서 생산하는데, 달콤한 꽃향기와 강렬하면서도 이국적인 향을 가지고 있습니다.

Ylang Ylang

학명	Cananga odorata
과	목련과(Annonaceae)
분포	필리핀, 마다가스카르
추출 부위	꽃봉오리
추출 방법	수증기 증류법
노트	미들, 베이스 노트
화학적 분류	에스테르(Esters)
화학 구성 성분	엑스트라 그레이드(Extra Grade) ㅣ 벤질 아세테이트(Benzyl Acetate) 25% - 항염, 진정, 근육 이완, 좌우 균형 메틸 에테르(Mehyl Ether) 16% 리나롤(Linalool) 14% - 신경 안정, 스트레스 완화 퍼스트 그레이드(First Grade) ㅣ 벤질 아세테이트(Benzyl Acetate) 17% - 항염, 진정, 근육 이완, 좌우 균형 리나놀(Linalool) 19% - 신경 안정, 스트레스 완화 세스퀴테르펜(Sesquiterpenes) 28% - 진정 세컨드 그레이드(Second Grade) ㅣ 벤질 아세테이트(Benzyl Acetate) 7% - 항염, 진정, 근육 이완, 좌우 균형 카리오필렌(Caryophyllene) 7.5% - 진정, 진통, 정화, 항경련, 회복 세스퀴테르펜(Sesquiterpenes) 28% - 진정 서드 그레이드(Third Grade) ㅣ 벤질 아세테이트(Benzyl Acetate) 4% - 항염, 진정, 근육 이완, 좌우 균형 카리오필렌(Caryophyllene) 9% - 진정, 진통, 정화, 항경련, 회복 세스퀴테르펜(Sesquiterpenes) 28% - 진정
특성	진경과 진정(불면증, 심계항진, 스트레스, 뇌경련과 간질 발작 줄여줌) 항우울(우울증), 혈압 강하제(고혈압) 호르몬 조절(항지루, 피지 관리), 항바이러스(감기, 독감)
Body	불면증에 효과
Skin	지성, 여드름 피부에 효과적
Mental	안도감과 행복감을 주고 릴랙싱 효과
주의 사항	과용하면 구토감을 느낄 수 있음

에센셜 오일의 화학적 구성 성분은 산지, 수확 시기, 식물의 동 등 다양한 조건에 따라 비율이 다릅니다.
추출 부위에 따른 분류는 〈살바토레의 아로마테라피 완벽 가이드〉를 참조했습니다.

chapter 4

Essential Oil Blending

내가 원하는 그리고 나에게 맞는
에센셜 오일 블렌딩을 위해서는
각각의 특성을 정확히 파악하고 혼합해야
시너지 효과를 기대할 수 있습니다.

에센셜 오일 블렌딩

블렌딩에 대해서는 주관적인 견해가 많이 적용되기 때문에 정확한 정의를 내리기가 어렵습니다. 하지만 어떤 목적을 가지고 에센셜 오일을 사용할 때 여러 가지의 에센셜 오일을 혼합해 시너지 효과를 내는 것을 블렌딩Blending이라고 정의합니다.

블렌딩은 에센셜 오일에 대한 올바른 지식과 화학적 구성 물질의 이해를 바탕으로 이루어져야 시너지 효과를 기대할 수 있습니다. 예를 들어 숙면에 도움이 될 만한 블렌딩을 할 경우 원인이 스트레스(마저럼)로 인한 것인지 고양된 기분(스위트오렌지) 때문인지에 따라 블렌딩하는 것이 더 효과적입니다.

어떤 목적으로 블렌딩할지 명확해야 필요한 에센셜 오일을 선택할 수 있습니다. 예를 들면 개선(치료)할 내용, 사용하는 사람의 알레르기 반응, 금기 사항 여부, 개인적인 취향, 생활 방식 등을 파악하는 것이 필요합니다.

성분 및 효능별 블렌딩

에센셜 오일은 각각 다른 향과 성분, 그에 따른 효능이 있습니다. 이러한 효능 덕분에 문명이 발달하기 전부터 사용해왔으며 현대에 와서도 꾸준히 사용되고 있습니다.

과거와 달라진 점은 이제 식물 성분을 명확하게 파악하고 사용할 수 있게 되었다는 것입니다. 에센셜 오일의 성분을 이해하고 그에 따른 에센셜 오일을 조합해 이상적인 블렌딩을 할 수 있습니다.

화학 성분에 따른 분류

화학 성분	50% 이상	30~49%	10~29%	3~9%	2~0%
모노테르펜 (Monoterpenes)	그레이프프루트 (96%) 레몬(87%) 만다린(90%) 스위트오렌지 (93%) 주니퍼베리 (70%) 파인(70%)	네롤리(35%) 로즈메리(30%) 마저럼스위트 (40%) 베르가모트 (33%) 티트리(41%) 프랑킨센스 (40%)	로즈오토(20%) 레몬그라스(14%) 바질(15%) 서양톱풀(28%) 진저(20%) 펜넬(24%)	라벤더트루(4%) 유칼립투스 라디아타(6.6%) 캐모마일 로만 (5%) 페퍼민트(6%)	바질(1%) 시나몬바크(2%) 일랑일랑(0.4%) 제라늄(2%) 캐모마일 저먼 (1%)

화학 성분에 따른 분류

화학 성분	50% 이상	30~49%	10~29%	3~9%	2~0%
세스퀴테르펜 (Sesquiterpenes)	진저(50%)	미르(39%) 서양톱풀(45%) 일랑일랑(40%) 캐모마일 저먼 (35%)	샌들우드(10%)	로즈메리(3%) 라벤더트루(5%) 마저럼스위트 (3%) 시나몬바크(3%) 주니퍼베리(6%) 제라늄(4%) 캐모마일 로만 (3%) 타임스위트(4%) 티트리(6%) 파인(5%) 페퍼민트(6%)	레몬(2.5%) 레몬그라스(1%) 베르가모트 (0.5%)
알코올 (Alcohols)	로즈오토(60%) 마저럼스위트 (50%) 바질(50%) 샌들우드(80%) 제라늄(63%)	네롤리(40%) 라벤더트루 (36%) 미르(40%) 타임스위트 (30%) 티트리(45%) 페퍼민트(42%)	베르가모트(18%) 일랑일랑(20%) 재스민(24%) 진저(10%) 캐모마일 저먼 (20%) 프랑킨센스(10%)	로즈메리(3%) 만다린(5%) 서양톱풀(7%) 주니퍼베리(5%) 캐모마일 로만 (5%) 파인(3%) 펜넬(3%)	레몬(2%) 레몬그라스(1%) 시나몬바크(2%)
옥사이드 (Oxides)	유칼립투스 라디아타(60%) 유칼립투스 블루말레(90%) 유칼립투스 글로불루스 (69%)	로즈메리(30%) 캐모마일 저먼 (35%)		바질(4%) 서양톱풀(7%) 캐모마일 로만 (5%) 티트리(7%) 페퍼민트(7%) 펜넬(3%)	라벤더트루(2%) 로즈오토(0.3%) 시나몬바크(1%) 제라늄(2%) 프랑킨센스(2%)

화학 성분	50% 이상	30~49%	10~29%	3~9%	2~0%
에스테르 (Esters)	재스민(54%) 캐모마일 로만 (75%) 타임스위트 (50%)	라벤더트루 (45%) 베르가모트 (40%) 프랑킨센스 (45%)	네롤리(14%) 일랑일랑(15%) 제라늄(15%)	로즈오토(4%) 바질(3%) 시나몬바크(6%) 파인(5%) 페퍼민트(6%)	그레이프프루트 (0.5%) 로즈메리(1%) 레몬(1.5%) 마저럼스위트 (2%) 만다린(1%) 서양톱풀(2%) 진저(2%)
케톤 (Ketones)	페퍼민트(30%)	로즈메리(25%)	라벤더트루(4%) 미르(6%) 서양톱풀(9%) 제라늄(7%) 캐모마일 로만 (3%) 프랑킨센스(3%)	로즈오토(4%) 바질(3%) 시나몬바크(6%) 파인(5%) 페퍼민트(6%)	네롤리(0.5%) 레몬그라스 (0.3%) 일랑일랑(0.1%) 재스민(2.7%) 진저(2%) 타임스위트(1%)
알데하이드 (Aldehydes)	레몬그라스 (80%) 시나몬바크 (75%)			레몬(3%) 제라늄(5%) 진저(5%)	라벤더트루(1%) 그레이프프루트 (1.5%) 네롤리(2%) 마저럼스위트 (1%) 미르(2%) 스위트오렌지 (2%) 캐모마일 로만 (2%) 펜넬(0.2%)
페놀 (Phenols)	펜넬(62%)		바질(25%) 일랑일랑(10%)	미르(3%) 시나몬바크(7%)	그레이프프루트 (1%) 로즈오토(1.4%) 재스민(2.7%)
애시드(Acid)			벤조인(15%)		샌들우드(2.5%)

추출 부위에 따른 분류

부위	식물명	주요 성분	주요 효능
꽃	바질	알코올계 Methyl Chavicol 20~80%	수험생 정신 집중에 효과
	캐모마일 저먼	세스퀴테르펜계 Chamazulene 2~35% Bisabolol oxide 1~55% Bisabolone oxide 1~60%	항염 작용이 매우 뛰어나 염증에 효과적
	캐모마일 로만	에스테르계 Isobutyl angelate, 2 - Methyl propionate 50~70%	안전하고 심리 진정 효과가 뛰어나 어린이도 안심하고 사용 가능
	클라리 세이지	에스테르계 Linalyl Acetate, Neryl Acetate 60~70%	체온 상승, 이완 효과와 고양 효과가 뛰어남
	제라늄	알코올계 Citronellol, Geraniol, Linalool 50~60%	몸과 마음의 균형, 감성적으로 기분이 고양되며 인체 순환 효과
	재스민	에스테르계 Benzyl Acetate 22~25% Benzyl Benzoate+Phytol 20~25%	재생, 이완, 진정, 고양 효과
	라벤더	에스테르계 Linalyl Acetate, Linalyl Acetate 45~55% Lavenduyl Acetate 0.2~5%	몸 전체 이완, 균형
	라반딘	에스테르계 Linalyl Acetate 20~25%	점액 용해 작용으로 호흡기계에 사용
	스파이크 라벤더	알코올계 Linalool 30~35%	고양 효과, 근육통에 사용
	마저럼	알코올계 Terpine-4-ol 30~40%, α-Terpineol 5~10%	흥분을 가라앉히고 몸을 따뜻하게 하며 스트레스 상태와 근육을 이완해 심신의 평안
	멜리사	알코올계 Geranial 35~40%	스트레스와 쇼크에 효과적, 고양 효과

부위	식물명	주요 성분	주요 효능
꽃	네롤리	모노테르펜계 Limonene 20~25% β-Pinene 5~10%	부정적인 감정을 감소해 심신의 원기 회복
	페퍼민트	알코올계 Menthol 35~45% Menthone 15~20%	쿨링 효과가 있어 심신을 상쾌하게 만들어주고 소화기계에 매우 효과적
	로즈 다마스크	알코올계 Citronellol 30~50% Geraniol, Neral 10~20% Linalool 1~3%	감정이나 생식기계 질환에 효과
	로즈 캐비지	알코올계 Decanal + Terpinene-ol 70~80% Citronellol 5~10%	최음, 진정 작용
	로즈메리	모노테르펜계 α-Pinene, β-Pinene, Camphene 25~50%	몸과 마음을 자극해 생리전증후군, 순환 및 감염에 효과, 두뇌강장
	타임	알코올계 티몰 타입 Tymol 30~35% 카바크롤 타입 α-Terpinene 40~50%, carvacrol 20~30% 리나롤 타입 Linalool 75~80%	강력한 살균 효과로 면역계 자극에 유용
	일랑일랑	세스퀴테르펜계 Other sesquiterpenes 5~95% 에스테르계 Benzyl Acetate 3~30%	행복감과 긍정적인 마음을 갖게 해주고 스트레스의 이완과 진정
잎	바질	알코올계 Methyl chavicol 20~90% , Linalool 1~50%	수험생 정신 집중에 효과
	클라리 세이지	에스테르계 Linalyl Acetate Neryl Acetate 65~75%	체온 상승, 이완 효과와 고양 효과가 뛰어남

추출 부위에 따른 분류

부위	식물명	주요 성분	주요 효능
잎	사이프러스	모노테르펜계 α-Pinene, β-Pinene, Camphene 50~70%	강한 수렴 및 정화 작용으로 과도한 땀, 피지, 수분 정체에 사용. 생리 과다에 효과
	유칼립투스 글로불루스	옥사이드계 1, 8-cineole 70~85%	면역계를 강화시켜 질병과 바이러스로부터 신체 보호
	유칼립투스 시트리오도라	알데하이드계 Citronellal 75~85%	레몬 향이 나며 모기와 벌레를 쫓는 데 매우 효과적
	유칼립투스 디비스	케톤계 Piperitone 40~50%	호흡기 질환에 사용
	유칼립투스 스미티	옥사이드계 1, 8-cineole 70~80%	순하고 자극이 없어 어린이와 노인도 안심하고 사용 가능, 피부 감염증이나 호흡기계 질환에 효과
	제라늄	알코올계 Cironellol, Geraniol, Linalool 45~65%	몸과 마음의 균형, 감성적으로 기분이 고양되며 인체 순환
	레몬그라스	알데하이드계 Geranial 45~55%, Neral 25~35%	수렴 및 순환 자극 효과, 근육과 피부의 원기 회복과 자극 효과
	마저럼	알코올계 Terpine-4-ol, Linalool 35~45%	흥분을 가라앉히고 몸을 따뜻하게 하며 스트레스 상태와 근육을 이완해 심신의 평안
	멜리사	알데하이드계 Citronellal, Citral 50%	스트레스와 쇼크에 효과적, 고양 효과
	파촐리	세스퀴테르펜계 Sesquiterpene Hydrocarbons 55~65% 알코올계 Patchouli alcohol 30~35%	자극과 진정 효과를 모두 가지고 있으며, 소량 사용 시 신경과 소화기계 자극. 다량 사용 시 이완 및 진정 효과
	페퍼민트	알코올계 Menthol 29~48%	쿨링 효과, 기분 전환
	페티그레인	에스테르계 Linalyl Acetate, Geranyl Acetate 40~50%	스트레스, 우울증에 뛰어난 효과

부위	식물명	주요 성분	주요 효능
잎	파인스카치	모노테르펜계 Pinene, Limonene, Myrcene, Carene, Dipentene 50~97%	몸과 마음을 상쾌하게 하는 효과, 공가 정화
	로즈메리	시네올 타입 1,8-cineole 40~55% 버베논 타입 Berbenone 10~20% 캠퍼 타입 Camphor 10~25%	몸과 마음을 자극해 생리전증후군, 순환 및 감염에 효과, 두뇌 강장
	시트로넬라	알코올계 Citronellol, geraniol 50~70%	방충, 살균, 소독, 면역력 증진
	티트리	알코올계 Terpine-4-ol, Linalool 40~60%	감염된 상태를 치료하거나 예방할 때 효과적, 항균, 항바이러스
	타임	알코올계 Linalool, Geraniol 35%	강력한 살균 효과로 면역기계 자극에 유용
나뭇진 (수지)	벤조인	에스테르계 Coniferyl Benzonate, Coniferyl Cinnamate 70~80%	몸 전체를 따뜻하게 하고 순환을 활성화하며 호흡계를 편안하게 해준다
	프랑킨센스	에스테르계(B.carteri) Octyl Acetate 50~60% 테르펜계 (B.frereana) α-Pinene, Limonene 30~50%	감성적인 균형을 잡아주고 고양하며 깊은 호흡을 도움
	미르	세스쿼테르펜계 Heerabolene, Curzerene, Curz-Erenone	상처 치유, 구강과 잇몸 질환에 효과. 호흡기계의 감염 증상에 도움
과피	베르가모트	모노테르펜계 Limonene 35~40% 에스테르계 Linalyl Acetate 30~35%	기분을 상승시키고 마음을 밝게 하며, 특히 계절 변화에 따른 우울증과 스트레스 관련 증상에 탁월
	그레이프프루트	모노테르펜계 Limonene, Cadinene 90%	심신을 고양하기 때문에 무기력증과 전신 피로에 사용, 셀룰라이트 해소
	레몬	테르펜계 α-Pinene, β-Pinene, Limonene 95%	인체의 시스템을 보호하고 자극. 감정 고양, 면역력 증진, 항바이러스

추출 부위에 따른 분류

부위	식물명	주요 성분	주요 효능
과피	만다린	모노테르펜계 Limonene, α-Pinene, β-Pinene, Myrcene 90~95%	신경계의 긴장, 우울 완화, 소화 촉진
	비터오렌지	모노테르펜계 Limonene, Myrcenene, Camphene, Pinene 85~95%	따뜻한 오일로 신경계를 강장하고 스트레스 완화
	스위트오렌지	테르펜계 Limonen, Pinene, Myrcene 90%	마음을 따뜻하고 상쾌하게 하는 효과, 식욕 증진, 심신 안정
말린 열매	블랙페퍼	모노테르펜계 α-Pinene, β-Pinene, α-phellandrene, -phellandrene, Camphene, Limonene, Thujene 70~80%	체온 상승 효과와 근육 통증, 결림 완화, 식욕 자극, 변비 완화
	주니퍼베리	모노테르펜계 α-Pinene 30~40% Sabinene 25~35% Myrcene 3~8% β-Pinene 1~3% Limonene 소량	몸과 마음의 과도한 체액, 분노, 독소 등을 배출하고 정화
목재, 톱밥	시더우드 아틀라스	세스퀴테르펜계 β-Himachalene 40~50% Himachalenes 10~20% α-Himachalene 8~15%	항균, 진정 효과 여러 가지 감염증에 도움. 스트레스가 심할 때 마음을 편안하게 해줌
	파인스카치	모노테르펜계 Pinene, Limonene, Myrcene, Carene, Dipentene 50~95%	몸과 마음을 상쾌하게 하는 효과, 공기 정화
	샌들우드	알코올계 α-santalol, β-santalol 70~90%	이완과 진정 효과가 뛰어나 마음을 평온하게 해주는 향으로 명상 등에 널리 사용
건조된 꽃봉오리	클로브버드	페놀계 Eugenol 80~95%	치통과 소화기계 문제 완화, 항균, 항바이러스

부위	식물명	주요 성분	주요 효능
열매	사이프러스	모노테르펜계 α-Pinene, β-Pinene, Camphene 30~60%	강한 수렴 및 정화 작용으로 과도한 땀, 피지, 수분 정체에 사용 생리 불균형에 효과, 정맥 울혈 제거
잔가지	유칼립투스 글로불루스	옥사이드계 1, 8-cineole 70~85%	면역계 강화로 질병과 바이러스로부터 신체 보호, 기관지 계통 케어
	페티그레인	에스테르계 Linalyl Acetate 40~50% geranyl Acetate 1~10%	스트레스, 우울증에 뛰어난 효과
	티트리	알코올계 Terpine-4-ol, Linalool 40~60%	감염된 상태를 치료하거나 예방할 때 효과적, 항균, 항바이러스
씨앗	펜넬 스위트	페놀릭에테르계 Trans-Anethole 60~70%	온몸의 정화에 효과적이며 이뇨 작용, 해독 작용, 부종 완화
줄기	제라늄	알코올계 Citronellol, Geraniol, Linalool 60% Coniferyl Cinnamate 70~80%	몸과 마음의 균형, 감성적으로 기분이 고양되며 인체 순환, 피지 조절, 호르몬 균형
	레몬그라스	알데하이드계 Geranial 40~60% Neral 20~35%	수렴 및 순환 자극 효과, 근육과 피부의 원기 회복과 자극 효과, 항균, 항바이러스, 탈취
뿌리 줄기	진저	세스퀴테르펜계 Zingiberene 20~40% β-Bisabolene 5~60%	순환 자극, 위 진정, 안정, 워밍
솔방울	파인스카치	모노테르펜계 Pinene, Limonene, Myrcene, Carene, Dipentene 50~97%	몸과 마음을 상쾌하게 하는 효과, 공기 정화
뿌리	베티버	알코올계 Vetiverol 50~75%	심신이 지쳤을 때 평안한 기분을 느끼게 함, 심계항진 완화, 여성호르몬 균형, 수렴 효과

노트별 블렌딩

에센셜 오일의 노트

좋은 블렌딩은 세 가지 노트(톱, 미들, 베이스)가 조화롭게 어우러져 향취나 효능 효과에 시너지 효과를 내는 것입니다. 톱 노트는 가장 처음으로 느껴지는 향으로 가볍고 프레시한 느낌을 줍니다. 미들 노트는 톱 노트와 베이스 노트의 연결 고리로 조화를 이루는 향입니다. 베이스 노트는 전체적으로 향을 균일하게 잡아주고 향이 휘발되는 속도를 늦춰주는 고착제 역할을 합니다. 톱 노트, 미들 노트, 베이스 노트의 조합이 어우러져야 향, 기능, 지속성을 두루 갖춘 블렌딩 오일이 탄생하게 되는데, 에센셜 오일은 3~5가지 정도를 블렌딩하는 것이 좋습니다. 에센셜 오일 한 가지를 단독 사용할 수도 있지만 블렌딩하면 에센셜 오일 간의 상호작용을 통해 시너지 효과를 낼 수 있기 때문입니다.

조향사의 의견으로는 톱 노트 15~25%, 미들 노트 30~40%, 베이스 노트 45~55%이 가장 이상적이라고 합니다. 블렌딩의 정의에도 언급했듯이 블렌딩은 주관적인 견해가 많이 적용되어 정형화된 정답이 없기 때문에 노트별 비율표를 참고하면 됩니다.

화학 성분 및 노트

화학 성분	Top	T/M	Middle	M/B	Base
모노테르펜 (Monoterpenes)	그레이프프루트 (84~95%) 레몬(95%) 비터오렌지 (90%) 스위트오렌지 (90%) 만다린(90%) 라임(42~70%) 타임(24%) 파인(40~90%)	네롤리(20%) 베르가모트 (40%)	사이프러스 (30%) 마저럼(40%) 파인스카치 (50~90%) 로즈메리(30%) 페퍼민트(30%)	주니퍼베리 (60~80%)	블랙페퍼 (70~80%)
세스퀴테르펜 (Sesquiterpenes)		진저(55%)	캐모마일 저먼 (35%)		블랙페퍼 (20~30%) 시더우드 (50~80%) 미르(39%) 팔마로사(50%) 일랑일랑(40%) 파촐리(62%)
알코올 (Alcohols)	바질(25%) 시트로넬라 (50~70%) 네롤리(34%) 팔마로사(85%) 페티그레인 (30%) 페퍼민트 (29~48%)	코리앤더 (60~65%) 팔마로사(85%) 베르가모트 (30%) 클라리세이지 (20%)	제라늄(60%) 라벤더 트루 (36~50%) 스파이크라벤더 (32~36%) 마저럼(50%) 로즈다마스크 (38~60%) 로즈제라늄 (60%) 캐모마일 저먼 (60%) 페퍼민트(50%) 펜넬(75%)	로즈우드 (80~90%)	파촐리 (25~50%) 시더우드 (29~30%) 샌들우드 (70~90%) 미르(40%) 베티버(50~75%) 파촐리(30%)

화학 성분 및 노트

화학 성분	Top	T/M	Middle	M/B	Base
에스테르 (Esters)				일랑일랑 (3~30%)	재스민 (40~50%)
알데하이드 (Aldehydes)		레몬그라스 (60~80%)			
에테르 (Ethers)			펜넬스위트 (60~70%)		
옥사이드 (Oxides)	유칼립투스 글로불루스 (70%) 유칼립투스 스미티(81%) 니아울리 (56~60%)		마저럼 (40~70%) 캐모마일 저먼 (50%)	로즈메리(40%)	

※ 에센셜 오일의 화학 성분 비율은
원산지, 기후, 고도, 수확 시기와 작황 상황에 따라 조금씩 달라질 수 있습니다.

에센셜 오일 노트 및 효능에 따른 분류

에센셜 오일(Note)	효능	동일효능 에센셜 오일
라벤더 (M)	불면증 완화	스위트 오렌지(T), 마저럼(M)
	일광 화상 진정, 피부 재생	미르(B), 로즈오토(T/M), 로즈앱솔루트(B), 네롤리(T/M)
	벌레 물린 곳 진정	제라늄(M), 티트리(T), 페퍼민트(M)
	신경 진정과 이완 통경	네롤리(T/M), 재스민(B), 일랑일랑(M/B) 마저럼(M), 로즈메리(M)
제라늄 (M)	피지 조절	팔마로사(M), 일랑일랑(M/B)
	방충	시트로넬라(T/M), 라벤더(M), 시나몬(B), 유칼립투스(T), 로즈메리(M), 팔마로사(M)
	염증 완화, 항균	캐모마일 저먼(M), 라벤더(M), 베르가모트(T/M), 레몬(T), 티트리(T)
일랑일랑 (M/B)	심신 안정, 항우울	베르가모트(T/M), 라벤더(M), 로즈오토(T/M), 캐모마일 로만(M), 네롤리(T/M)
	피지 생성 작용 및 밸런스	제라늄(M), 로즈앱솔루트(B), 로즈오토(T/M)
	항균(황색포도상구균)	티트리(T), 타임(T/M)
그레이프프루트 (T)	셀룰라이트와 부종 감소, 림프순환 촉진	주니퍼베리(M), 제라늄(M), 펜넬(M), 사이프러스(M), 레몬(T), 로즈메리(M)
	항우울, 항스트레스	베르가모트(T/M), 네롤리(T/M), 캐모마일 로만(M), 라벤더(M), 로즈앱솔루트(B), 로즈오토(T/M), 일랑일랑(M/B), 프랑킨센스(B), 샌들우드(B)
	여드름 피부 피지 조절, 항균	티트리(T), 제라늄(M), 로즈우드(M/B) 캐모마일 저먼(M), 베르가모트(T/M), 네롤리(T/M), 니아울리(T)
클라리세이지 (T/M)	신경 강화, 자궁 강화, 통경	사이프러스(M), 펜넬(M), 재스민(B), 로즈(B), 로즈오토(T/M)
	피지 분비 조절(지성 모발)	로즈메리(M), 바질(T), 티트리(T), 일랑일랑(M/B)

에센셜 오일 노트 및 효능에 따른 분류

에센셜 오일(Note)	효능	동일효능 에센셜 오일
바질 (T)	항우울, 스트레스 감소	베르가모트(T/M), 네롤리(T/M), 그레이프프루트(T), 로즈앱솔루트(B), 로즈오토(T/M), 캐모마일 로만(M)
	신경 강장, 항우울, 두통 감소	로즈메리(M), 로즈우드(M/B), 페퍼민트(M), 팔마로사(M), 프랑킨센스(B)
	구풍, 소화 촉진	만다린(T), 블랙페퍼(T/M), 시나몬(B), 스위트오렌지(T), 펜넬(M), 진저(M)
	발한, 해열, 거담	페퍼민트(M), 블랙페퍼(T/M), 유칼립투스(T), 로즈메리(M)
베르가모트 (T/M)	항우울, 항스트레스	네롤리(T/M), 캐모마일 로만(M), 라벤더(M), 로즈앱솔루트(B), 로즈오토(T/M), 그레이프프루트(T), 일랑일랑(M/B), 프랑킨센스(B), 샌들우드(B)
	방부, 항염, 항바이러스 (비뇨기계, 면역계)	티트리(T), 라벤더(M), 샌들우드(B), 미르(B), 파촐리(B), 레몬그라스(T/M), 유칼립투스(T)
	식이 조절이 필요한 섭식 장애	캐모마일 로만(M), 네롤리(T/M), 만다린(T), 로즈앱솔루트(B), 로즈오토(T/M), 일랑일랑(M/B)
시더우드 (B)	기침, 기관지염, 천식, 거담	캐모마일 로만(M), 네롤리(T/M), 만다린(T), 로즈앱솔루트(B), 로즈오토(T/M), 일랑일랑(M/B)
	이뇨, 방광염	베르가모트(T/M), 주니퍼베리(M), 라벤더(M), 샌들우드(B), 티트리(T), 캐모마일 로만(M)
	수렴, 지성 모발 관리	티트리(T), 로즈메리(M), 페티그레인(M), 일랑일랑(M/B), 베르가모트(T/M), 사이프러스(M), 팔마로사(M), 니아울리(T)
시나몬 (B)	소화기계 강장(소화, 경련 진정, 변비 예방, 구역질과 구토 감소), 면역계 활성(몸을 따뜻하게)	블랙페퍼(T/M), 페퍼민트(T/M), 펜넬(M), 진저(M), 만다린(T), 너트메그(M), 스위트오렌지(T), 로즈메리(M), 마저럼(M)
	항균성, 항바이러스, 방충	유칼립투스(T), 시트로넬라(T/M), 라벤더(M), 레몬(T), 페퍼민트(M), 티트리(T), 제라늄(M), 레몬그라스(T/M), 팔마로사(M)
	혈액순환, 통경	마저럼(M), 로즈메리(M), 재스민(B), 진저(M), 라벤더(M), 클로브버드(M/B)

에센셜 오일(Note)	효능	동일효능 에센셜 오일
티트리 (T)	항균, 항바이러스, 항곰팡이균 (여드름, 무좀, 헤르페스 등)	니아울리(T), 로즈메리(M), 타임(리나롤 타입)(T/M), 레몬그라스(T/M), 베르가모트(T/M), 유칼립투스(T), 레몬(T), 샌들우드(B), 라벤더(M)
	살균, 소독(단순 표피)	니아울리(T)
	기관지계 면역력 증진	유칼립투스(T), 로즈메리(M), 라벤더(M), 파인(M), 니아울리(T), 레몬(T), 시더우드(B), 레몬그라스(T/M), 페퍼민트(M)
시트로넬라 (T/M)	강력 방충	제라늄(M), 라벤더(M), 유칼립투스(T), 레몬그라스(T/M)
	항통증, 항염	로즈메리(M), 마저럼(M), 캐모마일 저먼(M), 클라리세이지(T/M)
	신경 안정	네롤리(T/M), 캐모마일 로만(M), 라벤더(M), 마저럼(M), 베티버(M/B)
사이프러스 (M)	정맥류 강화, 부종 완화	시더우드(B), 레몬(T), 제라늄(M), 주니퍼베리(M), 로즈메리(M), 샌들우드(B), 로즈우드(B), 만다린(T), 그레이프프루트(T)
	기관지, 호흡기계 강화	니아울리(T), 티트리(T), 유칼립투스(T), 로즈메리(M), 파인(M), 레몬(T), 주니퍼베리(M)
	탈취, 정화, 항균, 항바이러스	시더우드(B), 주니퍼베리(M), 레몬(T), 레몬그라스(T/M), 파인(M)
유칼립투스 (T)	기관지 강화(거담, 후두염, 인후염)	티트리(T), 로즈메리(M), 니아울리(T), 프랑킨센스(B), 샌들우드(B), 사이프러스(M)
	방충	시트로넬라(T/M), 제라늄(M), 라벤더(M), 레몬그라스(T/M), 시나몬(B), 팔마로사(M)
	탈취	레몬(T), 레몬그라스(T/M), 파인(M)
펜넬 (M)	이뇨, 해독, 셀룰라이트 감소	주니퍼베리(M), 그레이프프루트(T), 로즈메리(M), 제라늄(M), 레몬(T)
	탄력 증진(피부)	네롤리(T/M), 로즈앱솔루트(B), 로즈오토(T/M), 로즈우드(M/B), 샌들우드(B), 프랑킨센스(B)
	폐경기 호르몬 밸런스	사이프러스(M), 클라리세이지(T/M), 로즈앱솔루트(T/B), 재스민(B)

에센셜 오일 노트 및 효능에 따른 분류

에센셜 오일(Note)	효능	동일효능 에센셜 오일
레몬 (T)	면역력 증진(기관지계)	레몬그라스(T/M), 로즈메리(M), 유칼립투스(T), 티트리(T), 니아울리(T)
	정맥 강장, 혈관 강장(해독)	사이프러스(M), 시더우드(B), 주니퍼베리(M), 제라늄(M)
	백혈구 세포 생산 촉진(항균, 재생)	로즈오토(T/M), 진저(M), 캐모마일 저먼(M)
레몬그라스 (T/M)	탈취, 공기 정화, 항균, 항미생물	티트리(T), 니아울리(T), 레몬(T), 베르가모트(T/M), 라임(T), 파인(M), 미르(B)
	방충	시트로넬라(T/M), 제라늄(M), 유칼립투스(T), 라벤더(M), 시더우드(B), 로즈메리(M), 시나몬(M/B), 팔마로사(M)
	근육, 건, 인대 손상 회복	블랙페퍼(T/M), 클로브버드(M/B), 마저럼(M), 로즈메리(M), 페퍼민트(M), 스파이크라벤더(T/M), 캐모마일 저먼(M), 주니퍼베리(M)
만다린 (T)	소화기계 강장 (내장 강화, 가스제거)	블랙페퍼(T/M), 진저(M), 스위트오렌지(T), 바질(T), 페퍼민트(M), 펜넬(M), 시나몬(M/B), 로즈메리(M)
	피부 개선(울혈, 여드름)	네롤리(T/M), 라벤더(M), 로즈오토(T/M), 프랑킨센스(B), 샌들우드(B)
	신경기계 안정(특히 어린이)	스위트오렌지(T), 라벤더(M), 캐모마일 로만(M)
마저럼 (M)	신경기계 진정(교감신경), 항경련	로즈메리(M), 캐모마일 저먼(M), 캐모마일 로만(M), 클라리세이지(T/M), 재스민(B), 라벤더(M)
	호흡기계 항균, 항바이러스	티트리(T), 니아울리(T), 로즈메리(M), 유칼립투스(T), 라벤더(M), 레몬(T), 레몬그라스(T/M), 파인(M), 시더우드(B), 사이프러스(M)
	혈액순환, 체온 상승	로즈메리(M), 블랙페퍼(T/B), 진저(M), 클로브버드(M/B), 주니퍼베리(M)

에센셜 오일(Note)	효능	동일효능 에센셜 오일
스위트오렌지 (M)	림프 자극, 혈액순환, 셀룰라이트	레몬(T), 만다린(T), 주니퍼베리(M), 그레이프프루트(T), 블랙페퍼(T/M), 제라늄(M), 로즈메리(M), 페퍼민트(T/M), 진저(M), 캐모마일 저먼(M)
	건성 피부 (각질 제거, 피부 유연, 트러블)	네롤리(T/M), 레몬(T), 라벤더(M), 프랑킨센스(B), 샌들우드(B), 팔마로사(M), 제라늄(M), 로즈우드(M)
	과민성 소화불량, 내장 운동 개선 설사, 변비 개선	만다린(T), 블랙페퍼(T/M), 베르가모트(T), 펜넬(M), 시나몬(M/B), 페퍼민트(M), 진저(M), 마저럼(M) 캐모마일 로만(M), 캐모마일 저먼(M)
팔마로사 (M)	피지 분비 밸런스, 염증 피부	제라늄(M), 일랑일랑(M/B), 라벤더(M), 레몬(T), 티트리(T), 베르가모트(T/M)
	방충	시트로넬라(T/M), 레몬그라스(T/M), 제라늄(M), 로즈메리(M), 시나몬(M/B), 유칼립투스(T)
	심신 안정, 불안감 해소	네롤리(T/M), 베르가모트(T/M), 캐모마일 로만(M), 라벤더(M), 마저럼(M), 프랑킨센스(B), 샌들우드(B)
파촐리 (B)	항미생물(Pogostone), 항염	티트리(T), 라벤더(M), 니아울리(T), 레몬그라스(T/M), 미르(B), 레몬(T), 타임(M), 캐모마일 저먼(M)
	수렴 세포 재생	팔마로사(M), 레몬그라스(T/M), 네롤리(T/M), 로즈앱솔루트(B), 로즈오토(T/M), 제라늄(M), 샌들우드(B), 로즈우드(B), 프랑킨센스(B)
	진정, 안정, 약간의 최면	마저럼(M), 일랑일랑(M/B), 네롤리(T/M)
페퍼민트 (M)	림프순환 자극과 활성화 폐강장	블랙페퍼(T/M), 캐롯시드(M), 제라늄(M), 로즈메리(M), 라벤더(M), 캐모마일 저먼(M)
	신경계 진정 (두통, 편두통 완화)	로즈메리(M), 마저럼(M), 라벤더(M), 클라리세이지(T/M), 레몬(T), 캐모마일 로만(M)
	소화기계 강장	진저(M), 시나몬(M/B), 블랙페퍼(T/M), 펜넬(M), 마저럼(M), 캐모마일 로만(M), 바질(T), 만다린(T)

에센셜 오일 노트 및 효능에 따른 분류

에센셜 오일(Note)	효능	동일효능 에센셜 오일
파인 (M)	방부, 탈취, 항균	레몬그라스(T/M), 레몬(T), 주니퍼베리(M), 시더우드(B), 사이프러스(M), 미르(B), 티트리(T), 니아울리(T), 라벤더(M)
	호흡기계 강장(거담)	유칼립투스(T), 로즈메리(M), 티트리(T), 사이프러스(B), 샌들우드(B), 프랑킨센스(B)
	신경기계 통증 완화	로즈메리(M), 마저럼(M), 클라리세이지(T/M), 바질(T), 페퍼민트(M)
로즈메리 (M)	간과 비장 기능 강화, 림프순환	제라늄(M), 레몬(T), 라벤더(M), 블랙페퍼(T/M), 진저(M), 라임(T), 스위트오렌지(T), 그레이프프루트(T)
	신경계 강화	바질(T), 페퍼민트(M), 클라리세이지(T/M), 네롤리(T/M), 일랑일랑(M/B), 캐모마일 로만(M)
	혈액순환 (모발 성장 자극, 비듬 예방)	바질(T), 사이프러스(M), 시더우드(B), 라벤더(M), 로즈우드(M/B), 일랑일랑(M/B)
블랙페퍼 (T/M)	순환 촉진(소화기계 강화)	진저(M), 만다린(T), 시나몬(M/B), 스위트오렌지(T), 바질(T)
	항바이러스, 항염	캐모마일 저먼(M), 티트리(T), 라벤더(M), 니아울리(T)
	근골격계 강장, 순환 촉진	캐모마일 저먼(M), 티트리(T), 라벤더(M), 니아울리(T)
캐모마일 저먼 (M)	항염, 항경련	로즈메리(M), 마저럼(M), 라벤더(M), 스파이크라벤더(T/M), 제라늄(M)
	간 기능 강화	로즈메리(M), 제라늄(M), 블랙페퍼(T/M), 진저(M)
	생리통 완화, 생리 주기 밸런스	라벤더(M), 클라리세이지(T/M), 로즈메리(M), 마저럼(M), 재스민(B), 로즈앱솔루트(B), 로즈오토(T/M), 캐모마일 로만(M)

에센셜 오일(Note)		효능	동일효능 에센셜 오일
캐모마일 로만 (M)		신경계 진정	스위트오렌지(T), 라벤더(M), 네롤리(T/M), 일랑일랑(M/B)
		생리통 완화, 생리 주기 밸런스	라벤더(M), 클라리세이지(T/M), 로즈메리(M), 마저럼(M), 재스민(B), 로즈앱솔루트(B), 로즈오토(T/M), 캐모마일 저먼(M)
		붉고 예민한 건성 피부	네롤리(T/M), 로즈오토(T/M), 라벤더(M), 프랑킨센스(B), 샌들우드(B)
네롤리 (T/M)		심혈 관계 강화, 신경기계 진정	제라늄(M), 사이프러스(M), 로즈오토(T/M), 로즈앱솔루트(B), 캐모마일 저먼(M), 로즈메리(M), 베르가모트(T/M), 마저럼(M), 일랑일랑(M/B)
		안티에이징, 알레르기 진정	로즈앱솔루트(B), 로즈오토(T/M), 재스민(B), 라벤더(M), 캐모마일 저먼(M), 샌들우드(B), 프랑킨센스(B), 팔마로사(M), 미르(B)
		신경성 소화불량, 설사	스위트오렌지(T), 블랙페퍼(T/M), 시나몬(M/B), 캐모마일 로만(M), 만다린(T), 제라늄(M), 베르가모트(T/M)
미르 (B)		방부 상처 치유, 염증 완화, 세포재생, 구강 염증 완화	타임(T/M), 미르(B) 로즈오토(T/M), 프랑킨센스(B), 샌들우드(B), 라벤더(M), 미르(B), 로즈우드(M/B), 캐모마일 저먼(M)
		자궁 강화 (통경, 주기 밸런스)	재스민(B), 로즈앱솔루트(B), 로즈오토(T/M), 라벤더(M), 클라리세이지(T/M), 펜넬(M), 캐모마일 로만(M), 캐모마일 저먼(M), 제라늄(M), 마저럼(M), 로즈메리(M)
샌들우드 (B)		만성 호흡기계 질환 완화	유칼립투스(T), 로즈메리(M), 마저럼(M), 레몬(T), 프랑킨센스(B), 라벤더(M)
		트러블 완화, 안티에이징	캐모마일 저먼(M), 라벤더(M), 로즈앱솔루트(B), 로즈오토(T/M), 로즈우드(M/B), 프랑킨센스(B), 네롤리(T/M), 팔마로사(M), 미르(B)
		항염, 이뇨, 방부	베르가모트(T/M), 티트리(T), 라벤더(M), 주니퍼베리(M), 사이프러스(M), 시더우드(B), 로즈메리(M), 제라늄(M)

에센셜 오일 노트 및 효능에 따른 분류

에센셜 오일(Note)	효능	동일효능 에센셜 오일
재스민 (B)	생식기계 강화(최음)	일랑일랑(M/B), 로즈앱솔루트(B), 로즈오토(T/M), 라벤더(M)
	통경, 호르몬 균형 (출산, 폐경기)	클라리세이지(T/M), 펜넬(M), 사이프러스(M), 라벤더(M)
	항우울	베르가모트(T/M), 그레이프프루트(T), 네롤리(T/M), 페티그레인(M), 로즈오토(T/M), 로즈앱솔루트(B), 프랑킨센스(B)
프랑킨센스 (B)	호흡기계 증상 완화	샌들우드(B), 유칼립투스(T), 로즈메리(M), 마저럼(M), 라벤더(M), 티트리(T), 레몬(T)
	안티에이징, 세포 재생	로즈오토(T/M), 로즈앱솔루트(B), 샌들우드(B), 라벤더(M), 네롤리(T/M),로즈우드(M), 팔마로사(M), 제라늄(M), 미르(B)
	명상, 진정, 스트레스 완화	베르가모트(T/M), 스위트오렌지(T), 캐모마일 로만(M)
페티그레인 (M)	항우울, 스트레스 완화	베르가모트(T/M), 네롤리(T/M), 프랑킨센스(B), 스위트오렌지(T), 만다린(T), 캐모마일 로만(M)
	탈취, 발향 도움	레몬(T), 레몬그라스(T/M), 파촐리(B), 티트리(T), 파인(M)
	피부 토닉, 트러블 진정	티트리(T), 제라늄(M), 로즈메리(M), 캐롯시드(M), 라벤더(M), 로즈우드(M/B), 샌들우드(B)
로즈오토 (T/M)	안티에이징, 세포 재생 (민감 피부: 로즈오토 T/B)	프랑킨센스(B), 네롤리(T/M), 재스민(B), 로즈우드(M/B), 제라늄(M), 팔마로사(M), 라벤더(M), 샌들우드(B), 페티그레인(M), 미르(B)
로즈앱솔루트 (B)	자궁 기능 강화, 정자 활성	재스민(B), 클라리세이지(T/M), 사이프러스(M), 라벤더(M), 펜넬(M)
	항우울, 긴장감 완화	네롤리(T/M), 스위트오렌지(T), 그레이프프루트(T), 프랑킨센스(B), 베르가모트(T/M), 라벤더(M), 캐모마일 로만(M)

향 강도와 증발률

에센셜 오일에는 증발률과 향의 강도가 존재합니다. 예전부터 조향사들은 에센셜 오일의 향 강도를 측정했고 1~10까지 단계로 나누었습니다. 향의 강도는 조향에 반드시 필요한 자료로 두 가지 이상의 에센셜 오일을 혼합할 경우 향의 강도가 높은 에센셜 오일 향이 발향됩니다.

증발률은 향 노트의 상세 분류입니다. 증발률 수치가 낮을수록 톱 노트에 가까우며 수치가 높을수록 베이스 노트가 됩니다.

Top(1~14), Middle(15~69), Base(70~100)

NO.	에센셜 오일	노트	향 강도	증발률
1	바질(Basil)	Top/Middle	7	60
2	벤조인(Benzoin)	Base	4	80
3	베르가모트(Bergamot)	Top/Middle	4	50
4	블랙페퍼(Blackpepper)	Top/Middle	7	60
5	캐모마일 저먼(Camomile German)	Middle	8	70(80)
6	캐모마일 로만(Camomile Roman)	Middle	7	60
7	시더우드(Cedarwood)	Middle/Base	6	60
8	시트로넬라(Citronella)	Top/Middle	6	60
9	클라리세이지(Clary Sage)	Top/Middle	5	70
10	클로브버드(Clove Bud)	Middle/Base	8	70(80)
11	사이프러스(Cypress)	Middle	5	50
12	유칼립투스(Eucalyptus)	Top	7	60
13	펜넬(Fennel)	Middle	8	70
14	프랑킨센스(Frankincense)	Base	7	70
15	제라늄(Geranium)	Middle	6	60

Top(1~14), Middle(15~69), Base(70~100)

NO.	에센셜 오일	노트	향 강도	증발률
16	진저(Ginger)	Middle	8	60
17	그레이프프루트(Grapefruit)	Top	4	40
18	재스민(Jasmine)	Base	7	80(90)
19	주니퍼베리(Juniper Berry)	Middle	5	60
20	라벤더(Lavender)	Middle	4	60
21	레몬(Lemon)	Top	5	40
22	레몬그라스(Lemongrass)	Top/Middle	8(9)	80(90)
23	만다린(Mandarin)	Top	4	30
24	마저럼(Majoram)	Middle	5	60(70)
25	미르(Myrrh)	Base	7	80(90)
26	네롤리(Neroli)	Top/Middle	6	80
27	니아울리(Niaouli)	Top	8	50(60)
28	스위트오렌지(Sweet Orange)	Top	5	60
29	팔마로사(Palmarosa)	Middle	4	40(50)
30	파촐리(Patchouli)	Base	70	90
31	페퍼민트(Peppermint)	Middle	7	80
32	페티그레인(Petitgrain)	Middle	60	60(70)
33	파인(Pine)	Middle	8	60
34	로즈오토(Rose Otto)	Top/Middle	7	60(70)
	로즈앱솔루트(Rose Absolute)	Base	8	80(90)
35	로즈메리(Rosemary)	Middle	6	50(60)
36	로즈우드(Rosewood)	Middle/Base	6	60
37	샌들우드(Sandalwood)	Base	5	60(70)
38	티트리(Tea Tree)	Top	8	50(60)
39	타임(Thyme)	Top/Middle	8	50(60)
40	일랑일랑(Ylang Ylang)	Middle/Base	6	90

계통별 블렌딩

심혈관계

심혈관계는 심장, 동맥, 세동맥, 모세혈관, 정맥, 세정맥, 혈액으로 구성됩니다. 심혈관계의 기본 기능은 혈액을 전신에 공급하는 것입니다. 전 세포는 혈액으로부터 영양 성분을 받고 심혈 관계는 세포 노폐물(이산화탄소, 요소, 젖산 등)을 신장, 장, 폐, 피부로 보내서 배설하게 합니다.

심혈관계	구분	내용
심계항진	정의	불규칙하거나 빠른 심장 박동이 느껴지는 증상
	원인	약물, 음식, 정신적 요인, 기저 질환 등이 원인
	추천 E.O	라벤더, 네롤리, 로즈오토, 일랑일랑, 메이창, 멜리사, 스위트오렌지, 베티버
	추천 블렌딩	스위트오렌지 50% 네롤리 30% 베티버 20%(라벤더)
고혈압	정의	혈압이 140/90mmHg 이상일 경우에 고혈압으로 진단
	원인	다양한 스트레스, 음주, 흡연, 잘못된 식습관, 유전, 약물 등
	추천 E.O	베르가모트, 캐모마일 로만, 라벤더, 마저럼, 네롤리, 일랑일랑, 메이창, 멜리사
	추천 블렌딩	라벤더 50% 캐모마일 로만 30% 베르가모트 20%
정맥류	정의	다리의 표재 정맥 내의 압력이 높아지면서 나타남
	원인	과체중, 운동 부족, 오랫동안 서 있거나 앉아 있는 경우, 흡연, 음주
	추천 E.O	제라늄, 사이프러스, 주니퍼베리, 라벤더. 캐모마일 로만, 베르가모트, 팔마로사
	추천 블렌딩	제라늄 50% 사이프러스 30% 주니퍼베리 20%(베티버)
부종	정의	조직 내에 림프액이나 조직의 삼출물 등의 액체가 고여 과잉 존재하는 상태
	원인	혈액순한 장애, 질병으로 인한, 과체중, 음주, 흡연, 잘못된 식습관(자극적이고 짠 음식)
	추천 E.O	펜넬, 사이프러스, 그레이프프루트, 주니퍼베리, 만다린, 스위트오렌지, 로즈메리, 세이지
	추천 블렌딩	그레이프프루트 50%(만다린) 로즈메리 30% 펜넬 20%

심혈관계	구분	내용
동상	정의	저온에 노출된 신체 부위가 부종을 동반하면서 검붉은 푸른색으로 피부색이 변한 상태
	원인	겨울철 추위에 노출, 저온 환경에 장시간 노출
	추천 E.O	블랙페퍼, 시나몬 바크, 시나몬 리프, 클로브버드, 진저, 라벤더, 로즈메리, 마저럼(스위트), 타임(레드)
	추천 블렌딩	라벤더 50% 블랙페퍼 30%(로즈메리, 마저럼) 진저 20%

호흡기계

인간의 생존은 이산화탄소를 배출하고 산소를 사용하는 능력에 달려 있다고 해도 과언이 아닙니다. 호흡은 대기와 인체 세포 사이에 산소와 이산화탄소를 교환하는 것을 말합니다.

호흡계	구분	내용
천식	정의	기관지가 좁아져 숨이 차고 가랑가랑하는 숨소리가 들리고 기침을 심하게 하는 증상
	원인	유전적, 환경적으로 발생하는 알레르기 질환
	추천 E.O	아틀라스 시더우드, 클라리세이지, 캐모마일 로만, 사이프러스, 펜넬(스위트), 프랑킨센스, 에버래스팅, 유칼립투스 라디아타, 히솝, 라벤더, 스파이크 라벤더, 파인, 레몬, 만다린, 미르, 니아울리, 페퍼민트, 페티그레인, 로즈메리
	추천 블렌딩	사이프러스 30% 스파이크 라벤더 30% 프랑킨센스 40%
기관지염	정의	기관지염 기관지계의 염증으로 인해 발생하는 호흡기 질환
	원인	환경적 요인, 세균이나 바이러스 감염, 면역력 저하
	추천 E.O	아틀라스 시더우드, 바질, 사이프러스, 펜넬(스위트), 에버래스팅, 유칼립투스 라디아타, 프랑킨센스, 미르, 머틀, 니아울리, 페퍼민트, 라벤사라, 로즈메리, 샌들우드, 타임
	추천 블렌딩	니아울리 50% 유칼립투스 30% 샌들우드 20%(프랑킨센스)

호흡계	구분	내용
상기도 감염	정의	비강, 인두, 후두를 포함하며 임상적으로는 기관 부근까지 상기도로 넣거나 그 부위의 감염증을 총칭
	원인	급격한 기온차, 세균이나 바이러스 감염, 면역력 저하 등
	추천 E.O	시더우드(아틀라스, 버지니아), 클라리세이지, 사이프러스, 펜넬(스위트), 프랑킨센스, 에버래스팅, 유칼립투스, 라디아타, 라벤더, 레몬, 마저럼, 파인, 로즈메리, 티트리
	추천 블렌딩	티트리 40% 레몬 20% 유칼립투스 10%(로즈메리) 시더우드 30%(프랑킨센스)
부비동염	정의	코 주위의 얼굴 뼈 속에 있는 빈 공간인 부비동이 막혀 환기, 배설이 되지 않아 이차적으로 부비동에 생긴 감염
	원인	급성일 경우 바이러스에 의한 감염이나 알레르기 비염이 먼저 발생한 후 이차적인 세균 감염이 원인
	추천 E.O	에버래스팅, 유칼립투스 라디아타, 진저, 히솝, 스파이크 라벤더, 레몬, 니아울리, 페퍼민트, 파인, 타임, 티트리, 라벤사라, 로즈우드
	추천 블렌딩	레몬 30% 유칼립투스 라디아타 30% 파인 30% 진저 10%
인후염	정의	감기, 목 감기, 상기도 감염에 해당하는 질환
	원인	급격한 기온차, 세균이나 바이러스 감염, 열성 질환 후 면역력 저하
	추천 E.O	카주풋, 시더우드(아틀라스, 버지니아), 유칼립투스 라디아타, 프랑킨센스, 라벤더, 레몬, 샌들우드, 타임, 티트리, 사이프러스, 로즈우드
	추천 블렌딩	유칼립투스 라디아타 30% 티트리 30% 프랑킨센스 40%
편도염	정의	편도에 세균이나 바이러스 감염으로 염증이 생긴 상태
	원인	세균이나 바이러스 감염, 감기로 인한 면역력 저하, 급격한 기온차 등
	추천 E.O	캐모마일 로만, 유칼립투스 글루블루스, 유칼립투스 라디아타, 레몬, 티트리, 타임, 로즈우드
	추천 블렌딩	티트리 50%(유칼립투스) 레몬 30%(타임) 캐모마일 로만 20%(로즈우드)

근골격계

근골격계는 골격, 결체조직, 근육, 관절이 서로 지지하여 서 있을 수 있게 하고 움직이는 모습을 이루게 합니다. 아로마테라피는 근골격계 문제를 치료하는 데 아주 유용합니다. 에센셜 오일을 활용한 마사지나 목욕은 근육조직에서 즉각적인 반응을 보이며 마사지를 통해 효과가 더욱 상승합니다.

근육의 대표적인 기능

근육은 특화된 탄력 조직의 모임으로 신체는 그 어떤 조직보다 많은 근육으로 이루어져 있습니다.

- 수축에 의해 신체의 일부나 전체를 움직이게 한다.
- 부분적인 수축을 계속하거나 앉아 있는 자세를 유지하는 등 신체 자세를 유지한다.
- 인체에 있는 관의 직경을 변화시키고 체외로 노폐물을 밀어낸다.
- 근육은 수축함으로써 열을 발생시키는데 이 열은 정상 체온 유지에 중요한 역할을 한다.

근골격계	구분	내용
관절염	정의	관절 부위에 염증이 생기는 질환으로 관절이 붓고 아파서 잘 움직이지 못함
	원인	골관절염은 연골의 퇴행성이나 사고가 원인이며 류머티즘 관절염은 윤활막의 바이러스나 세균 감염, 혈액점도 증가로 인한 경우가 많음
	추천 E.O	블랙페퍼, 캐롯시드, 시나몬 바크, 클로브버드, 캐모마일 저먼, 유칼립투스, 진저, 주니퍼베리, 라벤더, 스파이크 라벤더, 마저럼, 너트메그, 파인, 로즈메리, 타임
	추천 블렌딩	라벤더 40% 스파이크 라벤더 20% 마저럼 30% 캐모마일 저먼 10%

근골격계	구분	내용
요통	정의	허리 부분에 나타나는 통증
	원인	잘못된 생활 습관(불편한 신발, 삐딱한 자세, 불편한 침구 사용 등)
	추천 E.O	블랙페퍼, 카주풋, 시나몬 바크, 클로브버드, 캐모마일 저먼, 유칼립투스 글로불루스, 진저, 주니퍼베리, 라벤더, 스파이크 라벤더, 레몬, 마저럼, 너트메그, 페퍼민트, 파인, 로즈메리, 타임, 레몬그라스
	추천 블렌딩	라벤더 40% 주니퍼베리 30% 레몬그라스 20% 진저 10%
통풍	정의	조직, 소변에 요산이 많이 생겨서 요산결정이 관절 조직의 손상을 주고 이로 인해 통증이 유발되는 질환
	원인	과음, 과체중, 과다한 육식 섭취, 퓨린이 다량 함유된 음식을 과하게 섭취하는 경우
	추천 E.O	주니퍼베리, 레몬, 파인, 그레이프프루트, 만다린, 로즈메리
	추천 블렌딩	레몬 50% 주니퍼베리 30% 파인 20%
좌골신경통	정의	좌골 신경에 발생한 압박, 손상, 염증 등으로 인해 대퇴부, 종아리, 발 등에 통증을 느끼는 증상
	원인	잘못된 자세나 다른 질환의 연계로 나타남
	추천 E.O	블랙페퍼, 시나몬 바크, 클로브버드, 캐모마일 저먼, 유칼립투스 글로불루스, 주니퍼베리, 라벤더, 스파이크 라벤더, 마저럼, 페퍼민트, 로즈메리, 타임, 클라리세이지
	추천 블렌딩	스파이크 라벤더 50% 주니퍼베리 20% 로즈메리 20% 캐모마일 저먼 10%
염좌(삠)	정의	뼈와 뼈 사이를 연결하고 있는 인대의 손상
	원인	관절에 정상 가동범위를 넘은 외부 압력이 가해져 일어나는 외상.
	추천 E.O	레몬그라스, 레몬, 주니퍼베리, 블랙페퍼, 클로브버드, 캐모마일 저먼, 마저럼, 페퍼민트, 로즈메리, 타임, 너트메그, 스파이크 라벤더, 진저
	추천 블렌딩	레몬그라스 30% 로즈메리 30% 레몬 40% (시트로넬라)

생식기계

아로마테라피는 월경, 임신과 출산, 모유 수유, 폐경 등을 통해 많은 변화를 겪는 여성의 생식기계에 초점을 맞춥니다. 몇 가지 에센셜 오일에서 호르몬 유사 작용이 발견되었는데, 이는 에센셜 오일의 성분 구조가 호르몬과 유사해 관련 호르몬을 식별하는 수용기가 상호작용을 하기 때문입니다. 특히 여성호르몬의 대표적인 에스트로겐 작용은 애니시드, 펜넬 스위트에서 발견되었습니다.

생식기계	구분	내용
생리전증후군	정의	생리 예정일에서 이틀 내지 14일 전에 나타나는 신체적, 심리적, 행동적 변화
	원인	명확한 원인은 밝혀지지 않았으나 리독신 결핍, 프로스타글란딘 과다 생성과 황체기 중 알도스테론 생성 증가 때문으로 추측
	추천 E.O	베르가모트, 캐모마일 저먼, 캐모마일 로만, 캐롯시드, 클라리세이지, 펜넬(스위트), 제라늄, 주니퍼베리, 라벤더, 마저럼(스위트), 네롤리, 로즈오토, 로즈앱솔루트, 일랑일랑
	추천 블렌딩	베르가모트 50% 클라리세이지 30% 제라늄 20%
무월경	정의	월경이 전혀 없는 증상
	원인	시상하부-뇌하수체-난소의 민감한 연결 체제가 전복되면서 발생하는 호르몬 불균형
	추천 E.O	캐모마일 저먼, 캐모마일 로만, 클라리세이지, 펜넬(스위트), 제라늄, 주니퍼베리, 블랙페퍼, 로즈오토, 로즈앱솔루트. 마저럼(스위트)
	추천 블렌딩	클라리세이지 50% 블랙페퍼 30% 제라늄 10% 로즈오토 10%

생식기계	구분	내용
월경곤란증	정의	월경 주기에 나타나는 통증
	원인	근육의 수축 이완이 원활하지 않고 순환이 잘되지 않는 경우
	추천 E.O	캐모마일 저먼, 캐모마일 로만, 사이프러스, 클라리세이지, 펜넬(스위트), 제라늄, 재스민, 라벤더, 마저럼(스위트), 페퍼민트, 로즈메리, 로즈오토
	추천 블렌딩	제라늄 50%(라벤더) 클라리세이지 30% 펜넬 20%
폐경	정의	난소 안에 더 이상 난자가 존재하지 않아 주기적인 월경 출혈이 진행되지 않는 상태
	원인	자연적인 난자 소멸, 약물, 질병 등
	추천 E.O	베르가모트, 캐모마일 저먼, 캐모마일 로만, 사이프러스, 펜넬(스위트), 재스민, 네롤리, 로즈오토, 로즈앱솔루트, 일랑일랑
	추천 블렌딩	베르가모트 80% 네롤리 20%(재스민) 베르가모트 60% 사이프러스 30% 일랑일랑 10%
질칸디다증	정의	외음부의 간지러움, 쓰라림, 홍반을 동반하는 질환
	원인	칸디다 알파킨즈 곰팡이균
	추천 E.O	베르가모트, 캐모마일 저먼, 라벤더, 미르, 페티그레인, 티트리
	추천 블렌딩	티트리 50% 라벤더 50% 티트리 50% 베르가모트 40% 미르 10%
방광염	정의	방광에 염증이 생긴 상태
	원인	배설물 오염, 질 분비를 통해 여성의 몸속에 들어오는 박테리아에 의해 발행
	추천 E.O	베르가모트, 캐모마일 저먼, 라벤더, 샌들우드, 티트리, 파인, 주니퍼베리
	추천 블렌딩	라벤더 50% 파인 30%(티트리, 주니퍼베리) 샌들우드 20%

피부계

피부는 표피와 진피로 구성되며 그 아래 지방이 많은 피하조직이 있습니다.
이외에도 피부에는 털, 손톱, 땀샘 및 기름샘 등의 부속물이 있습니다.

☑ 표피 또는 가장 바깥 층은 혈관이 없는 상피 조직 세포로 구성

☑ 피부 또는 진피, 연결 조직 틀을 지니며 다수의 혈관, 신경 종말, 분비샘으로 구성

☑ 피하조직 또는 피부 밑층, 느슨한 연결 조직과 지방으로 구성

피부계	구분	내용
여드름	정의	털 피지선 샘 단위의 만성 염증 질환
	원인	모낭 내에 상주하는 균 중 프로피오니박테리움 아크네스(Propionibacterium Acnes)는 지방 분해 효소를 분비하는데 이 효소가 피지 중의 중성지방을 분해하여 유리지방산을 형성하고 모낭을 자극한다. 또한 이 균에 대한 면역학적 반응이 여드름의 염증 반응에 기여한다. 여드름 발생에 가족력이 있다는 것은 잘 알려진 사실이지만 정확한 유전 양식은 확실하지 않음
	추천 E.O	베르가모트, 카주풋, 제라늄, 주니퍼베리, 라벤더, 레몬, 라임, 네롤리, 만다린, 니아울리, 팔마로사, 페티그레인, 로즈메리, 샌들우드, 티트리, 유칼립투스, 제라늄
	추천 블렌딩	티트리 50%(유칼립투스, 베르가모트) 팔마로사 30%(제라늄) 페티그레인 10%(네롤리) 샌들우드 10%
부스럼, 종기	정의	모낭(털집)에서 기원한 깊은 염증성의 결절
	원인	부스럼은 목, 얼굴, 겨드랑이, 엉덩이 부위 같이 마찰이 많이 되거나 땀이 많이 나는 부위에 많이 발생한다. 이미 존재하고 있는 피부 질환인 아토피 피부염, 옴, 이, 찰과상, 긁은 부위 등에 합병증으로 발생
	추천 E.O	베르가모트, 캐롯시드, 제라늄, 그레이프프루트, 주니퍼베리, 라벤더, 레몬, 로즈메리, 티트리, 타임
	추천 블렌딩	라벤더 30%(베르가모트) 제라늄 30% 그레이프프루트 20% 티트리 20%

피부계	구분	내용
화상	정의	주로 열에 의해 피부와 피부 부속기에 생긴 손상
	원인	불, 열, 마찰, 화학약품 등
	추천 E.O	라벤더, 네롤리, 티트리, 에버래스팅, 캐롯시드, 프랑킨센스, 베르가모트, 마누카
	추천 블렌딩	라벤더 100% 라벤더 60% 네롤리 20%(에버래스팅, 베르가모트) 프랑킨센스 20%
습진, 피부염	정의	가려움, 홍반, 부종과 진물 등의 증상을 보이며 조직학적으로 표피의 해면화(Spongiosis), 염증 세포 침윤, 진피의 혈관 증식과 확장, 혈관 주위의 염증 세포 침윤을 보이는 것이 특징
	원인	독성이나 알레르기 물질과 접촉, 광선에 의한 자극 등
	추천 E.O	캐모마일 저먼, 에버래스팅, 캐롯시드, 시더우드, 주니퍼베리, 티트리, 팔마로사, 파츌리, 샌들우드, 프랑킨센스, 로즈오토, 라벤더
	추천 블렌딩	라벤더 50% 팔마로사 30% 파츌리 10% 프랑킨센스 10%
단순 포진	정의	피부 특정 부위나 점막 조직에 소포성 발진으로 나타나는 바이러스 감염
	원인	세균, 바이러스, 햇볕, 스트레스, 면역 체계 감퇴, 약물, 특정 음식
	추천 E.O	멜리사, 니아울리, 제라늄, 베르가모트, 로즈오토, 티트리, 레몬, 라벤사라
	추천 블렌딩	티트리 60% 베르가모트 FCF 30% 멜리사 10%(로즈오토)
건선	정의	은색을 띠고 다양한 크기의 허물과 반점형성을 보이는 염증성 질환
	원인	바이러스와 세균에 의한 염증, 스트레스, 약물
	추천 E.O	캐모마일 저먼, 라벤더, 샌들우드, 프랑킨센스, 캐롯시드, 베르가모트, 주니퍼베리
	추천 블렌딩	라벤더 50%(베르가모트) 캐모마일 저먼 20% 샌들우드 30%

신경계

신경계는 뇌, 척수, 신경으로 구성되어 통신 연결 네트워트의 역할을 합니다. 외부 환경 변화를 감지하고 해석하며 근육 수축 및 샘 분비를 촉발시켜 변화에 반응합니다.

☑ 뇌(Brain) : 머리뼈를 채우고 있는 기관이며 신체의 움직임과 마음을 조절하는 주요 물질이다.

☑ 척수(Spinal cord) : 중추신경계의 중요한 부분이며 뇌의 세부 구성 중 뇌간의 가장
　아랫부분인 연수 바로 아래 위치한다. 연수로부터 척추를 따라 첫 번째 요추까지 이어진다.

☑ 신경은 뇌신경 12쌍, 척수신경 31쌍으로 이루어져 있다.

신경계	구분	내용
불안, 초조	정의	불편한 내면의 두려움이나 위기 상황을 느껴 나타나는 반응
	원인	특정 사건, 심리적 스트레스, 압박감, 외상 후 스트레스, 약물
	추천 E.O	라벤더, 바질, 베르가모트, 시더우드(버지니아), 캐모마일 로만, 사이프러스, 프랑킨센스, 재스민, 일랑일랑, 마저럼(스위트), 네롤리, 멜리사, 팔마로사, 파촐리, 로즈, 로즈우드, 샌들우드, 베티버, 만다린, 스위트오렌지
	추천 블렌딩	팔마로사 60%(베르가모트, 캐모마일 로만) 로즈 10% 로즈우드 30%
스트레스	정의	해로운 인자나 자극을 스트레서(Stressor)라고 하며 이때의 긴장 상태가 스트레스임
	원인	외적 원인과 내적 원인으로 나눌 수 있는데, 대부분 자기 자신에 의한 내적 요인에 기인한다. 예를 들면 대인 관계 불만족, 상실감, 패배감, 충격적인 사건, 과도한 업무, 수면 부족 등
	추천 E.O	바질, 캐모마일 로만, 베르가모트, 스위트오렌지, 시더우드(버지니아, 아틀라스), 클라리세이지, 프랑킨센스, 제라늄, 재스민, 라벤더, 마저럼(스위트), 로즈오토, 로즈앱솔루트, 로즈메리, 로즈우드, 샌들우드, 일랑일랑, 베티버, 페티그레인, 네롤리
	추천 블렌딩	라벤더 70% 베르가모트 20% 캐모마일 로만 10%(로즈우드)

신경계	구분	내용
우울증	정의	의욕 저하와 우울감을 주요 증상으로 하며 다양한 인지 및 정신 신체적 증상을 일으켜 일상 기능의 저하를 가져오는 질환
	원인	스트레스의 원인과 비슷하며 스트레스가 지속적으로 반복될 경우 우울한 기분이 없어지지 않고 계속 이어지는 상태
	추천 E.O	바질, 베르가모트, 캐모마일 저먼, 캐모마일 로만, 클라리세이지, 사이프러스, 레몬, 만다린, 라임, 라벤더, 제라늄, 프랑킨센스, 재스민, 마저럼(스위트), 네롤리, 페퍼민트, 파인, 로즈오토, 로즈앱솔루트, 샌들우드, 탠저린, 일랑일랑, 메이창, 멜리사, 스위트오렌지, 로즈메리, 그레이프프루트
	추천 블렌딩	만다린 50%(그레이프프루트) 베르가모트 30%(라벤더) 로즈오토 10% 샌들우드 10%(프랑킨센스)
불면증	정의	수면의 시작이나 수면 유지의 어려움, 또는 원기 회복이 되지 않는 수면을 호소하는 수면장애
	원인	일차성 불면증은 정신과적 문제, 내과적 또는 신경과적 문제, 약물의 사용이나 사용 중지 등
	추천 E.O	라벤더, 베르가모트, 캐모마일 로만, 만다린, 네롤리, 스위트오렌지, 마저럼, 베티버, 페티그레인, 샌들우드
	추천 블렌딩	스위트오렌지 50%(만다린) 페티그레인 40% 마저럼 10%(샌들우드)
두통, 편두통	정의	머리에 나타나는 통증을 의미하며 혈관성, 근육 수축성, 염증성 세 가지 형태로 구분
	원인	긴장, 불안, 알레르기, 변비, 커피, 스트레스, 피로, 수면 부족, 알코올, 흡연, 약물 등
	추천 E.O	캐모마일 로만, 페퍼민트, 클라리세이지, 바질, 로즈메리, 스파이크 라벤더, 레몬, 마저럼(스위트), 레몬, 타임
	추천 블렌딩	레몬 60% 로즈메리 30% 페퍼민트 10%
간질	정의	불규칙적인 발작이 반복됨
	원인	명확한 원인이 없고 알레르기, 강한 불빛, 약물, 알코올, 저혈당, 감염, 신진대사 불균형, 외상 등 광범위함
	추천 E.O	캐모마일 로만, 라벤더, 마저럼(스위트), 네롤리, 멜리사, 일랑일랑
	추천 블렌딩	라벤더 70% 캐모마일 로만 20% 일랑일랑 10%
대상포진	정의	신경 뿌리의 급성 감염 질환
	원인	수두 바이러스와 밀접한 관련이 있는 바이러스가 원인
	추천 E.O	레몬, 네롤리, 베르가모트
	추천 블렌딩	베르가모트 40% 라벤더 30% 티트리 30% 라벤더 60% 니아울리 30% 로즈 10%

림프계

림프관, 림프, 흉선, 비장 등 림프구를 만들어 혈중으로 림프액을 방출하고 순환시키는 순환 계통입니다. 척추 동물에 있어 림프액을 채우는 일련의 관계^{管系} 및 그 부속기관의 총칭입니다. 림프액이 되는 조직액이 있는 조직 간극을 흔히 림프강이라고 하며 림프계와 구별하지만, 조직액은 모세림프관 (림프관)을 거쳐 정맥으로 들어가는 것입니다.

림프계	구분	내용
셀룰라이트	정의	지방세포 주변 결합조직에 축적된 물이나 독성 노폐물이 결절을 이룬 상태
	원인	과다 염분 섭취, 알코올, 호르몬 변화, 혈액순환 장애, 염증, 폐경기 노폐물 축적, 스트레스, 변비, 잘못된 자세 등
	추천 E.O	그레이프프루트, 사이프러스, 펜넬, 진저, 주니퍼베리, 제라늄, 레몬, 라임, 만다린, 스위트오렌지, 로즈메리, 탠저린, 세이지, 캐롯시드
	추천 블렌딩	그레이프프루트 60% 주니퍼베리 30%(로즈메리) 펜넬 10%(진저)
림프 부종	정의	조직 내에 수분이 과도하게 축적된 상태
	원인	정맥 혈액순환 장애, 혈장 단백질 부족, 림프순환 장애, 신장 장애, 약물, 식습관 등
	추천 E.O	펜넬(스위트), 주니퍼베리, 그레이프프루트, 제라늄, 사이프러스, 레몬, 샌들우드
	추천 블렌딩	제라늄 50% 주니퍼베리 30%(사이프러스) 펜넬 20%(샌들우드)

소화기계

음식은 생명 유지에 꼭 필요한 물질입니다. 음식물 분자를 체세포가 사용할 수 있는 상태로 분해하는 기관이 소화기를 구성하며 크게 소화기관과 부속 기관으로 나눌 수 있습니다. 섭취, 연동 작용, 소화, 흡수 배변의 단계를 거치면서 작용합니다.

소화기계	구분	내용
변비	정의	배변 활동이 원활하지 못한 상태로 규칙적인 배변 활동이 안 되거나 배변 후에도 잔변감을 느끼는 상태
	원인	불규칙한 식사, 스트레스, 약물, 혈액순환 장애, 임신
	추천 E.O	블랙페퍼, 시나몬 바크, 스위트오렌지, 만다린, 마저럼(스위트), 페퍼민트, 로즈메리, 파인, 레몬, 그레이프프루트, 펜넬(스위트)
	추천 블렌딩	만다린 70%(그레이프프루트) 마저럼 20% 블랙페퍼 10%
설사	정의	비정상적으로 묽은 변이 자주 나오는 상태
	원인	과다한 결장의 활동, 감염, 식중독, 약물 등
	추천 E.O	블랙페퍼, 캐모마일 저먼, 캐모마일 로만, 시나몬 바크, 사이프러스, 유칼립투스, 펜넬(스위트), 진저, 만다린, 네롤리, 페퍼민트, 로즈
	추천 블렌딩	만다린 60% 네롤리 30%(펜넬) 캐모마일 로만 10%(로즈)
소화불량	정의	복부 주변에 나타나는 통증, 속쓰림, 역류, 신물, 명치 팽만, 불쾌감, 구역질 등
	원인	과식, 스트레스, 잘못된 식습관(고지방, 알코올, 카페인 등 과다 섭취), 소화효소 부족 등
	추천 E.O	만다린, 클로브버드, 블랙페퍼, 스위트오렌지, 시트로넬라, 레몬그라스, 시나몬(바크, 리프), 캐모마일 로만, 페퍼민트, 마저럼(스위트), 펜넬(스위트), 라벤더, 그레이프프루트, 벤조인
	추천 블렌딩	그레이프프루트 50%, 스위트오렌지(만다린) 마저럼 30%(라벤더), 클로브버드 20%

소화기계	구분	내용
과민성 대장증후군	정의	소화관의 근육 수축이 규칙적으로 이루어지지 않는 위장 질환으로 복통, 변비, 설사, 소화불량의 형태로 나타남
	원인	스트레스, 식품의 알레르기 반응, 결장운동성 활동이 과도한 경우
	추천 E.O	마저럼, 제라늄, 라벤더, 페퍼민트, 캐모마일 로만, 캐모마일 저먼, 베르가모트, 스위트오렌지, 라벤더, 페티그레인
	추천 블렌딩	캐모마일 로만 50%(제라늄) 라벤더 30%(베르가모트) 마저럼 20%
구역질 및 구토	정의	구역질은 구토의 시작 단계로 구토를 하지 않은 불쾌한 상태도 포함한다. 구토는 위장에 있는 음식물과 점액 등이 입을 통해 배출되는 상태
	원인	위장 구조나 내장의 충돌에 의한 자극, 감염, 식중독, 알코올 섭취. 기타 질환(당뇨병, 뇌전증, 신장 장애, 소화관련 등), 멀미
	추천 E.O	진저, 시나몬, 펜넬, 캐모마일 로만, 캐모마일 저먼, 블랙페퍼, 카다멈, 만다린, 스위트오렌지, 페티그레인
	추천 블렌딩	페퍼민트 90% 진저 10%(펜넬) 시나몬 10% 스위트오렌지 90%(만다린)

면역계

유해한 미생물, 세균, 바이러스에 대해 끊임없이 우리 몸을 보호하고 질병에
대한 방어 기능을 담당하는 계통입니다.

면역계	구분	내용
발열	정의	세균, 바이러스 및 박테리아 감염과 관련된 반응 중 하나
	원인	감기, 홍역, 풍진, 류머티스성 열, 폐렴, 말라리아, 뇌수막염, 결핵, 소아마비 등의 질환
	추천 E.O	캐모마일 저먼, 제라늄, 진저, 스피아민트, 페퍼민트, 시나몬 바크, 라벤더, 시트로넬라, 레몬그라스
	추천 블렌딩	페퍼민트 50% 라벤더 30% 제라늄 20%
염증	정의	체내에서 조직이나 세포가 손상되었을 때 나타나는 방어적인 반응 중 하나
	원인	조직이나 세포의 손상, 약물, 스트레스, 외부 감염 등
	추천 E.O	캐모마일 저먼, 클로브버드, 시나몬 바크, 에버래스팅, 진저, 라벤더, 티트리, 니아울리, 타임 등
	추천 블렌딩	라벤더 60% 클로브버드 30% 캐모마일 저먼 10%
알레르기	정의	특정 물질에 대해 인체의 면역 계통에서 나타나는 반응
	원인	꽃가루, 스트레스, 약물, 식습관, 화학물질 등
	추천 E.O	라벤더, 에버래스팅, 야로, 레몬, 레몬그라스, 멜리사, 라임, 유칼립투스, 시트로넬라, 캐모마일 저먼, 캐모마일 로만(국화과 꽃가루에 알레르기 반응이 있을 경우 캐모마일 저먼, 캐모마일 로만은 사용하지 않는다)
	추천 블렌딩	레몬 50% 유칼립투스 20% 라벤더 20% 시트로넬라 10%(라임)
만성피로	정의	장기간 피로감이 지속되는 것
	원인	스트레스, 수면 장애, 불규칙한 생활 패턴, 만성 질환, 우울증, 림프 이상, 열감, 근육 통증 등 다양하고 광범위함
	추천 E.O	제라늄, 바질, 레몬, 라벤더, 스위트오렌지, 페퍼민트, 로즈메리
	추천 블렌딩	제라늄 50% 로즈메리 40% 바질 10%(페퍼민트)

chapter 5

Use of
Essential Oil

에센셜 오일의 특성을 이용하여
아로마테라피를 실생활에 활용하는 방법을 담았습니다.

Angelika
앤젤리카

🝊 발 마사지 오일

베이스 오일 30ml + 앤젤리카 2~3방울 + 레몬 5방울 + 파인 1방울 + 로즈메리버베논 1방울

앤젤리카 에센셜 오일은 습한 기운을 없애고 독소를 배출하는 작용을 합니다.
발 전체와 특히 발가락 끝을 집중적으로 마사지하면
경미한 무좀을 완화시키거나 예방할 수 있어요.
베이스 오일은 해바라기씨 오일이나 살구씨 오일 90%에
호호바씨 오일 10%로 구성하세요.

Basil
바질

🝊 탈모 방지 두피 에센스

버진코코넛 오일 10g + 바질 1방울 + 로즈메리 2방울

바질은 다량 사용할 경우 마비를 일으킬 수 있기 때문에
적절한 양을 사용하는 것이 좋습니다.
샴푸 전 일정량을 두피에 바르고 5~10분 정도 마사지 후 헹궈 냅니다.

Bergamot
베르가모트

🔥 남성 청결제

물비누 베이스 250g + 베르가모트 20방울 + 주니퍼베리 40방울 + 티트리 20방울

🔥 대상포진 완화 오일

리모넨^{Limonene} 성분을 다량 함유해 진균, 진정, 항염 효과가 있기 때문에
대상포진 환부에 베르가모트를 1방울 정도 바르면 효과가 좋습니다.

🔥 화농성 여드름, 지루성 피부염 완화 오일

염증 부위에 티트리와 1 : 1로 섞어서 1방울씩 바르면
진정, 살균 소독 효과가 있습니다.

🔥 입술 포진 완화 오일

호호바 오일 9g + 비타민 E 1g + 베르가모트 2방울 + 티트리 2방울 + 로즈우드 2방울

차례로 섞은 다음 롤온 용기에 담아 입술 포진 부위에 굴리듯이 바르면 됩니다.

Black Pepper
블랙페퍼

🜄 변비 완화 마사지 오일

살구씨 오일 10g + 비타민 E 1g + 블랙페퍼 2방울 + 만다린 3방울

복부 주변에 오일을 바르고 시계 방향으로 가볍게 누르면서 마사지합니다.
블랙페퍼 에센셜 오일은 수분이 대장으로 이동하는 것을 돕고
순환을 원활하게 해주기 때문에 변비에 도움이 됩니다.

🜄 인대 손상 및 냉수포 완화 오일

블랙페퍼 3방울 + 라벤더 5방울 + 레몬그라스 2방울 + 올리브 리퀴드 3방울 + 정제수 50ml

수건에 적셔서 인대 손상, 즉 삔 부위에 덮어주세요.

🜄 동상 완화 솔트

히말라야 솔트 50g + 블랙페퍼 2방울 + 마저럼 2방울 + 로즈메리 2방울 + 라벤더 2방울

약 2회 분량으로 족욕할 때 따뜻한 물에 풀어서 사용합니다.
블랙페퍼 에센셜 오일은 소화 촉진, 배설, 몸을 따뜻하게 해주는 항염 작용의
대표 오일입니다.

Cedarwood
시더우드

🜄 어깨 결림 마사지 오일

에뮤 오일 10g + 시더우드 1방울 + 유칼립투스 2방울

에뮤 오일을 계량한 다음 핫 플레이트에서 가열합니다.
온도가 60℃ 이하로 내려가면 에센셜 오일을 첨가해 잘 섞어준 후
틴 케이스에 담아줍니다.

🜄 해독 마사지 오일

호호바 오일 10g + 시더우드 2방울 + 제라늄 1방울

등 부분에 바르고 마사지하는데 특히 수면 부족으로 피곤하거나
과음 후 힘들 때 효과가 좋습니다.

Chamomile German
캐모마일 저먼

💧 (만성)아토피 연고

달맞이꽃종자 오일 5g + 동백 오일 5g + 호호바 오일 10g + 엑스트라버진코코넛 오일 5g
+ 비즈 왁스(유기농) 3g + 비타민 E 1g + 캐모마일 저먼 5방울 + 라벤더 10방울
+ 샌들우드 3방울(로즈우드나 프랑킨센스 대체 가능)

식물성오일과 비즈왁스, 비타민E를 계량 후 핫 플레이트에서 가열합니다.
온도가 60℃ 이하로 내려가면 에센셜 오일을 넣고 잘 섞어준 후
연고 용기에 담습니다. 아토피 트러블이 심한 부위에
먼저 충분히 보습을 해준 다음 연고를 바릅니다.
항염 작용의 대표적 오일인 캐모마일 저먼은 꽃이 개화하기 전 건조하면
매트리카린Matricarin 성분 함량이 더 높아집니다.
이 성분이 수증기 증류 과정을 거치면서
대표적 항염 성분인 카마줄렌Chamazulene으로 바뀝니다.

💧 관절염 완화 오일

카렌듈라 오일 10g + 하이퍼리쿰 오일 5g + 살구씨 오일 13g + 비타민 E 1g
+ 캐모마일 저먼 5방울 + 마저럼 10방울 + 진저 1방울(블랙페퍼로 대체 가능)

관절염이 있는 부위에 바르고 부드럽게 마사지하면 됩니다.

💧 생리통 완화 오일

달맞이꽃종자 오일 10g + 살구씨 오일 10g + 비타민 E 1g + 라벤더 4방울
+ 캐모마일 저먼 1방울 + 클라리세이지 1방울 + 재스민 1방울

복부와 허리 뒤쪽에 일정량을 도포한 후
복부는 시계방향으로 허리는 좌우로 마사지합니다.
발목이나 발꿈치 부분에 바르고 지압하듯 문지르면 자궁 건강에 도움이 됩니다.

Chamomile Roman
캐모마일 로만

🌢 숙면을 위한 입욕제

탄산수소나트륨(중조) 100g + 구연산 50g + 옥수수 전분 50g + 글리세린 3g
+ 올리브 리퀴드 2g + 캐모마일 로만 3방울 + 스위트오렌지 3방울 + 정제수(스프레이)

볼에 탄산수소나트륨(중조), 구연산, 옥수수 전분을 넣고 섞은 다음
나머지 재료를 첨가하면서 섞어줍니다. 모양틀에 넣을 경우 섞는 과정에서
정제수 스프레이를 뿌려 뭉쳐질 정도로 반죽하면 됩니다.
정제수를 한꺼번에 많이 넣으면 부풀 수 있으니 조금씩 뿌리면서 모양을 잡아주세요.
완성된 입욕제는 2~3회 정도 나눠서 사용합니다.

🌢 베이비 올인원 샤워젤

올리브 계면활성제 15g + 애플 계면활성제 10g + 코코베타인 5g + 라벤더 워터 60g
+ 히알루론산 3g + 실크 아미노산 3g + 세라마이드 3g + 나프리 1g + 올리브 리퀴드 0.2g
+ 캐모마일 로만 1방울 + 라벤더 3방울 + 로즈우드 1방울

올리브 리퀴드와 에센셜 오일을 먼저 섞은 다음 나머지 재료를 차례대로
넣으면서 섞어줍니다. 계면활성제가 첨가되기 때문에 과하게 저으면
거품이 많이 날 수 있으니 최대한 천천히 저어주세요.
샤워 타월에 묻혀 충분히 거품을 낸 다음 사용합니다.

🌢 잠투정하는 아이를 위한 아로마 케어

호호바 오일 10g + 라벤더 5방울 + 캐모마일 로만 5방울

순서대로 블렌딩한 다음 손수건에 한 방울 떨어뜨려 아이의 목에 둘러주면 됩니다.
캐모마일 로만 에센셜 오일은 신경계 진정 효과로
ADHD(주의력결핍 과잉행동장애) 아이에게도 효과가 좋습니다.

Cinnamon
시나몬

🜄 집먼지 진드기 제거 스프레이

정제수 50ml + 에탄올 50ml + 시나몬 오일 2~3방울 + 라벤더 13~14방울

Citronella
시트로넬라

🜄 모기 퇴치 스프레이

정제수 60ml + 에탄올 40ml + 시트로넬라 20방울 + 유칼립투스 20방울 + 라벤더 10방울

🜄 유아용 모기 퇴치 스프레이

정제수 70ml + 에탄올 30ml + 시트로넬라 10방울 + 유칼립투스 10방울 + 라벤더 10방울

🜄 관절염 마사지 오일

살구씨 오일 5g + 카렌듈라 인퓨즈드 오일 5g + 시트로넬라 2방울 + 유칼립투스 1방울
+ 페퍼민트 1방울

🜄 감기 예방 목욕 오일

시트로넬라 2방울 + 티트리 1방울

청주나 와인 1큰술에 에센셜 오일을 희석해서 따뜻한 목욕물에 넣으면
효과가 좋습니다.

Clary Sage
클라리 세이지

🜄 생리통 완화 마사지 오일

헤이즐넛 오일 10g + 마저럼 3방울 + 클라리세이지 2방울

🜄 여성을 위한 진통 완화 오일

호호바 오일 10g + 클라리세이지 2방울 + 재스민 1방울 + 라벤더 1방울

클라리세이지는 여성호르몬 분비를 자극하는 여성 전용 에센셜 오일입니다. 생리통, 여성 질환을 단기간에 치료해주는 것은 아니지만 캐리어 오일에 희석해서 꾸준히 마사지해주면 생리통 완화에 도움이 됩니다.

Cypress
사이프러스

🜄 공기 청정 탈취제

정제수 60ml + 에탄올 40ml + 사이프러스 10방울 + 레몬 20방울 + 라벤더 10방울 + 레몬그라스 10방울

🜄 초간단 공기 청정 탈취제

정제수 60ml + 에탄올 40ml + 사이프러스 40방울

삼림욕 효과가 있는 사이프러스 에센셜 오일을 현관이나 방문에 1~2방울씩 뿌리면 항바이러스 및 항균 효과가 있습니다.

Everlasting
에버래스팅

💧 **페이셜 오일**

베이스 오일 30ml + 호호바 오일 25ml + 아보카도 오일 5ml + 에버래스팅 5방울

만성 피부염, 악건성, 트러블 피부라면 스킨케어 마지막 단계에서
2~3방울 정도 손바닥에 떨어뜨리세요.
그 다음 손바닥을 살살 비벼서 얼굴 전체를 감싸면서 꾹꾹 눌러서 흡수해줍니다.
피부세포 성장을 촉진하고 상처 치유에 도움을 주기 때문에
얼굴이 당기고 건조한증상에 도움이 됩니다.

Eucalyptus
유칼립투스

💧 비염 완화 오일

호호바 오일 10g + 유칼립투스 3방울 + 라벤더 1방울

코밑과 콧방울에 오일을 바르고 코의 볼 주변을 지그시 누르면서 마사지합니다.

💧 유아용 비염 오일

호호바 오일 10g + 유칼립투스 2방울

코의 볼 주변에 살짝 문질러서 바른 다음 코 주변을 가볍게 지압하면서
마사지합니다.

💧 모기 퇴치 스프레이

정제수 60ml + 에탄올 40ml + 시트로넬라 20방울 + 유칼립투스 20방울 + 라벤더 10방울

방충망과 창문 주변, 외출 시 유모차에 미리 뿌려놓거나 손수건에 뿌려서
아이들 팔목에 묶어주는 것도 좋은 방법입니다. 피부에 직접 뿌리지 마세요.

💧 근육 통증 마사지 오일

살구씨 오일 15g + 유칼립투스 2방울 + 제라늄 1방울 + 페퍼민트 1방울

근육이 뭉치거나 통증이 있는 부위에 바른 다음 부드럽게 마사지 해줍니다.

💧 코가 막혔을 때

유칼립투스 1방울 + 페퍼민트 1방울

코가 막혔을 경우 유칼립투스와 페퍼민트를 흡입하면 증상이 완화됩니다.

Fennel
펜넬

🜄 변비 완화 오일

호호바 오일 50g + 해바라기씨 오일 50g + 마저럼 20방울 + 펜넬 5방울
+ 페퍼민트 10방울

배나 척추에 오일을 바르고 부드럽게 마사지하면 됩니다.
펜넬 에센셜 오일은 독성이 있기 때문에 사용량에 주의해야 합니다.
성인 기준 1일 안전하게 사용할 수 있는 양이 6~8방울입니다.

Frankincense
프랑킨센스

💧 **안티에이징 페이스 오일**

로즈힙 오일 5g + 호호바 오일 5g + 프랑킨센스 1방울 + 로즈 1방울

스킨케어 마지막 단계에서 손에 덜어 비빈 다음 얼굴 전체를 감싸고
지그시 누르면서 바릅니다. 건조하고 노화된 피부에 보습과 재생 효과가 있습니다.

💧 **호흡계 질환(천식, 기관지염) 완화를 위한 솔트**

히말라야 솔트 50g + 프랑킨센스 3방울

따뜻한 목욕물에 솔트를 넣으면 수증기를 통해 흡입할 수 있습니다.
1~2회 정도 나눠 사용할 수 있는 양입니다.

💧 **명상, 요가**

프랑킨센스 1방울

깨끗한 수건에 프랑킨센스 한 방울을 떨어뜨려 가까이 두면 됩니다.
프랑킨센스 에센셜 오일은 명상을 위한 오일이나 향수의 베이스 노트로 활용됩니다.
특히 정신 수양과 심신 안정을 원할 때 발향하면 효과가 좋습니다.

Geranium
제라늄

◊ 피부 재생 오일

호호바 오일 5g + 로즈힙 오일 5g + 제라늄 2방울 + 프랑킨센스 1방울

호호바 오일과 로즈힙 오일을 먼저 계량하고 에센셜 오일 차례대로 넣고 섞은 다음
용기에 넣습니다. 스킨케어 마지막 단계에서 바르세요.

◊ 탈모 방지 두피 에센스

동백 오일 10g + 제라늄 2방울 + 로즈메리 1방울 + 바질 1방울

샴푸 전 마른 모발일 때 오일을 덜어서 두피에 바른 다음 약 5~6분 정도
마사지하고 샴푸합니다.

◊ 여성 청결제

베르가모트 50% + 티트리 40% + 제라늄 10%

속옷에 1방울 뿌리면 질염, 기타 염증을 예방할 수 있습니다.
(단, 오일이 건조된 후 착용해주세요)

제라늄 에센셜 오일의 키워드는 균형이며 피부에 자극이 없어서
대부분의 블렌딩에 포함됩니다.

Grapefruit
그레이프프루트

♦ 향수

그레이프프루트 1방울

향수 대용으로 손목 또는 소매에 1~2방울 정도 떨어뜨리면
상쾌한 기분을 느낄 수 있습니다.
민감성 피부는 호호바 오일에 희석해서 사용합니다.

♦ 디톡스 마사지 오일

호호바 오일 50g + 해바라기씨 오일 50g + 그레이프프루트 25방울 + 주니퍼베리 15방울
+ 펜넬 5방울 + 로즈메리 10방울

2가지 오일을 먼저 계량해서 섞고 4가지 에센셜 오일을 차례대로 넣으면서
섞은 다음 용기에 넣습니다. 등, 허벅지, 다리 등에 바르고 마사지해주세요.

♦ 살균 스프레이

정제수 60ml + 에탄올 40ml + 그레이프프루트 10방울 + 레몬 10방울 + 티트리 30방울

에탄올을 먼저 계량하고 3가지 에센셜 오일을 첨가해서 잘 섞어줍니다.
마지막으로 정제수를 넣고 섞은 다음 용기에 넣어주세요.

Jasmine
재스민

🔥 산통 완화

달맞이 오일 10g + 호호바 오일 10g + 라벤더 3방울 + 클라리세이지 1방울 + 재스민 1방울

임산부의 가진통이 시작되면 등과 복부 쪽에 오일을 바르고
부드럽게 마사지합니다.

🔥 향수 블렌딩

에탄올 8g + 정제수 1g + 재스민 3방울 + 로즈 2방울 + 베르가모트 3방울 + 만다린 4방울

에탄올과 에센셜 오일을 먼저 계량해서 섞은 다음 정제수를 넣고
약 2주간 숙성해서 사용합니다. 맥박이 뛰는 곳이나 속옷에 뿌려줍니다.

Lavender
라벤더

🔥 화상, 상처를 입었을 때

라벤더 1~2방울

🔥 숙면을 위할 때

라벤더 1방울

장기간 불면증에 시달릴 때 베개에 라벤더 1방울을 떨구면
신경 안정 및 불면증 해소에 도움이 됩니다.

🔥 페이스 오일

호호바 오일 10g + 라벤더 2방울 + 제라늄 1방울

세안 후 물기가 있는 상태에서 로션처럼 바르세요.

Lemon
레몬

🔥 살균 및 소독 스프레이

정제수 60ml + 에탄올 40ml + 레몬 20방울 + 티트리 30방울 + 라벤더 10방울

에탄올을 먼저 계량한 다음 에센셜 오일 3가지를 넣고 잘 섞어주세요.
마지막으로 정제수를 넣고 섞어 용기에 담고 일주일 정도 숙성해서 사용하면
향이 더 풍부해집니다.

🔥 탈취 및 소독 스프레이

정제수 60ml + 에탄올 40ml + 레몬 20방울 + 사이프러스 15방울 + 티트리 10방울
+ 레몬그라스 5방울

살균 및 소독 스프레이와 만드는 방법이 동일합니다. 오일 띠가 생길 경우
사용 전에 한 번씩 흔들어서 사용하세요. 올리브 리퀴드 3g을 넣으면
오일 띠가 사라지지만 그 대신 약간 혼탁해질 수 있습니다.

🔥 치질 완화 좌욕

샌들우드 2방울 + 레몬 2방울

좌욕 용기에 넣으면 지혈, 살균에 도움이 됩니다.

🔥 프레시 업 퍼퓸

호호바 오일 15g + 레몬 2방울 + 스위트오렌지 2방울 + 시더우드 1방울

롤온 용기에 넣고 손목이나 귓불에 살짝 바르면 2시간 정도
상쾌한 기분을 유지할 수 있습니다.

🔥 림프순환 마사지 오일

호호바 오일 20g + 레몬 3방울 + 로즈메리 2방울 + 그레이프프루트 2방울 + 제라늄 1방울

호호바 오일을 계량하고 에센셜 오일을 차례대로 첨가해서 섞은 다음 용기에
담습니다. 턱 아래, 겨드랑이, 사타구니 등 림프 부분에 바르고 마사지하세요.

🔥 통풍, 진정 오일

호호바 오일 10g + 라벤더 4방울 + 레몬 2방울 + 타임 2방울

롤온 용기에 넣고 필요한 부위에 바르면 됩니다.
리모넨^{Limonene} 성분을 다량으로 함유한 레몬 에센셜 오일은
항진균, 진정 효과와 함께 피넨^{Pinene} 성분의 살균, 방부 등의 효과가 있습니다.

Lemongrass
레몬그라스

🔥 곰팡이 제거

곰팡이가 있는 곳을 깨끗하게 닦은 다음 레몬그라스 에센셜 오일을 뿌려두면
곰팡이가 없어집니다.

🔥 방충 스프레이

정제수 60ml + 에탄올 40ml + 시트로넬라 20방울 + 유칼립투스 20방울 + 레몬그라스 20방울

🔥 탈취

싱크대 또는 변기에 한 방울씩 뿌리면 탈취 효과가 있습니다.

Mandarin
만다린

🜁 배앓이

호호바 오일 20g + 만다린 5방울

아이가 배앓이를 할 때 복부, 척추, 등 부분에 바르고 마사지합니다.

🜁 튼살 방지

살구씨 오일 15g + 윗점 오일 5g + 만다린 3방울 + 네롤리 1방울 + 라벤더 1방울

임신 5개월 이후 배 부분에 바르고 꾸준히 마사지해주면 도움이 됩니다.

🜁 소화 촉진 디퓨저

에탄올 35g + 만다린 10g + 정제수 5g

순서대로 넣어서 잘 섞은 다음 일주일 정도 숙성하고 스틱을 꽂아 발향합니다.

🜁 마사지 오일

살구씨 오일 20g + 만다린 10방울

마사지 오일을 배와 등에 바르고 마사지합니다.
만다린 에센셜 오일은 담즙 분비, 지방 분해를 돕고
울혈된 피부의 순환을 도와 피부 재생에 도움이 됩니다.

Marjoram
마저럼

💧 생리통 완화 오일

달맞이꽃종자 오일 10g + 호호바 오일 10g + 마저럼 2방울 + 라벤더 2방울
+ 클라리세이지 1방울

오일을 바르고 복부와 치골 주변을 마사지합니다.

💧 불면증(신경 불안, 긴장으로 인한) 완화

마저럼 2방울 + 스위트 오렌지 1방울

오일 램프에 2가지 에센셜 오일을 넣고 발향합니다.

💧 동상 완화 오일

카렌듈라 인퓨즈드 오일 10g + 엑스트라버진코코넛 오일 10g + 마저럼 2방울
+ 블랙페퍼 1방울 + 로즈우드 2방울

동상 부위에 바른 다음 마사지합니다.
마저럼 에센셜 오일은 신경계를 진정시키고 여러 가지 통증을 완화하는
효과가 있고, 블랙페퍼 오일은 혈액순환을 촉진합니다.

Myrrh
미르

🔥 초간단 샴푸(트러블 두피용)

샴푸 베이스 190g + D-판테놀 5g + 실크 아미노산 5g + 미르 10방울 + 로즈메리 5방울
+ 라벤더 5방울

순서대로 계량하면서 잘 섞은 다음 샴푸합니다.

🔥 자궁 강화 마사지 오일

호호바 오일 10g + 달맞이 오일 10g + 미르 5방울 + 재스민 1방울

마사지 오일을 바르고 자궁 주변을 부드럽게 마사지합니다.

🔥 호흡기 강화

에탄올 3g + 올리브에스테르 오일 2g + 올리브 리쿼드 3g + 미르 5방울
+ 유칼립투스 10방울 + 티트리 10방울

에탄올에 미르를 충분히 섞은 다음 나머지 재료와 혼합하면 됩니다.
종이컵에 따뜻한 물을 넣고 블렌딩한 오일 1방울을 떨어뜨립니다.
코에 가까이 대고 눈을 감고 호흡합니다.

🔥 오일 풀링(치주 질환 완화)

에탄올 2g + 올리브 오일 10g + 미르 1g

에탄올에 미르를 잘 섞고 올리브 오일과 혼합해 주세요.
따뜻한 물 한 컵에 블렌딩한 오일을 1~2방울씩 떨어뜨려 입안을 헹귀줍니다.
오일을 섭취하지 않도록 주의합니다. 미르 에센셜 오일은 '신의 오일'로 불리며
상처 치유, 구강과 두피 관리, 상처 관리에 많이 활용하고 있습니다.

Neroli
네롤리

🔸 스트레스 완화 스프레이

에탄올 8g + 네롤리 15방울 + 페티그레인 3방울 + 로즈우드 2방울 + 정제수 1g

작은 스프레이 용기에 에탄올, 에센셜 오일을 먼저 계량해서 잘 섞은 다음
정제수를 넣고 2주 동안 숙성합니다. 맥박이 뛰는 곳이나 속옷에 분사하세요.
심한 긴장이나 불안감을 느끼는 면접, 미팅 때 활용하면 효과가 뛰어납니다.

🔸 슬리핑 팩(얼굴이 쉽게 붉어지는 피부)

알로에베라 겔 30g + 네롤리 워터 30g + 나프리 1g + 올리브 리퀴드 1g + 네롤리 5방울
+ 파촐리 1방울

올리브 리퀴드와 에센셜 오일을 먼저 계량해서 섞고 알로에베라 겔을 넣고
혼합합니다. 네롤리 워터를 조금씩 넣어가면서 섞고 나프리를 첨가합니다.
취침 전 얼굴에 바르세요.

🔸 쉽게 놀라는 아이를 위한 아로마 케어

호호바 오일 10g + 네롤리 10방울

자기 전에 거즈나 휴지에 1~2방울 떨어뜨려 코 가까이 가져가 향을 맡도록 합니다.
잠자리 가까이에 두고 자고, 아침에 일어났을 때 다시 반복하면 더 효과적입니다.
네롤리 에센셜 오일은 심혈 관계를 강화하는 오일로
안티에이징과 스킨케어에 효능이 있습니다.

Oregano
오레가노

🜄 **공기정화 디퓨저**

발향 베이스 95ml + 오레가노 20방울 + 레몬 60방울 + 레몬그라스 10방울 + 티트리 10방울

항균, 항바이러스, 항박테리아 효과가 있는 오레가노를
공기 정화, 바이러스 억제용 디퓨저로 만들어 보세요.
발향 베이스는 약국에서 판매하는 소독용 에탄올을 사용하거나,
무수 에탄올을 활용할 경우 정제수를 20~30% 비율로 넣어서 희석합니다.
무수 에탄올에 에센셜 오일을 전부 넣은 다음
마지막에 정제수를 첨가하면 좀 더 잘 섞인답니다.

Palmarosa
팔마로사

🜄 향수

에탄올 10g + 팔마로사 20방울 + 제라늄 10방울 + 로즈 1방울 + 로즈우드 1방울 + 정제수 1g

🜄 해열 시트

에탄올 2g + 팔마로사 3방울 + 페퍼민트 1g + 글리세린 1g + 정제수 20g

에탄올에 먼저 에센셜 오일을 섞고 글리세린, 정제수를 넣어 잘 혼합합니다.

손수건에 용액을 적신 다음 열이 나는 부분에 덮으면 됩니다.

팔마로사 에센셜 오일은 '가난한 자의 제라늄'이란 애칭이 있을 정도로

뛰어난 항진균, 항세균성 효과가 특징입니다.

로즈 향과 비슷해서 향수 블렌딩에도 많이 활용합니다.

Patchouli
파촐리

🜄 안티에이징 모공 케어 연고

호호바 오일 10g + 캐롯시드 오일 10g + 비타민 E 1g + 비즈 왁스 1g + 라벤더 3방울
+ 파촐리 1방울

비즈 왁스가 녹을 때까지 가열한 다음 온도가 60℃ 이하로 내려가면
라벤더, 파촐리를 넣고 잘 섞어준 후 연고 용기에 담아 굳히면 됩니다.

🜄 벌레 퇴치 스프레이

에탄올 80g + 라벤더 7방울 + 제라늄 5방울 + 파촐리 4방울 + 시트로넬라 4방울
+ 정제수 20g

에탄올에 에센셜 오일을 넣고 잘 섞은 다음 정제수를 넣어 혼합합니다.
일주일 정도 숙성하면 더 좋은 향기를 느낄 수 있으며
좀벌레, 나방 등을 쫓는 효과가 있습니다.

🜄 룸 스프레이

에탄올 75g + 레몬 20방울 + 티트리 10방울 + 파촐리 3방울 + 정제수 25g

에탄올에 에센셜 오일을 넣고 잘 섞은 다음 정제수를 넣어 혼합합니다.
일주일 정도 숙성해서 사용하면 좀 더 좋은 향기를 느낄 수 있으며
항균, 항바이러스 효과가 있습니다.
파촐리 에센셜 오일의 포고스톤^{Pogostone} 성분은 살균 효과와 함께
모공을 촘촘하게 하고 재생을 돕는 효과가 있습니다.

Peppermint
페퍼민트

🜃 집중력 강화, 편두통 완화 롤온

올리브 에스테르 오일 9g + 비타민 E 1g + 페퍼민트 2방울 + 로즈메리 2방울

잘 섞어서 롤온 용기에 담고 관자놀이에 바르면 됩니다.

🜃 속이 더부룩하고 메스꺼울 때, 입덧이 심할 때

휴지에 한 방울 떨어뜨려 자연스럽게 발향하거나,
종이컵에 따뜻한 물을 담고 페퍼민트 한 방울을 떨어뜨려도 됩니다.

🜃 버물리 연고

호호바 오일 10g + 코코넛 오일 10g + 살구씨 오일 10g + 비타민 E 1g + 비즈 왁스 7g
+ 페퍼민트 5방울 + 라벤더 8방울 + 티트리 5방울

비커에 에센셜 오일 3가지를 제외한 모든 재료를 계량한 다음
핫 플레이트에서 가열합니다. 비즈 왁스가 다 녹으면 비커를 내린 다음
60℃ 이하로 온도가 내려가면 3가지 에센셜 오일을 넣고 잘 섞어주세요.
스틱 롤온이나 틴 케이스에 담아서 사용하면 됩니다.

🜃 보디 쿨링 비누

비누 베이스 100g + 페퍼민트 10방울 + 멘톨 0.2g + 정제수 1g

정제수에 멘톨을 미리 녹인 다음 비누 베이스를 녹여주세요.
온도가 너무 뜨겁지 않을 때 넣어 잘 섞고 페퍼민트를 넣고 혼합한 다음
몰드에 부어 굳히면 됩니다. 샤워 타월에 묻혀 거품을 충분히 내서 사용합니다.
페퍼민트 에센셜 오일은 쿨링, 수렴, 메스꺼움 진정, 소화 촉진, 타박상, 관절염,
벌레 물린 곳에 바를 수 있습니다.

Petitgrain
페티그레인

🜨 샤워 코롱

정제수 50g + 알로에 워터 30g + 글리세린 3g + 알란토인 0.1g + 에탄올 5g + 네롤리 1방울
+ 페티그레인 2방울 + 로즈우드 1방울

에탄올과 에센셜 오일을 섞은 다음 다른 비커에 나머지를 넣고 혼합합니다.
완전히 혼합되면 2개의 비커를 다시 섞은 다음 스프레이 용기에 담으면 완성됩니다.
이틀 정도 숙성한 다음 사용하면 더 그윽한 향을 느낄 수 있고,
페이스나 보디 미스트로 활용할 수 있습니다.

Pine
파인

🜨 기관지염 완화 마사지 오일

카렌듈라 인퓨즈드 오일 10g + 호호바 오일 10g + 비타민 E 1g + 유칼립투스 2방울
+ 라벤더 2방울 + 파인 1방울

목과 등 부분에 골고루 펴 바른 다음 마사지합니다.

◊ 항균, 탈취 스프레이

에탄올 80g + 파인 10방울 + 레몬 10방울 + 티트리 10방울 + 정제수 20g

에탄올에 에센셜 오일을 넣고 잘 섞은 다음 정제수를 첨가하세요.
일주일 정도 숙성해서 항균, 탈취가 필요한 장소에 2~3회 분사합니다.

◊ 근육 통증 완화 연고

카렌듈라 인퓨즈드 오일 10g + 하이퍼리쿰 오일 10g + 호호바 오일 6g + 비타민 E 1g
+ 비즈 왁스 3g + 로즈메리 10방울 + 파인 3방울 + 클라리세이지 2방울

비커에 에센셜 오일 3가지를 제외한 모든 재료를 계량한 다음
핫 플레이트에서 가열합니다. 비즈 왁스가 다 녹으면 비커를 내린 다음
60℃ 이하로 온도가 내려가면 3가지 에센셜 오일을 넣고 잘 섞어주세요.
스틱 롤온이나 틴 케이스에 담아서 사용하면 됩니다.

◊ 회복기 환자를 위한 디퓨저

에탄올 70g + 레몬 10g + 라벤더 5g + 티트리 5g + 파인 5g + 정제수 5g

순서대로 넣고 잘 섞은 다음 약 2주 정도 숙성한 다음 스틱을 꽂고 발향합니다.

◊ 통풍 완화 마사지 오일

호호바 오일 20g + 파인 2방울 + 주니퍼베리 2방울 + 레몬 2방울

재료를 차례대로 계량해서 잘 섞은 다음 용기에 담고,
통증을 느끼는 곳에 바르고 마사지합니다.

Rose
로즈

🔥 디스트레스 퍼퓸

로즈 5방울 + 로즈우드 1방울 + 에탄올 1g

아로마 목걸이에 차례대로 넣고 코르크 마개를 닫은 다음 하루 정도 숙성해서 사용합니다.

🔥 아이 크림

로즈힙 오일 3g + 살구씨 오일 3g + 호호바 오일 3g + 비타민 E 0.5g +

로즈오토 워터 33g + EGF 2g + FGF 2g + 아데노신 1g + 히알루론산 2g + RMA 1방울

+ 알로에베라 겔 3g + 나프리 0.5g + 로즈오토 3방울 + 프랑킨센스 1방울

알로에베라 겔, 로즈오토 워터, EGF, FGF, 아데노신, 히알루론산, RMA, 나프리를 먼저 섞은 다음 로즈힙 오일, 살구씨 오일, 호호바 오일을 넣고 혼합한 다음 에센셜 오일을 넣으세요.

🔥 폐경기 여성을 위한 마사지 오일

달맞이꽃종자 오일 10g + 로즈힙 오일 10g + 호호바 오일 9g + 비타민 E 1g

+ 로즈앱솔루트 2방울 + 클라리세이지 1방울 + 사이프러스 1방울 + 펜넬 1방울

취침 전 복부와 등에 바르고 마사지합니다.
2~3회 정도 나눠서 사용할 수 있는 양입니다.

Rosemary
로즈메리

헤어 에센스

아르간 오일 18g + 코코넛 오일 10g + 비타민 E 2g + 로즈메리(버베논) 5방울 + 네롤리 1방울

샴푸 후 건조시킨 머리카락에 바르세요. 두피에 직접 닿지 않게 주의합니다.

강장 오일

살구씨 오일 20g + 비타민 E 1g + 로즈메리(버베논) 3방울 + 제라늄 2방울 + 펜넬 1방울

블렌딩한 오일을 등 부분에 넓게 바르고 마사지합니다.

두통 완화

알로에베라 겔 1g + 올리브 리퀴드 3방울 + 로즈메리 1방울 + 페퍼민트 1방울 + 라벤더 1방울
+ 라벤더 워터 8g

알로에베라 겔, 올리브 리퀴드, 로즈메리, 페퍼민트, 라벤더를 넣고 잘 섞은 다음
라벤더 워터를 조금씩 넣으면서 유액 타입으로 만들어 롤온 용기에 넣습니다.
두통이 있을 때 관자놀이에 굴려서 바르면 됩니다.

Sandalwood
샌들우드

🔥 스트레스 완화 마사지 오일

호호바 오일 20g + 샌들우드 8방울

블렌딩 오일을 등 부분에 넓게 바른 다음 마사지합니다.

🔥 비염, 기관지염 예방 디퓨저

에탄올 60g + 티트리 10g + 유칼립투스 10g + 샌들우드 10g + 정제수 10g

에탄올, 에센셜 오일을 먼저 섞은 다음 정제수를 넣은 다음 2주 이상 숙성하세요.
숙성을 거쳐 향이 희석되면 발향력이 증가하기 때문입니다.
샌들우드 에센셜 오일은 만성적 기침, 기관지염에 효과적이라
호흡기계 질환에 가장 좋은 오일로 평가받습니다.

🔥 지성, 여드름 피부용 스폿

어성초 추출물 1g + 감초 추출물 1g + 티트리 워터 8g + 올리브 리퀴드 2방울 + 나프리 0.1g
+ 샌들우드 2방울 + 티트리 2방울

에센셜 오일과 올리브 리퀴드를 넣고 잘 섞은 다음 나머지 재료를 혼합해서
롤온 용기에 담으면 됩니다. 트러블이 있는 곳에 수시로 바르세요.

Sweet Orange
스위트오렌지

멀미 완화

스위트오렌지 1~2방울

옷 끝자락, 스카프, 양말, 신발에 1~2방울 정도 떨어뜨립니다.

스크럽 입욕제

솔트 50g + 스위트오렌지 3방울 + 레몬 2방울 + 티트리 2방울

목욕할 때 욕조에 풀어서 사용하면 피부를 매끄럽게 해주는 효과가 있습니다.

셀룰라이트 제거 오일

살구씨 오일 10g + 호호바 오일 10g + 스위트오렌지 5방울 + 그레이프프루트 2방울

셀룰라이트가 심한 부위에 바르고 마사지합니다.

디스트레스 스폿

호호바 오일 10g + 스위트오렌지 10방울 + 네롤리 5방울

롤온 용기에 담아서 향수 대용으로 맥박이 뛰는 곳에 바르세요.
스위트오렌지 에센셜 오일은 신경계를 부드럽게 진정하는 효과가 있고,
특히 에센셜 오일을 처음 접하거나 아이들에게 사용하기 좋습니다.

Tea Tree
티트리

🔥 여드름, 뽀루지가 났을 때

티트리 1방울

면봉에 티트리 1방울을 묻힌 다음 여드름이나 뽀루지가 난 곳에
살짝 찍듯이 바릅니다.
티트리 에센셜 오일은 피부에 직접 닿아도 부작용이 거의 없을 만큼 안전합니다.
살균, 소독 효과가 뛰어나기 때문에 가정 상비약으로 사용하세요.

🔥 모기 물린 데

티트리 1방울

면봉에 티트리 1방울을 묻힌 다음 모기 물린 곳에 살짝 찍듯이 바릅니다.

🔥 무좀 예방

티트리 1방울

신발에 티트리 1방울을 떨어뜨려 주세요.

🔥 질염 예방

티트리 1방울 + 라벤더 1방울

팬티에 1방울을 떨어뜨리면 됩니다.

🔥 항균 스프레이(침구류, 욕실)

정제수 60ml + 에탄올 40ml + 티트리 20방울 + 라벤더 20방울 + 스위트 오렌지 20방울

⚬ 곰팡이 제거 스프레이

정제수 60ml + 에탄올 40ml + 티트리 20방울 + 레몬그라스 50방울

⚬ 탈취 스프레이

정제수 60ml + 에탄올 40ml + 티트리 20방울 + 라벤더 20방울 + 레몬 20방울

Wintergreen
윈터그린

⚬ 통증 완화 오일

오일 베이스 or 겔 베이스50g + 윈터그린 10방울 + 로즈메리캠퍼 5방울
+ 라벤더스파이크 5방울

윈터그린은 진통, 항염증, 항류마티스에 효과적이지만
특유의 파스 향기와 피부자극 때문에 피부에 넓게 바르는 것은 추천하지 않아요.
그대신 국소적인 부위의 통증을 완화하는 효과가 매우 뛰어납니다.
건조한 피부는 오일 타입, 지성 피부는 겔 타입에 희석하면 사용감이 더 좋습니다.
완성된 제품은 5회 이상으로 나눠서 소량으로 사용하세요.

Ylang Ylang
일랑일랑

💧 **달콤한 밤을 위한 목욕 오일**

일랑일랑 1~3방울

욕조에 따뜻한 물을 채우고 1~3방울 정도 넣으면 됩니다.

💧 **신경통 완화 오일**

호호바 오일 30g + 일랑일랑 2방울 + 제라늄 1방울 + 라벤더 4방울 + 네롤리 3방울

재미로 알아보는

아로마테라피와

MBTi

MBTi^{Myers-Briggs Type Indicator}는
현재 널리 쓰이고 있는 성격 유형 검사의 하나입니다.
정신분석학자인 칼 융^{Carl G. Jung}의
'심리학적 유형^{psychological types}' 이론에 근거해
마이어스와 브릭스에 의해 개발되었습니다.
과학적으로 검증된 검사는 아니지만
최근 MBTI의 16가지 성격 유형을 통해
자기 자신에 대해 더 이해하고,
타인과의 차이점을 인정하는데 도움을 받는 등
여러모로 재미있게 활용되고 있습니다.

에센셜 오일과 MBTI

에센셜 오일은 추출 부위, 노트(향 강도), 성분 비율, 효능효과로 분류하는데, 향을 지각하는 정도는 개인의 성향과 취향에 따라 다릅니다. 예를 들어 라벤더 에센셜 오일은 잎, 줄기, 꽃을 모두 활용해서 추출하는데, 허브나 꽃의 향이라고 생각하거나 잎을 쪄낸 한약재 향과 비슷하다고 느끼는 사람도 있습니다. 하지만 에센셜 오일이 가지고 있는 화학적 성분 때문에 공통적으로 안정감, 진정, 조화를 느끼게 합니다.

예를 들어, 라벤더 에센셜 오일이 가지고 있는 효능효과를 MBTI와 연관해서 생각하면 유형과 일치하는 부분이 많습니다. 배려심 넘치고 인기가 많은 마당발 스타일이고, 사교성이 뛰어나며 관계에 있어 조화를 중요시하는 ESFJ의 특성과 비슷하다고 할 수 있습니다. 또한, 리프레시의 대표적 오일인 페퍼민트는 두뇌를 강장하고 기억력을 상승시키는 효과가 있습니다. 그런 면에서 상상력이 풍부하고 지도자의 성향을 가진 ENTJ의 특성과 일치하는 부분이 많습니다.

다음에 나올 내용들은 이 책에서 다루는 38가지의 에센셜 오일이 가진 특성과 MBTI의 유형을 고려하고 조합한 것입니다. 재미있고 유용하게 쓸 수 있는 활용법입니다.

E	I	S	N	T	F	J	P
외향형	내향형	감각적	직관적	사고적	감정적	판단형	인식형

통솔자

활기차고 열정적이며 자신감이 넘친다.
호기심이 많아 지적 도전을 즐긴다.

레몬 E.O. 윈터그린 E.O.

상큼하고 달콤한 향을 가진 시트러스계의 대표 에센셜 오일인
레몬, 윈터그린은 대체로 활기차고 열정적이고
자신감이 넘치는 사람들이 선호합니다.
그리고 리프레쉬를 위해 반대적인 성향을 가진 사람들에게 추천하기도 합니다.

변론가

상상력이 풍부하고 의지가 강하다.
냉담함을 유지하는 지도자 유형.

바질 E.O. 페퍼민트 E.O. 오레가노 E.O.

바질, 페퍼민트, 오레가노 에센셜 오일은
생각을 맑게 하고 두뇌 활동을 활발하게 해주는 오일입니다.
그래서 강한 의지, 냉담한 판단력이 필요한 지도자와 어울립니다.

선도자

의사소통에 능하며 카리스마 넘치는 지도자.

§

제라늄 E.O.

카리스마 넘치는 지도자에게 알맞은 시트로넬라와 제라늄은
강렬한 허브 향을 가진 에센셜 오일로
어떤 오일과 블렌딩 해도 조화를 잃지 않는 힘을 가지고 있습니다.

활동가

낙관적, 열정적, 창의적, 사교적이며
자유로운 영혼으로 편안함과 안정감을 유지한다.

§

베르가모트 E.O. 만다린 E.O. 네롤리 E.O. 로즈 E.O. 스위트오렌지 E.O.

시트러스 계열 에센셜 오일 중 상큼함보다는 달콤함이 강조되는
스위트오렌지, 만다린, 베르가모트
그리고 깊고 우아한 꽃향을 자랑하는 로즈와 네롤리가 여기에 속합니다.
낙관적, 편안함, 안정감을 대표하는 에센셜 오일의 집합입니다.
부정적이고 조급해하는 성격을 진정시키는데 매우 효과적입니다.

경영자

사물과 사람을 관리하는 능력을 지녔으며 논리적인 사고를 한다.

🔥

시나몬 E.O. 레몬그라스 E.O.

레몬그라스, 시나몬 에센셜 오일이 속하는데,
사람이나 사물을 관리하고 관찰하는 능력이 뛰어난 사람들과 어울리는 향입니다.
사무실, 회의실에 발향하면 도움이 될 수 있습니다.

집정관

배려심 넘치고 인기가 많은 마당발,
사교성이 뛰어나며 관계에 있어 조화를 중시한다.

🔥

시트로넬라 E.O. 라벤더 E.O. 팔마로사 E.O.

배려심과 사교성이 뛰어나고 관계에 있어 조화를 가장 중시하는 사람들에게
어울리는 향입니다. 자기를 어필하고 내세우기보다는 상대를 존중하고
모두가 어우러질 수 있도록 하는 조력자 역할을 많이 합니다.
그러나 에너지를 너무 소진할 수 있기 때문에
에센셜 오일을 활용하면 에너지를 보충할 수 있습니다.

사업가

사교적이며 호기심이 많다.
영리하고 관찰력이 뛰어나며 에너지가 넘친다. 위험을 감수하는 유형이다.

◊

펜넬 E.O. 그레이프프루트 E.O. 로즈메리 E.O.

다방면으로 활동적인 성향으로 집중력과 머리를 맑게 하는
펜넬과 로즈메리 에센셜 오일이 여기에 해당합니다.

연예인

즉흥적이고 넘치는 에너지와 열정으로
주변 사람을 즐겁게 한다.

◊

재스민 E.O. 일랑일랑 E.O.

사람을 매료시키는 매력적인 향을 가지고 있는 일랑일랑, 재스민 에센셜 오일과
끼가 넘치고 에너지와 열정이 가득해
주변 사람들을 즐겁게 하는 매력을 지닌 ESFP 성향은 서로 잘 어울립니다.

옹호자

차분하며 신비한 분위기를 자아내는 이상주의자.

◊

미르 E.O.

차분하고 고요한 성향의 사람과 잘 맞는 미르 에센셜 오일은
치유, 명상과 어울리는 오일입니다. 예로부터 상처 치유뿐 아니라
마음의 불안함을 달래주는 오일로 많이 활용되었습니다.

중재자

선을 행할 준비가 되어 있는, 부드럽고 친절한 이타주의자.

◊

캐모마일 로만 E.O. 클라리세이지 E.O. 페티그레인 E.O.
샌들우드 E.O. 에버래스팅 E.O.

선한 영향력을 가진 친절하고 이타주의 성향의 사람들로
페티그레인, 클라리세이지, 캐모마일 로만, 에버래스팅, 샌들우드 에센셜 오일이
비슷한 성향을 가지고 있습니다. 노트와 효능효과는 다르지만
향을 맡았을 때 '따뜻하다'는 느낌을 주기 때문입니다.
특히 캐모마일 로만은 INFP를 대표하는 향이라고 말하고 싶습니다.

현실주의자

어떤 경우에도 믿음직한 사람.

🔥

블랙페퍼 E.O. 유칼립투스 E.O.

유칼립투스와 블렉페퍼 에센셜 오일은
향 자체에 힘이 있고 시원한 느낌을 가지고 있습니다.
방향성을 잃었거나 중요한 결정의 순간에 발향하면 도움이 되는
믿음직스러운 향이라 할 수 있습니다.

수호자

누구에게나 헌신적이고 따뜻한 성향을 가진 수호자.

🔥

캐모마일 저먼 E.O.

캐모마일 저먼은 강렬함과 스윗한 느낌을 함께 가지고 있는 허브 향으로
진한 녹색의 색감도 따뜻함을 느끼게 합니다.
몸의 염증과 통증완화에 도움을 주고 마음의 안정을 찾아주는 오일로
헌신적이고 따뜻한 수호자라는 ISFJ의 별칭과 잘 어울립니다.

장인

대담하면서 현실적인 성격이며
무엇이든 자유자재로 잘 다루는 재주꾼.

◊

파촐리 E.O.

대담하고 현실적인 성향인 ISTP 타입에게
파촐리 에센셜 오일은 도움을 줄 수 있습니다.
지나치게 많은 생각과 걱정으로 피로를 느낄 때
대담하게 떨쳐낼 수 있는 용기를 주고 현실을 직시할 수 있도록 합니다.

예술가

항상 새로운 경험을 추구하며
유연하면서 매력 넘치는 예술가 타입.

◊

마저럼 E.O., 앤젤리카 E.O.

앤젤리카는 피로와 스트레스 해소에 도움을 주며
마저럼은 뛰어난 릴렉스 효과를 가지고 있습니다.
항상 새로움을 추구하는 매력 넘치는 예술가 성향을 지닌 사람들의
지친 에너지를 회복하고 편안함을 주는데 도움이 됩니다.

전략가

시간관념이 뛰어나 정확하고 세심하며
모든 일에 계획을 세우고 상상력이 풍부하다.

시더우드 E.O. 프랑킨센스 E.O. 파인 E.O.

정확하고 섬세하게 모든 일에 계획을 세우는 전략가 타입.
파인, 프랑킨센스, 시더우드 에센셜 오일은 상쾌하고 신선하면서도
우드 계열의 특징인 묵직함을 함께 지니고 있습니다.
항상 머리를 맑게 하고 정신을 올바르게 가다듬는 것이 중요한 전략가에게
꼭 필요한 에센셜 오일입니다.

논리술사

지식을 갈망하며 논리적이면서도
마술사와 같은 창의력을 발휘하는 타입.

티트리 E.O.

항균, 항바이러스, 살균하면 제일 먼저 떠오르는 티트리 에센셜 오일은
끝없이 지식을 갈망하는 혁신적인 발명가 성향에게 잘 어울립니다.
티트리의 깔끔한 향미와 항균, 항바이러스를 통한 깨끗한 이미지와 부합됩니다.

에센셜 오일 노트(note)별 MBTI 매칭

16개의 MBTI에 적용할 수 있는 각 노트별 에센셜 오일

MBTI	E.O.				
	TOP	T/M	MIDDLE	M/B	BASE
ENTJ	바질		페퍼민트 오레가노		
ENFP	스위트오렌지	베르가모트 만다린 네롤리			로즈
ENTP	레몬 그레이프프루트		윈터그린		
ENFJ	시트로넬라		제라늄		
ESFJ		팔마로사	라벤더		
ESTJ		레몬그라스			시나몬
ESTP			로즈메리 펜넬		
ESFP				일랑일랑	재스민
INTJ	파인		사이프러스		프랑킨센스 시더우드
INFJ					미르
INFP	페티그레인	클라리세이지	캐모마일 로만	에버래스팅	샌들우드
ISFP				마저럼	앤젤리카
ISTJ	유칼립투스	블랙페퍼			
ISFJ			캐모마일 저먼		
ISTP				파촐리	
INTP	티트리				

이 책에서 소개하고 있는 주요한 38가지 에센셜 오일과
MBTI에서 사용하는 8개의 알파벳이 상징하는 성향과의 매칭표.

	E.O.	E 외향형	I 내향형	S 감각적	N 직관적	T 사고적	F 감정적	J 판단형	P 인식형	MBTI
1	앤젤리카		●	●			●		●	ISFP
2	바질	●			●	●		●		ENTJ
3	베르가모트	●			●		●		●	ENFP
4	블랙페퍼		●	●		●		●		ISTJ
5	시더우드		●		●	●		●		INTJ
6	캐모마일 저먼		●	●			●	●		ISFJ
7	캐모마일 로만		●		●		●		●	INFP
8	시나몬	●		●		●		●		ESTJ
9	시트로넬라	●			●		●	●		ENFJ
10	클라리세이지		●		●		●		●	INFP
11	사이프러스		●		●	●		●		INTJ
12	에버래스팅		●		●		●		●	INFP
13	유칼립투스		●	●		●		●		ISTJ
14	펜넬	●		●		●			●	ESTP
15	프랑킨센스		●		●	●		●		INTJ
16	그레이프프루트	●			●	●			●	ENTP
17	제라늄	●			●		●	●		ENFJ
18	재스민	●		●			●		●	ESFP
19	라벤더	●		●			●	●		ESFJ

	E.O.	E 외향형	I 내향형	S 감각적	N 직관적	T 사고적	F 감정적	J 판단형	P 인식형	MBTI
20	레몬	●			●	●		●		ENTJ
21	레몬그라스	●		●		●		●		ESTJ
22	만다린	●			●		●		●	ENFP
23	마저럼		●	●			●		●	ISFP
24	미르		●		●		●		●	INFP
25	네롤리	●			●		●		●	ENFP
26	오레가노	●			●	●		●		ENTJ
27	팔마로사	●		●			●	●		ESFJ
28	파촐리		●	●		●			●	ISTP
29	페퍼민트	●			●	●		●		ENTJ
30	페티그레인		●		●		●		●	INFP
31	파인		●		●		●		●	INTJ
32	로즈	●			●		●		●	ENFP
33	로즈메리	●		●		●			●	ESTP
34	샌들우드		●		●		●		●	INFP
35	스위트오렌지	●			●		●		●	ENFP
36	티트리		●		●	●			●	INTP
37	윈터그린	●			●	●			●	ENTP
38	일랑일랑	●		●			●		●	ESFP

참고
문헌

『아로마 에센셜 오일 백과사전』 줄리아 로리스, 현문사, 2002

『살바토레의 아로마테라피 완벽가이드』 Salvatore Battaglia, 현문사, 2008

『아로마테라피 마사지』 린 골드버그, 영문출판사, 2007

『임상 아로마요법, Jane Buckle, 정문각, 2005

『허브 대사전』 최영전, 예가 출판사, 2008

『허브, 프랭크』 J. 립, 창해, 2004

『식물이야기 사전』 찰스 스키너, 목수책방, 2015

『녹색 의학 이야기 허브의 비밀』 아이즌 심, 한국다이너퓨처, 2015

『아로마테라피: 에센셜 오일』 사공정규, 김양희, 미진사, 2009

『마음을 치유하는 아로마테라피』 가브리엘 모제이, 군자출판사, 2006

『아로마 에센셜오일 12개월 핸드북』 사사키 가오루, 삼호미디어, 2003

『성서의 식물』 최영전, 아카데미서적, 1996

『마이너리티 세계사』 츠루오카 사토시, 어젠다, 2014

『지상의 향수 천상의 향기』 셀리아 리틀턴, 뮤진트리, 2009

『산드로 보티첼리』 바르바라 다임링, 마로니에북스, 2005

『병을 치료하는 건강 자연식』 앤 매킨타이어, 아카데미북, 2004

『감귤 이야기』 피에르 라즐로, 시공사, 2010

『내 몸을 살리는 치유 식물 메디컬 허브 백과』 레베카 L. 존슨 외, 스타일조선, 2015

『약으로 쓰는 나무』『한 권으로 읽는 동의보감』, 도서출판 들녘, 2012

『꽃으로 보는 한국문화』 이상희, 넥서스, 2004

『한약재감별도감』 아카데미서적, 2014

『향기로운 삶을 연출하는 허브&아로마 라이프』 대원사, 2002

Zimmermann, Eliane (1998): Aromatheraphie fr Pflege- und Heilberufe: ein Kursbuch zur Aromapraxis. Stuttgart.

Essential Oils in Nepal & Their Uses in Aromatherapy: Jagannath Koirala, General Manager, Herbs Production and Processing Company Limited(HPPCL)

『화장품 산업에 이용되고 있는 천연 에센셜 오일의 주요 구성 물질 분석과 생리·항균 효과에 관한 연구』 대구한의대대학교 한방산업대학원, 2012, 신유현

『여드름균에 대한 에센셜 오일의 항균 효과』 경기대학교 대체의학대학원, 2010, 김미선

『레몬과 유칼립투스 에센셜 오일의 항산화 및 항균 효과』 건국대학교 대학원, 2011, 김지혜

아로마 에센셜오일의 이용 현황 및 선호도에 관한 연구』 성신여자대학교 문화산업대학원, 2012, 박정민

『에센셜 오일의 활용 형태와 시행 효과에 관한 연구』 숙명여자대학교 원격대학원, 2011, 정은정

『유칼립투스 오일의 항산화 작용이 혈액순환에 미치는 영향』 대전대학교 스포츠대학원, 2009, 김유경

『유칼립투스 아로마 요법이 폐활량 증진에 미치는 효과』 영산대학교 미용예술대학원, 2010, 이정순

『VDT 증후군의 견관절 기능 장애에 대한 아로마 오일과 운동요법의 병용 효과 비교』 포천중문 대체의학대학원, 2004, 박지선

『클라리세이지 및 라벤더 에센셜 오일 향 흡입이 여성 요실금 환자의 요역동학검사 시 스트레스에 미치는 효과』 고려대학교 교육대학원, 2012, 이윤희

『라벤더 에센셜오일 향기 흡입법이 통증 및 불안에 미치는 효과』 중앙대학교 사회개발대학원, 2004, 정화영

『여고생의 라벤더 에센셜 오일을 이용한 금연 프로그램 효과』 성신여자대학교 문화산업대학원, 2011, 이연호

『라벤더 에센셜 오일을 이용한 청소년 여드름 개선 효과』 조선대학교 산업대학원, 2008, 류영심

『에센셜 오일의 여드름 피부 개선 효과』 중앙대학교 의약식품대학원, 2005, 문수진

『아로마 에센셜 오일이 근골격계의 급성 염좌 및 좌상의 동통 및 종창에 미치는 효과』
포천중문 대체의학대학원, 2003, 이향애

『스트레스에 대응하는 페퍼민트 오일의 효과에 관한 연구』 대전대학교 보건스포츠대학원,
2008, 이상덕

『페퍼민트와 그레이프프루트 아로마 오일을 이용한 구강 가글링이 수술 환자의 오심에
미치는 효과』, 중앙대학교 대학원 간호학과, 2010, 한송희

『페퍼민트 오일 귀 마사지가 정신과 병동 간호사의 스트레스, 우울, 불안에 미치는 효과』
한양대학교 임상간호정보대학원, 2015, 이현준

『제라늄 및 팔마로사 에센셜오일의 항산화 및 항균 효과 연구』 건국대학교 산업대학원,
2010, 이은진

『아로마테라피를 적용한 여드름 치료 방법에 관한 고찰』 동국대학교 문화예술대학원, 2016,
박명자

『UVB로 손상된 피부의 네롤리 오일 유효성』 계명대학교 대학원 공중보건학과, 2009, 최소영

『천연 아로마 모기 기피제(시트로넬라와 시트로넬롤)의 기피력 효과 측정』
한국산학기술학회 춘계 학술발표논문집, 2005, 정은숙, 윤화경

『프랑킨센스 오일의 피부 노화 억제 효과』 계명대학교 대학원 공중보건학과, 2008,
최의숙, 권미화, 김영철

『알레르기 천식 모델 생쥐에서 프랑킨센스 에센셜 오일의 염증 억제 효과』
건국대학교 대학원 생물공학과 외, 2011, 이혜연, 윤미영, 강상모

『집먼지 진드기에 대한 허브 에센셜 오일(라벤더, 티트리)의 기피 효과』
충북대학교 수의과대학 및 동물의학연구소, 2008, 이선재, 지차호

『라벤더, 레몬, 유칼립투스 혼합 에센셜 오일이 아토피피부염 동물 모델의 Th2 관련 인자에
미치는 영향』 대한약침학회, 2010, 김현아, 윤미영, 송향희, 정광조, 유화승

『비듬 증상 완화를 위한 에센셜 오일의 유효성 연구- 티트리 오일을 중심으로』
한국패션뷰티학회, 2005, 박은하

『너트매그, 펜넬 및 마조람을 이용한 향기 요법이 월경통 및 월경곤란증에 미치는 영향』
한국미용학회, 2013, 천지아, 임미혜

『음성신호 분석을 적용한 펜넬 아로마테라피 요법과 신장 기능과의 상관성 분석』
한국통신학회, 2013, 김봉현, 황현주, 가민경, 조동욱

『스위트오렌지 에센셜 오일의 향기 흡입법에 의한 스트레스 감소 효과』한국미용학회, 2007, 안경민

『페퍼민트 오일의 모발 성장 및 항비듬 효과』한국미용학회, 2007, 오지영, 김영철

『로즈마리와 레몬 오일을 배합한 정맥 순환 마사지가 냉증인 여성에게 미치는 효과 연구』한국피부미용향장학회, 2012, 오웅영, 장문정

『미르 오일의 RAW264.7 세포에서 항염증 효과』한국미용학회, 2010, 정숙희, 박정숙

『자스민 오일에 의한 중년 여성의 타액 코티졸 조절에 대한 연구』건국대학교, 2009, 김수미

『로즈와 클라리세이지 에센셜 오일을 이용한 전신 마사지가 중년 여성의 스트레스, 우울 척도 및 갱년기 증상 완화에 미치는 영향』여성건강간호학회, 2010, 김성자, 한채정

『마조람 에센셜 향기 요법이 수면 장애 성인 여자의 뇌파에 미치는 영향』한국생명과학회, 2013, 정한나, 최현주

『에센셜 오일의 두피 미생물 생장 저해 효과- 클라리세이지, 유칼립투스, 사이프러스, 제라늄, 레몬그라스 중심으로』한국미용학회, 2012, 주명원, 김주연

『OVA로 유도된 천식 생쥐 모델에서 레몬 오일의 항천식 및 항염증 효과』한국디지털정책학회, 2014, 최국기, 정규진

『로즈 오일을 이용한 복부 마사지가 중년 여성의 릴랙싱 및 뇌파에 미치는 효과』경기대학교 대체의학대학원, 2006, 최수기

『로즈마리 아로마 오일이 초등학생들의 주의 집중력에 미치는 영향』경기대학교 대체의학대학원, 2009, 백성미

『스위트오렌지 에센셜 오일을 이용한 향기 흡입법이 중년 여성의 스트레스 감소에 미치는 효과』중앙대학교 사회개발대학원 보건학과, 2004 정미원

『주방 세제로 유발시킨 흰 쥐의 건성 피부에 미치는 팔마로사, 네롤리, 재스민 에센셜 오일의 유효성 연구』대구가톨릭대학교 보건과학대학원, 2006, 정현미

『로즈마리 에센셜 오일을 이용한 아로마 요법이 항산화 능력 활성과 면역 증진에 미치는 영향』성신여자대학교 문화산업대학원, 2010, 전순영

『바질 에센셜 오일 향 흡입이 만성 요통 환자에서 척추 수술 전 통증 및 불안에 미치는 효과』고려대학교 교육대학원, 2012, 정금미

『바질의 항산화 물질 측정과 항산화성 식품 개발에 관한 연구』위덕대학교 대학원, 2008, 박명희

『레몬 에센셜 오일이 고콜레스테롤 혈증 유발 토끼의 지질 개선에 미치는 효과』
부산대학교 대학원, 2006, 이현주

『베르가못 에센셜 오일을 이용한 향기 흡입법이 중년 여성의 스트레스 증상에 미치는
효과』중앙대학교 사회개발대학원, 2002, 차성환

『버가못 에센셜 오일 향 흡입이 요추척추관협착증 환자의 수술 후 만성 통증에 미치는 효
과』고려대학교 교육대학원, 2011, 정명희

『항스트레스 기능 강화를 위한 버가못 향유 흡입이 뇌파 변화에 미치는 영향』
경기대학교 대체의학대학원, 2010, 전광식

『샌달우드와 로즈 앱솔루트 에센셜 오일이 각질형성세포의 분화와 모발 성장에 미치는
영향』서경대학교 대학원, 2009, 이종순

『샌달우드 오일이 20~30대 여성의 타액코티졸 조절에 미치는 영향』한성대학교 예술대학원,
2009, 이혜승

『저먼 카모마일, 라벤더, 샌달우드 혼합오일의 아토피 동물 모델 NC/Nga mice에 대한
피부염 치료 효과』대전대학교 대학원, 2009, 신길란

『몰약, 라타니아, 카모밀레 등의 구강 내 병원균에 대한 항균 작용』
경희대학교 대학원 치의학과, 2013, 백한승

『불가리아 로즈 오또 에센셜 오일이 피부 주름에 미치는 효과』중앙대학교 의약식품대학원,
2010, 최민희

『로즈 아로마 흡입법이 혈행 개선에 미치는 영향』대전대학교 보건스포츠대학원, 2009,
이예담

『로즈 에센셜오일이 폐경기 여성호르몬에 미치는 영향』중앙대학교 의약식품대학원, 2007,
김순나

『로즈 오일 흡입이 좌 우 뇌균형과 자율신경계 조절에 미치는 영향』경기대학교 대체의학대
학원, 2006, 황유정

『식물정유 성분의 시설재배지 당근뿌리혹선충에 대한 살선충 효과』경상대학교 대학원,
2012, 정관주

『골프장에서 지렁이의 발생과 식물체 추출물이 지렁이에 미치는 영향』한국잔디학회, 2010,
이동운 외

2024 개정판에 추가된 참고 문헌

『바질 오일의 손상모발 개선효과에 관한 연구』한국응용과학기술학회, 2022, 김주섭

『백서에서 바질 에센셜 오일의 향통각 효과』대한통증학회, 2009, 민선식 외

『버가못 향을 흡입한 젊은 여성들의 감성 및 뇌파 반응』한국냄새환경학회, 2020, 정소명 외

『세포독성과 형태학적 변화 관찰을 통한 5종 에센셜 오일의 안정성 검색』한국미용학회, 2008, 윤영한 외

『아로마 에센셜 오일이 첨가된 반신욕의 순환자극 효과』한국인체미용예술학회, 2013, 정정임 외

『향기요법에 사용하는 캐리어 오일과 에센셜 오일의 세포에 대한 독성』한국생활과학회, 2008, 유병수 외

『아로마 블렌딩 오일 흡입이 B.Q에 미치는 효과』한국산학기술학회, 2020, 김도현

『족욕이 수험생의 스트레스 및 피로에 미치는 효과- 아로마 오일과 발효추출물의 비교연구』한국산학기술학회, 2010, 오희선 외

『저먼캐모마일 추출물이 Xanthine Oxidase/ Hypoxanthine으로 손상된 배양 인체피부 흑색종세포의 세포부착율 및 멜라닌 합성에 미치는 영향』인간식물환경학회, 2011, 진은영 외

『국화과 식물 16종 지상부 추출물의 항산화효과 탐색』한국화훼학회, 2009, 우정향 외

『오렌지, 라벤더와 카모마일 로만 아로마 향기흡입법이 교대근무 간호사의 수면의 질과 피로에 미치는 효과』중앙대학교 대학원, 2015, 민경민

『시나몬 에센셜오일의 구강 바이오필름 성숙 억제효과』가천대학교, 2020, 정여진

『4종 에센셜오일의 항균성 및 살균력』대전대학교 일반대학원, 2021, 민혜진

『3종의 에센셜오일의 안정성, 유효성 비교 및 화장품 응용에 관한 연구』목원대학교 대학원, 2020, 이주희

『수면유도를 위한 라벤더와 클라리세이지 에센셜오일 흡입이 중년여성의 뇌파변화에 미치는 영향』한국웰니스학회, 2021, 이채영 외

『클라리세이지 및 리나릴 아세테이트 향흡입이 항암치료 전 환자의 불안 및 스트레스 수준에 미치는 영향, 고려대학교 교육대학원, 2021, 김문숙

『자발성 뇌출혈 환자에서 클라리 세이지 오일 향흡입이 인지기능 및 혈압에 미치는 효과』고려대학교 교육대학원, 2018, 김미란

『DNCB로 아토피피부염을 유발한 NC/Nga mice에서 사이프러스 에센셜 오일의 효능에 관한 연구』대한본초학회, 2017, 박찬익

『사이프러스 정유 흡입이 취업준비 대학생의 스트레스 지수에 미치는 영향에 관한 연구』 한국니트디자인학회, 2018, 이선미

『마우스 모델을 이용한 사이프러스 오일의 알러지성 천식 억제 효과』한국디지털정책학회, 2015, 승윤철 외

『유칼립투스 향이 알코올중독 회복환자의 스트레스 완화에 미치는 영향』충남대학교 대학원, 2020, 김외숙

『유칼립투스 향이 스트레스 완화와 구취 및 비취에 미치는 영향』단국대학교 대학원, 2017, 김진영

『혈액투석을 받는 만성신부전 환자에서 펜넬이 혈청 아질산염 농도 및 혈당에 미치는 효과』 고려대학교 대학원, 2018, 이수연

『유향(frankincense)의 결핵균 저해 및 대식세포를 통한 면역반응 연구』경남대학교, 2020, 손은순

『향기요법에 적용되는 Frankincense, Fennel, Thyme, Sandalwood Essential oil의 세포 독성에 관한 연구』한국니트디자인학회, 2019, 이선미

『화장품 방부제로서 Grapefruit Seed Extract의 효과』한국피부과학연구원, 2010, 최은영 외

『두피모발화장품에 함유된 라벤더, 제라늄 향이 뇌파에 미치는 영향』 국제차세대융합기술학회, 2022, 표연수 외

『제라늄Geranium Essential oil이 B16F10 Melanoma cell에서 melanin 합성에 미치는 영향』한국화장품미용학회, 2018, 이선미

『제라늄 에센셜 오일이 후각자극을 통해 식이섭취의 조절에 미치는 효과』 대한이비인후과학회, 2011, 최승재 외

『이너뷰티를 위한 라벤더 에센셜 오일의 미용관련 생리활성 평가』한국인체미용예술학회, 2021, 배민규

『라벤더 향기요법이 통증에 미치는 효과에 대한 메타분석』한국산학기술학회, 2019, 박양숙 외

『야간 물류 육체 근로자의 에센셜 오일 선호에 따른 육체적 피로의 Aromachology 효과에 관한 연구』한밭대학교 산업대학원, 2019, 이석환

『레몬그라스Lemongrass 에센셜 오일의 발모촉진 효과』대구한의대학교, 2018, 김소정

『만다린 에센셜 오일을 이용한 아로마 요법이 중년여성의 뇌파와 두뇌활용능력에 미치는 영향』조선대학교, 2018, 김영선

『아로마향기요법이 혈관건강에 미치는 효과』한국산학기술학회, 2021, 김도현

『만다린 에센셜 오일을 이용한 향기흡입법이 산후 체형변화에 따른 심리적 우울상태에 미치는 효과』영산대학교 미용예술대학원, 2013, 강미영

『네롤리 에센셜오일을 이용한 아로마요법이 MBTI 성격유형에 따른 청소년의 뇌파와 두뇌활용능력에 미치는 영향』조선대학교 대학원, 2019, 차영숙

『티트리 및 팔마로사 에센셜 오일의 여드름 피부에 미치는 효과』한국피부과학연구원, 2013, 김선희 외

『Patchouli essential oil이 멜라닌 생성에 미치는 영향』중앙대학교 약학연구소, 2003, 윤미연 외

『페퍼민트 농도변화가 뇌 활성과 감성에 미치는 영향』한국냄새환경학회, 2020, 정소명 외

『아로마 함유 소금을 이용한 족욕이 스트레스, 피로에 미치는 효과』대구과학대학교 국방안보연구소, 2022, 김진희 외

『소나무 부위별 추출물 및 essential oil의 피부상재균에 대한 항균 활성』한국생명과학회, 2017, 박선희 외

『제주산 로즈마리 에센셜 오일의 항염 및 피부 상재균에 대한 항균 활성』한국응용과학기술학회, 2018, 김소희 외

『인간각질형성세포NHEKs에 대한 로즈마리 오일의 항산화, 항염증, MMPs 저해효과』대한미용학회, 2019, 김광상 외

『Sweet Orange, Lavender, Amyris Essential Oil을 함유한 Mixed Essential Oil 향기가 뇌파에 미치는 영향』한국피부과학연구원, 2021, 제예린 외

『티트리 오일의 손상모발 개선효과』한국피부과학연구원, 2021, 김주섭

『티트리 성분 함유 의치세정제의 항균 효과』2016, 최유리 외

『Neroli, Rose 및 Ylangylang 에센셜 오일의 농도 변화에 대한 뇌파 및 정서적 반응의 성별 차이』숭실대학교 중소기업대학원, 2017, 김은지

『아로마 흡입법이 관상동맥 조영술 대상자의 불안 및 수면에 미치는 효과, 인간식물환경학회』2014, 김혜연 외

네이버 지식백과 허브도감

네이버 지식백과 두산백과

위키백과

특허로 만나는 우리 약초

연합뉴스

한국조경신문

환경미디어

월간지 〈Luxury〉

권오길이 쓰는 생명의 비밀

농업기술길잡이 194 당귀

경기신문

아로마 요가

아로마홀릭

월간 원예

http://blog.naver.com/paul3377

http://theepicentre.com

http://blog.naver.com/jjsookim

http://aromatherapybible.com

http://rhymecraft.house

http://hommagegarden.com

http://blog.naver.com/aromado1004

http://blog.naver.com/antonia1720

http://blog.naver.com/illustong

http://blog.naver.com/pwk7010

http://cafe.naver.com/aromacaresolution

http://blog.daum.net/terrypal

https://blog.naver.com/madame_paris/221947567985

https://blog.naver.com/jiyeonlaya/220754200375

https://qkdvodus.tistory.com/171

https://blog.naver.com/saraspa/222717973074

ㄱ

• 가래 91, 132, 136, 200, 232, 267, 269, 284
• 가려움증 94, 99, 127, 133, 279
• 가르니에 289
• 가스통 귀보 288
• 간질 57, 169, 170, 197, 258, 260, 292, 329
• 갈렌 17, 18, 87, 121, 241, 260
• 감기 20, 47, 48, 75, 85, 93, 98, 103, 104, 109, 121, 132, 133, 136, 140, 159, 161, 165, 170, 171, 172, 178, 182, 184, 187, 189, 200, 203, 204, 207, 225, 228, 232, 242, 258, 267, 272, 277, 278, 281, 286, 292, 321, 333, 342
• 강박증 147
• 강장제 36, 38, 62, 87, 109, 114, 139, 147, 184, 189, 258, 281
• 개티 225

• 갱년기 79, 96, 99, 115, 116, 140, 153, 210, 252, 253, 387
• 거담 34, 42, 62, 65, 69, 82, 127, 140, 196, 207, 226, 245, 269, 310, 311, 314
• 건선 76, 129, 152, 216, 221, 242, 267, 327
• 건위 65, 85, 96, 101, 139, 143, 239
• 게르만족 18
• 고혈압 57, 104, 117, 171, 198, 200, 210, 213, 255, 264, 289, 292, 319
• 과민성 대장증후군 93, 98, 107, 118, 171, 200, 235, 272, 275
• 관절염 37, 49, 62, 65, 70, 82, 87, 94, 100, 105, 109, 126, 127, 129, 134, 136, 173, 179, 198, 200, 203, 226, 242, 245, 260, 261, 264, 283, 322, 340, 342, 361
• 광독성 63, 65, 79, 182, 193, 275
• 괴혈병 177, 178, 242
• 구토 56, 72, 82, 98, 140, 146, 184, 225, 228, 231, 251, 272, 292, 310, 332
• 구풍 82, 85, 96, 101, 107, 114, 139, 143, 175, 182, 184, 187, 235, 286, 310
• 궤양 96, 146, 156, 203, 204, 228, 255, 261, 266

• 그레고리우스 18
• 근육통 49, 69, 82, 85, 100, 105, 109, 127, 132, 134, 136, 143, 187, 232, 235, 242, 245, 261, 264, 283, 286, 300
• 기관지염 62, 65, 75, 87, 88, 91, 121, 124, 126, 127, 132, 136, 140, 147, 150, 159, 171, 189, 204, 207, 232, 245, 260, 267, 269, 272, 278, 281, 310, 320, 347, 362, 366
• 기베르 203, 266
• 긴장 완화 88, 147, 267

ㄴ

• 냉증 91, 180, 262, 269, 387
• 네로 황제 146, 248
• 네안데르탈인 13
• 농가진 225, 226
• 뇌일혈 170
• 니콜라스 레머리 87, 177, 203
• 니콜라스 모나르데스 74

ㄷ

• 다한증 109
• 담석 178
• 담즙 101, 129, 175, 190,

272, 354
- 당뇨 63, 64, 65, 152, 332
- 대상포진 79, 156, 221, 255, 329, 337
- 대장염 104, 132, 152, 184, 220, 231, 232
- 델라 포르타 209
- 도미티아누스 81
- 독소 91, 127, 129, 140, 143, 152, 273, 275, 304, 336
- 동맥경화 178
- 동상 76, 107, 198, 200, 320, 338, 355
- 동의보감 83, 105, 141, 147, 205, 243, 385
- 두통 20, 40, 45, 49, 63, 69, 76, 82, 85, 88, 94, 96, 98, 101, 105, 109, 111, 115, 126, 132, 136, 143, 159, 161, 164, 169, 170, 171, 184, 185, 187, 197, 200, 210, 216, 225, 230, 231, 232, 235, 251, 252, 258, 264, 267, 277, 283, 286, 310, 313, 329, 361, 365
- 드 라빌라디에르 131
- 디오스코리데스 17, 18, 21, 87, 113, 121, 138, 146, 152, 163, 171, 196, 203, 215, 230, 241, 250, 260
- 딸꾹질 140, 143, 190, 193

ㄹ

- 라이너 마리아 릴케 249
- 레츨러 289
- 루이 14세 114, 271, 272
- 류머티즘 49, 62, 82, 87, 94, 100, 103, 104, 105, 109, 132, 134, 136, 139, 147, 152, 159, 165, 175, 178, 179, 182, 184, 198, 216, 220, 232, 241, 242, 245, 260, 286, 322
- 르네 모리스 가트포세 12, 13, 20, 21, 170
- 리그 베다 15, 16
- 리처드 뱅크스 259

ㅁ

- 마거릿 모리 20, 21, 242
- 마비 38, 170, 197, 243, 259, 260, 333, 336
- 만성위염 69
- 말라리아 76, 131, 177, 289, 333
- 매독 147, 203
- 메디신 채리터블 203, 266
- 메스꺼움 40, 72, 93, 98, 104, 107, 159, 161, 228, 232, 272, 361
- 면역 24, 36, 37, 38, 40, 42, 49, 53, 93, 94, 96, 99, 109, 111, 129, 148, 156, 178, 179, 187, 216,

218, 226, 232, 237, 255, 262, 267, 278, 281, 301, 302, 303, 305, 310, 311, 312, 320, 321, 326, 327, 333, 387, 390
- 모세혈관 44, 46, 82, 91, 94, 99, 124, 161, 210, 213, 232, 255, 261, 319
- 모유 촉진 138, 140
- 무기력 88, 91, 104, 220, 226, 260, 303
- 미국 의약품 해설서 278

ㅂ

- 바이호프스카 114
- 반흔 146, 210
- 발레리우스 코르디우스 82
- 발작 147, 170, 289, 292, 329
- 발적 51, 82, 136, 182, 255, 264
- 발한 20, 21, 34, 72, 93, 109, 122, 178, 182, 310, 390
- 방광염 76, 87, 88, 91, 94, 121, 133, 156, 220, 242, 245, 267, 269, 281, 310, 325
- 방부 14, 34, 36, 37, 38, 41, 69, 87, 88, 98, 103, 104, 111, 124, 147, 150, 160, 170, 175, 182, 184, 193, 200, 202, 203, 204,

207, 213, 215, 216, 223, 228, 239, 245, 264, 265, 266, 275, 281, 310, 314, 315, 353, 390

- 방충 36, 37, 40, 42, 88, 91, 105, 109, 110, 111, 136, 152, 156, 171, 187, 223, 225, 228, 239, 242, 255, 260, 303, 309, 310, 311, 312, 313, 345, 353
- 배앓이 118, 143, 189, 190, 193, 238, 354
- 백대하 105, 204
- 백선 171, 207, 281
- 벌레 40, 47, 69, 76, 87, 88, 109, 111, 133, 140, 156, 165, 171, 177, 187, 225, 232, 278, 281, 288, 302, 309, 360, 361
- 베다 15, 16, 21, 66, 103, 126, 164, 184, 220, 266
- 베르길리우스 177
- 변비 69, 82, 93, 98, 140, 159, 250, 272, 275, 304, 310, 313, 329, 330, 331, 332, 338, 346
- 보르디에 266
- 보습 99, 165, 190, 220, 221, 223, 226, 228, 252, 340, 347
- 복부팽만 62, 82, 98, 104, 184, 235, 272
- 본초강목 17, 62, 243
- 본초서 74
- 부비강염 62, 65, 132, 260

- 부스럼 51, 146, 156, 182, 221, 243, 326
- 부종 121, 143, 152, 156, 161, 190, 237, 264, 305, 309, 311, 319, 320, 327, 330
- 불감증 105, 114, 165, 226, 267, 289
- 불면 57, 72, 76, 93, 98, 171, 178, 187, 189, 197, 200, 209, 210, 213, 216, 237, 239, 255, 258, 267, 269, 273, 275, 292, 309, 329, 351, 355
- 불안 26, 70, 79, 88, 99, 101, 116, 117, 118, 150, 167, 172, 187, 189, 193, 197, 200, 210, 213, 220, 228, 233, 239, 252, 253, 255, 267, 273, 275, 289, 290, 313, 328, 329, 355, 357, 377, 385, 386, 387, 389, 391
- 비듬 88, 115, 133, 175, 233, 261, 264, 278, 279, 281, 314, 386, 387
- 비만 82, 121, 139, 143, 154, 159, 161, 178, 226, 232
- 빈혈 82, 85, 185, 231, 258
- 뾰루지 51, 76, 182, 368

- 사르바흐 225
- 사마 베다 15
- 사이먼 파울리 114
- 사포 248
- 산후 우울증 115, 153
- 살균 20
- 살라딘 다스콜리 81
- 살바토레 바탈리아 115, 197, 249
- 살충 40, 69, 98, 105, 133, 136, 153, 173, 182, 225, 228, 238, 245, 279, 284, 285
- 생리전증후군 94, 96, 99, 101, 118, 140, 143, 153, 156, 171, 210, 237, 290, 301, 303, 324
- 생리통 88, 94, 98, 99, 103, 105, 115, 118, 124, 140, 143, 156, 161, 164, 167, 171, 198, 200, 207, 235, 314, 315, 340, 343, 355
- 샤를마뉴 139
- 설사 82, 88, 99, 104, 105, 118, 121, 147, 185, 204, 210, 225, 226, 235, 266, 275, 289, 313, 315, 331, 332
- 성 시몬 114
- 성 힐데가르트 19, 139, 171, 196, 250
- 셀룰라이트 62, 65, 88, 91, 143, 152, 156, 159, 161, 178, 190, 226, 237,

264, 272, 303, 309, 311, 313, 330, 367
- 셰익스피어 170, 258, 288
- 소양증 76, 94, 107, 278
- 소염 20, 34, 37, 62, 65, 99, 100, 134, 171, 173, 175, 228, 267, 269, 282
- 소염 작용 20
- 소화불량 69, 72, 75, 82, 85, 93, 96, 98, 103, 104, 115, 118, 184, 187, 204, 210, 220, 231, 237, 239, 272, 275, 313, 315, 331, 332
- 쇼멜 196
- 수렴 26, 34, 36, 37, 41, 88, 114, 121, 124, 153, 159, 161, 179, 182, 187, 210, 225, 226, 235, 255, 286, 302, 305, 310, 313, 361
- 수메르인 14
- 수스루타 16
- 수에토니우스 248, 249
- 수종증 170
- 수포 99, 100, 133, 173, 338
- 숙면 45, 93, 140, 169, 171, 178, 190, 253, 289, 290, 296, 341, 351
- 스트레스 49, 62, 65, 72, 75, 76, 77, 79, 89, 96, 98, 99, 104, 115, 116, 117, 118, 122, 133, 134, 143, 147, 150, 152, 158, 159, 161, 165, 167, 171,

175, 178, 179, 180, 184, 189, 193, 197, 198, 199, 200, 210, 213, 220, 226, 228, 232, 233, 234, 239, 242, 245, 252, 253, 255, 261, 262, 267, 268, 269, 273, 275, 289, 292, 296, 300, 301, 302, 303, 304, 305, 309, 310, 316, 319, 327, 328, 329, 330, 331, 332, 333, 357, 364, 366, 367, 379, 385, 386, 387, 388, 389, 390, 391
- 습진 76, 88, 94, 107, 129, 152, 171, 182, 204, 207, 221, 225, 226, 228, 242, 267, 269, 281, 327
- 식물의 역사 17, 248
- 식물의 이야기 68
- 식욕부진 82, 99
- 신경쇠약 72, 88, 132, 196, 231, 242, 260, 278
- 신경통 87, 109, 111, 132, 134, 147, 152, 220, 232, 259, 261, 264, 283, 323, 370
- 신농 15, 17, 103
- 신농본초경 15, 17
- 신장염 87, 88
- 십자군 19, 21, 103, 177, 251, 271

- 아구창 204
- 아로마토리움 개론 81
- 아유르베다 16, 21, 66, 103, 126, 164, 184, 220, 266
- 아이타 266
- 아토피 94, 96, 99, 122, 127, 134, 171, 179, 263, 269, 326, 340, 386, 388, 390
- 악창 205, 243
- 알레르기 30, 31, 35, 45, 47, 51, 57, 94, 96, 97, 99, 124, 127, 129, 133, 148, 171, 173, 225, 279, 296, 315, 320, 321, 327, 329, 332, 333, 386
- 알렉산더 대왕 17, 21, 68, 158
- 압바스 왕조 18
- 야뇨증 140
- 야쿠브 알 킨디 19
- 약물지 17, 152, 171, 260
- 어혈 156, 205, 207
- 에센셜 오일의 소독 20
- 엘리자베스 1세 74, 170, 215
- 여드름 69, 76, 79, 88, 99, 101, 111, 115, 118, 121, 124, 136, 152, 153, 156, 159, 161, 165, 167, 171, 172, 175, 179, 185, 187, 193, 198, 200, 216, 221, 225, 226, 232, 237, 239, 242, 243, 252, 263,

264, 267, 269, 273, 278, 279, 281, 284, 292, 309, 311, 312, 326, 337, 366, 368, 385, 386, 391

- 열병 41, 76, 105, 131, 146, 225
- 염좌 99, 100, 126, 173, 185, 323, 386
- 영국 의학 저널 278
- 요도염 88, 152
- 요로결석 178
- 요통 70, 88, 140, 143, 198, 220, 232, 235, 283, 284, 286, 323, 387
- 욕창 207, 225
- 우울 72, 79, 91, 96, 99, 101, 107, 109, 115, 116, 118, 127, 147, 150, 152, 153, 158, 161, 165, 171, 179, 184, 187, 189, 191, 193, 200, 209, 210, 213, 226, 228, 231, 233, 237, 239, 245, 252, 253, 255, 260, 269, 272, 275, 289, 292, 302, 303, 304, 305, 309, 310, 316, 329, 333, 386, 387, 391
- 울혈 41, 114, 124, 143, 159, 178, 190, 204, 207, 232, 245, 267, 305, 312, 354
- 위경련 69
- 윌리엄 랭햄 259
- 윌리엄 콜 140
- 의학의 규범 19
- 이뇨 62, 65, 85, 91, 109, 114, 124, 138, 139, 140,

143, 152, 156, 159, 178, 182, 184, 190, 226, 228, 231, 242, 264, 267, 286, 305, 310, 311, 315

- 이븐 시나 19, 21, 25, 146, 251
- 이시진 243
- 이질 82, 105, 121, 146, 147
- 인후염 104, 132, 165, 171, 184, 209, 235, 241, 283, 311, 321
- 인후통 76
- 임신선 190, 210, 213
- 잇몸 출혈 133

- 자비르 이븐 하이얀 18
- 자연학 19, 131, 209
- 장 발네 20, 21, 121, 178
- 장 클로드 라프라즈 12
- 장티푸스 177, 178, 289
- 재생 36, 37, 41, 46, 63, 101, 127, 129, 147, 150, 153, 165, 167, 171, 207, 210, 211, 213, 220, 221, 223, 226, 228, 252, 255, 261, 269, 273, 300, 309, 312, 313, 315, 316, 347, 348, 354, 360
- 저혈압 57, 175, 264
- 전립선 57, 228, 242
- 전염병 16, 19, 21, 60, 61, 74, 124, 131, 177,

203, 216, 230, 250, 259, 260, 281, 288

- 정맥류 91, 121, 122, 124, 178, 210, 264, 311, 319
- 제롬 브런츠윅 139
- 제음 197, 200
- 제임스 린드 177
- 제임스 쿡 276, 277
- 조셉 밀러 203
- 조셉 보시스토 131
- 조지 3세 203
- 존 레이 288
- 존 제라드 68, 69
- 종기 63, 96, 115, 136, 182, 205, 249, 266, 281, 326
- 중이염 94
- 중풍 20, 115, 147, 197
- 증류의 예술 139
- 지루증 225
- 진경 35, 37, 38, 39, 96, 107, 114, 118, 124, 143, 152, 167, 171, 175, 196, 200, 207, 218, 228, 232, 235, 237, 239, 245, 261, 269, 272, 275, 292
- 진정 20, 26, 34, 35, 36, 37, 39, 62, 72, 75, 76, 79, 91, 94, 96, 98, 99, 100, 101, 104, 107, 115, 118, 122, 125, 127, 133, 141, 143, 159, 161, 165, 167, 169, 172, 173, 175, 182, 187, 189, 190, 193, 197, 198, 199, 200, 209, 210, 213, 216, 221, 223, 228, 237, 239, 242, 245, 253,

255, 264, 266, 267, 269,
275, 281, 284, 289, 292,
300, 301, 302, 304, 305,
309, 310, 312, 313, 315,
316, 337, 341, 353, 355,
361, 367, 372, 374
- 진통 20, 35, 38, 39, 41,
42, 54, 68, 71, 72, 77,
85, 96, 99, 100, 101,
105, 134, 136, 141, 143,
152, 161, 164, 171, 175,
187, 198, 200, 202, 207,
216, 218, 235, 239, 242,
245, 260, 261, 264, 267,
281, 282, 283, 286, 292,
343, 350, 369
- 질염 76, 204, 220, 278,
348, 368
- 집중력 34, 88, 91, 124,
132, 178, 180, 211, 212,
231, 242, 252, 258, 260,
262, 264, 274, 361, 376,
387

ㅊ

- 찰과상 109, 326
- 천식 45, 57, 62, 65, 94,
98, 115, 118, 121, 122,
126, 131, 133, 143, 147,
148, 150, 171, 180, 200,
203, 232, 235, 237, 245,
255, 260, 272, 278, 310,
320, 347, 386, 387, 390
- 최면 21, 75, 313

- 최음 68, 104, 165, 167,
170, 210, 226, 228, 255,
266, 267, 301, 316
- 축농증 62, 82, 132, 133,
232
- 충치 204, 283
- 치병의 서 15
- 치질 46, 50, 91, 121,
122, 124, 156, 178, 203,
207, 225, 352

ㅋ

- 카라카 삼히타 15
- 카바세 146
- 카올라 225
- 카이사르 119
- 카쟁 197, 231
- 카타르 104, 267, 278
- 칸디다증 204, 325
- 칼 린네 17
- 컴플리트 허벌 20, 93,
164, 196
- 코덱스 에버스 93
- 코막힘 69, 133
- 코피 178
- 콘딜로마 87
- 콘라드 게스너 203
- 콘스탄트 레클루즈 152
- 콘스탄티누스 68
- 크로마뇽인 14
- 크로슈친스키 114
- 크리스토퍼 콜럼버스 74,
177, 271
- 키피 21, 203, 230

ㅌ

- 타박상 82, 127, 129,
185, 205, 232, 235, 361
- 탈모 72, 88, 153, 175,
217, 232, 233, 261, 264,
278, 290, 336, 348
- 탈취 36, 37, 40, 41, 133,
185, 239, 245, 305, 311,
312, 314, 316, 343, 352,
353, 363, 369
- 테오프라스투스 17, 81,
113, 248, 260
- 통경성 198
- 통증 20, 38, 42, 48, 63,
65, 67, 70, 71, 72, 76, 77,
93, 94, 98, 99, 101, 103,
104, 107, 109, 114, 115,
132, 133, 134, 139, 140,
152, 156, 159, 164, 171,
172, 173, 175, 179, 182,
184, 185, 190, 196, 199,
204, 205, 220, 228, 230,
232, 241, 242, 243, 255,
261, 264, 267, 272, 277,
281, 283, 284, 304, 311,
314, 323, 325, 329, 331,
333, 345, 355, 363, 369,
378, 385, 387, 388, 389,
390
- 통풍 62, 139, 209, 226,
242, 323, 353, 363
- 튼살 171, 190, 193, 207,
354

ㅍ

- 파나 266
- 파상풍 226, 249
- 펜폴드 277
- 편도염 75, 156, 321
- 폐렴 133, 146, 333
- 프랑수아 스타니슬라 •
- 클로에즈 132
- 플리니우스 68, 69, 81, 113, 138, 146, 196, 203, 230, 231, 241, 250
- 피에르 포메 250
- 피타 코린손 75

ㅎ

- 항경련 37, 41, 72, 79, 82, 85, 141, 182, 193, 198, 237, 239, 292, 312, 314
- 항곰팡이 34, 104, 124, 311
- 항균 34, 36, 37, 38, 39, 40, 41, 42, 53, 72, 79, 91, 104, 105, 106, 107, 109, 110, 122, 124, 127, 136, 143, 153, 154, 156, 160, 161, 167, 177, 182, 184, 185, 187, 193, 200, 205, 207, 213, 216, 217, 218, 220, 221, 228, 230, 233, 235, 237, 243, 245, 262, 264, 278, 279, 280, 281, 303, 304, 305, 309, 310,

311, 312, 314, 343, 358, 360, 363, 368, 380, 385, 386, 388, 389, 391

- 항바이러스 34, 36, 37, 38, 40, 41, 42, 54, 79, 91, 104, 111, 118, 124, 132, 136, 143, 150, 156, 161, 175, 178, 182, 187, 193, 200, 207, 213, 221, 223, 226, 228, 235, 238, 239, 245, 255, 264, 269, 275, 281, 292, 303, 304, 305, 310, 311, 312, 314, 343, 358, 360, 380
- 항산화 34, 63, 70, 95, 110, 124, 133, 153, 154, 173, 180, 216, 217, 218, 221, 227, 232, 253, 261, 262, 385, 386, 387, 389, 391
- 해독 34, 53, 62, 65, 67, 129, 140, 146, 161, 177, 178, 182, 184, 195, 200, 211, 250, 305, 311, 312, 339
- 해열 20, 34, 37, 40, 41, 72, 75, 79, 109, 124, 136, 182, 223, 228, 275, 310, 359
- 향수의 합성과 증류 19
- 허벌 20, 93, 140, 164, 196, 259
- 허준 83, 105, 141, 147, 205, 243
- 헤로도토스 16, 103, 203
- 헤르페스 136, 225, 226, 255, 311

- 호주 의학 저널 277
- 홍역 333
- 화상 20, 29, 76, 99, 101, 133, 153, 156, 164, 165, 170, 175, 226, 277, 278, 281, 309, 327, 351
- 황달 152, 260
- 황제내경 15, 21
- 후두염 132, 161, 184, 281, 311
- 흉터 126, 147, 150, 190, 228, 277
- 히스테리 72, 93, 94
- 히포크라테스 16, 18, 21, 98, 113, 138, 231, 241, 250, 260

한국핸드메이드강사협회(KHIA)

몇년 전 오랫동안 익숙하게 사용해왔던 화학적 생활용품의 폐해가 속속 드러나는 사건이 일어났던 때가 아직도 생생합니다. 일련의 사건들이 우리 사회에 얼마나 큰 충격과 파장을 몰고 왔는지 기억하는 분들이 많을 것으로 생각합니다. 이로 인해 많은 사람들이 대안을 찾기 위해 노력하게 되었고, 나아가 미래 세대를 위한 환경 보존에 관심이 많아지는 계기가 되었습니다. 또한 가족과 개인의 건강을 위해 일상생활에 필요한 것을 직접 만들어서 사용하는 사람들이 늘어났습니다.
특히 전세계를 위협했던 팬데믹을 겪으면서 많은 사람들이 개인의 위생과 심신안정을 위한 각종 케어 제품에 관심을 가지게 되었습니다.

한국핸드메이드강사협회(KHIA)는 이러한 트렌드를 선도하려는 목적으로 2015년 창립되었습니다. 천연비누, 천연화장품, 에코캔들, 도자기 등 '내 손으로 직접 만들 수 있는 제품'을 널리 알리고 교육하고자 하는 강사들이 모여 시작된 협회입니다.
친환경 제품에 적용할 수 있는 천연 원료의 연구 개발, 올바른 사용법, 제작 방법 등을 교육해 핸드메이드 전문가 양성과 함께 한국 아로마테라피 산업의 발전에 기여하는 것이 저희의 목표입니다.

핸드메이드에 관심을 가진 사람이라면 누구나 자신과 가족에게 꼭 필요하고 알맞은 제품을 만들고 싶어합니다. 그러나 안정성, 실용성을 갖추려면 좀 더 전문적인 지식이 필요합니다. 이러한 점을 개선하고 교육해 안전하고 실용적인 나만의 핸드메이드 제품을 만들 수 있도록 돕는 것이 저희 협회의 취지입니다. 그리고 경력이 단절된 주부, 실버 세대, 창업을 꿈꾸는 젊은 세대 등에게 소자본 창업 아이템을 제공하기 위해 노력하고 있습니다.

한국핸드메이드강사협회는 그동안의 노하우가 축적된 풍부한 커리큘럼, 인재양성 교육 시스템을 통해 전문성을 갖춘 강사를 배출하고 나아가 많은 사람들의 삶과 꿈을 지원하도록 최선을 다하겠습니다. 여러분의 많은 관심과 격려 부탁드립니다.

khia.co.kr | 070-8983-1920 | koreahia2015@naver.com

천연 비누 천연 화장품
- 천연비누 STEP. 1
- 천연화장품 STEP. 1
- DIY STEP. 2
- 전문가반 (비누+화장품+아로마 기초)
- 취미반
- 원데이클래스

아로마 테라피
- 아로마 베이직 과정
- 아로마 프로페셔널 과정
- 아로마 캔들&디퓨저 과정
- 반려견 아로마테라피 과정
- 아로마화장품(예정)
- 아로마비누(예정)

디자인 비누
- 디자인비누 전문가반
- 솝케이크 전문가반
- 솝페이스트 전문가반
- 카빙 솝

캔들 크래프트
- 캔들크래프트 전문가반
- WAX FLOWER 전문가반
- SOY FLOWER 전문가반
- 밀랍 카빙캔들 과정
- 패턴캔들 과정

채병제

2007	천연원료 쇼핑몰 왓숍 창업
2008	아로마테라피스트 2급 취득(대한아로마테라피협회)
2009	아로마테라피스트1급 취득(대한아로마테라피협회)
2010~2011	아로마테라피, 천연비누 강의 다수
2013	전문 아로마테라피스트 자격 취득(한국아로마테라피강사협회)
	《핸드메이드 비누》 출간
2014	ITEC 21기 수료(가톨릭대학교 평생교육원), ITEC 봉사 활동
2015	한국핸드메이드강사협회 회장 취임
	㈜에코케이션 대표이사 취임
2016	미국 NAHA 비즈니스 정회원
2016	《고르고 고른 천연화장품 레시피 170》 출간
2017	《아로마테라피마스터》 출간
2017	《고르고 고른 천연화장품 레시피 170》 대만판 출간
2018	《아로마테라피마스터》 점자책 출간
2018	《아로마테라피마스터》 대학교 교재 채택
2018	《고르고 고른 천연화장품 레시피 290》 개정판 출간
2022	멀티박스 미디어 창업

＊강의 경력 삼성전자(아로마테라피스트의 삶), 한림대학(아로마테라피) 외 다수

채은숙

2013	천연화장품 천연비누, 양초공예 강사 자격 취득(IARA 국제아로마연구협회)
	왓숍 기술연구팀입사
2014	스킨케어 강사 자격 취득(한국아로마강사협회), 에코테라피 실전창업스쿨 과정 수료
2015	ITEC 22기 수료(가톨릭대학교 평생교육원), Anatomy and physiology Diploma,
	IACC(International Aromatherapy Clinical Center) 강사 과정 수료
	발효미용테라피 과정 수료(전통주 발효교육훈련기관 연효재)
	천연비누& 천연화장품, 아로마테라피, 캔들크래프트 강사 자격 취득(한국핸드메이드강사협회)
	㈜청담라이프 대표이사(발효테라피 컨설팅 담당)
2016	IAS(International Aromatherapy Society) 이수
	ARC(Aromatherapy Registration Council) RA(Registered Aromatherapist)
	미국 NAHA 아로마테라피스트 프로페셔널 멤버 등록
2017	《아로마테라피마스터》 출간,건축과아로마테라피의컬래버레이션 컨설팅
2018	《고르고 고른 천연화장품 레시피 290》 개발자로 참여
2023	멀티박스 미디어 프리랜서 활동

＊강의 경력 신세계백화점, 뉴스킨, KB손해보험, UBS증권,한라그룹, 코오롱, 교보생명,
KT광화문지사, 서울시 중구 육아지원센터, 삼성에스원 가정의달 외부행사,
서울특별시교육공무원, 교육부주관 원격진로상담, 영문 중학교, 고림 고등학교 등 다수

아로마테라피 마스터
Aromatherapy Master

펴낸 날 초판 1쇄   2017년 4월 26일
개정증보판 2024년 2월 23일

지은이 채병제 · 채은숙
펴낸이 김민경

책임 편집 최유리(pan.n.pen)
디자인 이윤임
인쇄 도담프린팅
종이 디앤케이페이퍼
물류 해피데이

펴낸곳 팬앤펜(pan.n.pen) | **출판등록** 제307-2017-17호
주소 서울시 성북구 삼양로 43 IS빌딩 201호 | **전화** 02-6384-3141 | **팩스** 02-6442-2449
이메일 panpenpub@gmail.com | **블로그** blog.naver.com/pan-pen
인스타그램 @pan_n_pen

저작권 ⓒ채병제 · 채은숙, 2024
편집저작권 ⓒ팬앤펜, 2024

내용 문의 070-8983-1920, koreahia2015@naver.com(한국핸드메이드강사협회)
구입 문의 02-6384-3141, panpenpub@gmail.com(팬앤펜 출판사)

ISBN 979-11-91739-11-4 값 35,000원